装修工程
水电安装

王岑元　主　编
王芝慧　副主编

ZHUANGXIU GONGCHENG
SHUIDIAN ANZHUANG

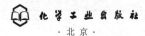
化学工业出版社
·北京·

本书分上、下两篇共十个章节，上篇为给水排水系统安装；下篇为电气安装。本书根据现行国家颁布的技术规程和标准，结合工作实践经验，力求全面介绍装修工程水电安装施工规范、施工工艺、施工质量控制及操作技能。本书从施工实际出发，内容深入浅出，通俗易懂，实用性强。

本书特别适合具有初中以上文化程度的水电施工管理人员和技术工人阅读，也可作为建筑设备安装专业的工程技术人员参考。

图书在版编目（CIP）数据

装修工程水电安装/王岑元主编. —北京：化学工业出版社，2016.1（2019.8重印）
ISBN 978-7-122-25655-3

Ⅰ.①装… Ⅱ.①王… Ⅲ.①给排水系统-建筑安装②电气设备-建筑安装 Ⅳ.①TU82②TU85

中国版本图书馆 CIP 数据核字（2015）第 265647 号

责任编辑：王文峡 装帧设计：王晓宇
责任校对：陈 静

出版发行：化学工业出版社（北京市东城区青年湖南街 13 号 邮政编码 100011）
印 装：大厂聚鑫印刷有限责任公司
850mm×1168mm 1/32 印张 14 字数 386 千字
2019 年 8 月北京第 1 版第 4 次印刷

购书咨询：010-64518888 售后服务：010-64518899
网 址：http://www.cip.com.cn
凡购买本书，如有缺损质量问题，本社销售中心负责调换。

定 价：39.80 元

前　言

随着近年各类装修工程的迅猛发展，从事装修这一行业的队伍日益壮大，目前行业年工程产值估值达 6 千多个亿，直接从业人员近 1 千多万人，由于施工不规范等原因，每年装修工程质量投诉率中水电改造施工均居首位。为满足装修工程水电安装施工技术的发展需要，提高现场施工管理人员和技术工人的技术水平，确保装修工程水电施工的质量，根据现行国家颁布的技术规程和标准，结合自己的教学及工程实践经验，编写了《装修工程水电安装》一书，力求全面介绍装修工程水电安装施工规范、施工工艺、施工质量控制及操作技能。

全书分上、下两篇共十个章节，上篇为给水排水系统安装五个章节；下篇为电气安装五个章节，将装修工程水电施工内容全覆盖并略有扩展。本书的特点是从实际施工出发，内容深入浅出，通俗易懂，实用性强，特别适合具有初中以上文化程度的水电施工管理人员和技术工人阅读，也可作为从事建筑设备安装专业的工程技术人员参考。

本书由王岑元任主编，王芝慧任副主编。全书 CAD 制图及插图均由王芝慧负责绘制和编辑，第十章第十节内容由王尧飞编写，编写过程得到了周功亚、黄燕生、张继有、冯正良、王昌辉、王国诚、李新、程孝鹏、陆平等的大力支持，参考了有关专家、学者的著述，吸收了建筑安装方面的新技术、新成果，并运用了一些新的国家规范和标准图集，在此对他们一并表示感谢。

由于编者水平有限，书中不妥之处在所难免，敬请广大读者批评指正。

编　者
2015 年 12 月

目　录

下篇　电气安装

第十章　室内弱电工程安装　　　　　387

上篇

给水排水系统安装

第一章
室内给排水施工图

第一节　施工图的组成

室内给排水施工图是施工单位编制施工图预算和组织施工的主要依据文件，施工图应由有资质的正规设计部门设计绘制并签发。施工时必须按图施工，未经设计单位同意，不得随意改变施工图中规定的内容。

家庭装修中，也应该由专业设计师绘制出给排水施工图。

室内给排水施工图，一般由设计说明、平面图、系统图和详图（或大样图）组成。

一、设计说明

设计说明一般写在图纸上，主要对绘图上无法表达清楚的内容加以说明，其内容主要包括以下几方面。

（1）给排水系统设计说明　主要说明建筑面积、层高、楼层分部情况，给排水系统划分，用水量设计，水源进出方式，水箱设置情况等。

（2）管材与附件　主要说明给排水及消防系统所采用的管材、附件和连接方式，给水管材出厂压力要求，实验压力和工作压力之间的倍数关系等。

（3）管道防腐、保温　主要说明敷设给排水管的刷漆要求，暗设和埋地管道的防腐要求，热回水管、外露给水管的保温，防冻材料及做法要求。

（4）管道敷设　主要说明管道穿楼板、水池壁、地下室外墙等预埋套管要求，各种管道安装坡度要求，管道防火封堵要求，排水横管之间、横管与主管之间、主管与排出管之间管件连接要求以及施工质量和验收标准等。

（5）管道支吊架　主要说明各种管道设备支吊架安装要求，支吊架安装距离，支吊架刷漆防腐。

（6）阀门　主要说明各种给水管道上所采用的阀门类型、连接方式。

（7）其他　所采用的标准图集号、主要设备、材料列表。

二、平面图

室内给排水平面图是施工图的主要部分，常用比例为（1∶50）～（1∶100），平面图所表达的内容为本楼层内给排水管道，卫生洁具，用水设备等的平面位置。图上的线条都是示意性的，同时管子接头零件，支吊架的位置等不画出，施工时应充分熟悉和掌握施工工艺，并严格按照国家有关的施工质量和验收标准去执行。

平面图将不同功能作用的管道，附件、卫生洁具、用水设备等使用各种图例表示出来，其主要内容如下。

① 轴线及编号，门、窗位置，房间尺寸及地面标高。

② 给排水主管位置及编号，横支管平面位置、走向、坡度、管径及管长等。

③ 给水进户管，水表井，排水排出管，积沙井的平面位置及走向，与室外给排水管网的连接关系。

④ 卫生洁具及用水设备的定位尺寸及朝向。

简单家庭装修的给排水管道及各种卫生洁具，用水设备（电热水器等）可绘制在一张平面图上。若系统较多，功能复杂，应分别绘制各种系统的平面图。图纸多少以能清楚表达设计意图又能减少图纸数量为宜。

三、系统图

系统图也称透视图，是管道系统的轴测投影图。

管道系统图上应表明它的位置及相互关系，管径、坡度及坡向、标高等。给水系统上应注明水表、阀门、消火栓、水嘴等。排水系统上注明地漏、清扫口、检查口、存水弯、排气帽等附件位置。主管、进出户管子的编号应与平面图相对应。

见附录住宅楼底层给排水管网平面竣工图、住宅楼标准层给排水平面竣工图、住宅楼给水系统图、住宅楼排水系统图、厨房卫生间大样图。

在平面或系统图上表示不清，也不能用文字说明时，可将局部部位构造放大比例绘成施工详图，如阀门井、设备基础、集水坑、水泵房等安装图。而大多数设备和卫生洁具的安装可套用通用标准图集，选用标准图集时注明图号即可。

目前室内建筑装饰装修工程中，所选用的卫生洁具及设备大多为中、高档的品牌型号，许多是进口产品，涉及新工艺，新材料等诸多问题，安装中除应按国家现行施工规范进行操作外，还应注意各生产厂家的企业标准及相关技术规程，并详细阅读其安装说明书和安装工艺图。

第二节 施工图识读

拿到一套给排水施工图时，首先应看说明，详细了解说明的内容，特别是给排水系统划分情况，同时根据设计说明要求，查阅备齐所采用的各种标准图集及相关施工及验收规范。以系统为线索，按管道类别，如给水、热水、消防、排水等分类阅读，将平面图和系统图对应着看，重点检查各类管道交汇处的位置和高程有无矛盾，弄清管道连接处位置，各管段的管径、标高、坡向、坡度、管路上地面清扫口、横管掏堵、检查口、地漏、存水型、风帽及各种卫生器具、设备等位置和形式及相关定位尺寸。

给水系统顺着水流进水方向，经干管、立管、横管、支管到用水设备的顺序进行识读。

排水系统顺着流水方向，经卫生器具、器具排水管、横管、立管、排出管到室外检查井的顺序进行识读。

第三节　施工图审图与图纸会审

在施工前，施工单位首先要认真地熟悉图纸和各种技术资料，弄清设计意图和对施工的各项技术质量要求，弄清各部尺寸和相关尺寸、标高、位置等。在此基础上与其他有关专业工种进行图纸会审。

一、给排水施工图审图要点

在施工图审图中，主要从以下几方面掌握审图要点。

① 认真阅读设计说明，了解所需各种管道材料的规格型号、安装方式及对管道的防腐、刷漆、保温等的要求。

② 根据设计要求，并结合业主需要，确认各种卫生设备的最终品牌、规格、型号，以便施工时确定安装尺寸及安装方式。

③ 结合装修平面图、各立面大样图，认真核对各种管道、设备在装修结构上的位置及固定方式，管道线路和卫生设备与装饰结构、装饰效果是否有相冲突的地方。

④ 将施工平面图，系统图对照阅读，确认平面图上的管子管径与系统一致，各种管道安装标高，坡度是否有误，管道安装空间布置与其他管道，设备有无冲突，在转向、分支时是否会相碰。

⑤ 分支管道如为暗埋安装，应根据现场实际情况，结合各种卫生设备的安装要求，绘制出最合理的施工方案图，并经业主、监理工程师确认作为二次装修补充施工图。

⑥ 在认真熟悉全部施工技术资料后，对新材料、新工艺、新技术在施工工艺上不合理的地方，及时提出建议并修改不合理的设计等。

二、给排水施工图会审要点

图纸会审是一项严肃认真的技术工作，一般应由建设单位统一组织设计、装修、安装及其他有关施工单位共同参加。在图纸会审中，除解决审图中发现的问题外，还应协调装修与安装及安装各专业之间的相互配合问题，以达到完善设计，解决问题，使施工顺利进行，提高施工进度和保证施工质量的目的。其施工图会审要点如下。

①　装饰装修设计与安装之间有无重大矛盾。装修每一工序与安装之间配合是否协调，有无颠倒施工程序的地方。

②　现有的安装技术装备条件，能否满足特殊材料、施工新工艺的要求，如何制定科学合理的施工技术方案。

③　安装各专业之间有无互相冲突的地方，如何协调解决。

④　图纸和安装说明书等技术资料是否齐全、清楚。各专业有关尺寸，坐标、标高等有无差错。

⑤　有无影响施工作业和施工安全的因素。

⑥　对二次装修来说，原土建施工方提供的各种安装隐蔽资料、测试资料及图纸移交是否齐全。

第二章
室内给水系统安装

室内给水系统安装是指工作压力不大于 1.00MPa 的室内给水和消防栓系统管道的安装和质量检验。

第一节　施工前的准备工作

一、技术准备

① 施工图已详细审阅，相关技术资料齐备并已熟悉整个工程概况。

② 已组织图纸会审，并有图纸会审"纪要"。

③ 对安装专业班组已进行初步施工图和施工技术交底。

④ 编制施工预算和主要材料采购计划。

⑤ 实地了解施工现场情况。

⑥ 编制合理的施工进度。

⑦ 施工组织设计或施工方案通过批准。

二、主要施工机具

正所谓"工欲善其事，必先利其器"。施工中每道工序，每个施工阶段都要用到不同的施工机具，施工前均应备齐，有些工具还应多备几套，其主要包括以下机具：切割机、电焊机、台钻、自动攻丝机、弯管器、热熔机、角磨机、冲击电钻、手枪式电钻、台虎钳、手用套丝板、管子钳、钢锯弓、割管器、手锤、扳手、氧气乙炔瓶、葫芦、台式龙门钳、手动试压泵、氧气乙炔表、割炬、氧气乙炔皮管及钢卷尺、水平尺、水准仪、线坠等。

三、施工作业条件

① 所有预埋预留的孔洞已清理出来，其洞口尺寸和套管规格符合要求，坐标、标高正确。

② 二次装修中确需在原有结构墙体、地面剔槽开洞安管的，不得破坏原建筑主体和承重结构，其开洞大小应符合有关规定，并征得设计者、业主和管理部门的同意。

③ 施工人员应遵守有关施工安全、劳动保护、防火、防毒的法律法规。

④ 施工现场临时用电用水应符合施工用电的有关规定。

⑤ 材料、设备确认合格、准备齐全并送到现场。

⑥ 所有操作面的杂物、脚手架，模板已清干净，每层均有明确的标高线。

⑦ 所有沿地、沿墙暗装或在吊顶内安装的管道，应在未做饰面层或吊顶未封板前进行安装。

四、施工组织准备

① 合理安排施工，尽量实行交叉作业，流水作业，以避免产生窝工现象。

② 施工时，相互之间应遵从小管让大管，有压管让无压管的原则，先难后易，先安主管，后安水平干管和支管。

③ 对于高档装修，可先做样板间，确认方案后，再行施工，避免返工。

④ 卫生间、厨房的暗埋管道，应有暗埋管道施工方案图，经业主同意后方可施工，以避免不合理的盲目施工。

⑤ 每个分项（或分部、分区、分层）施工完，进行管道试压。特别是暗埋管道部分，应在隐蔽前做打压试验，经自检合格，并经业主、监理部门检查确认。

⑥ 施工过程中，按照施工程序，及时做好隐蔽记录，各项试验记录和自检自查质量记录。对有设计修改和变更的地方，及时做

好现场变更签证。

⑦ 合理组织劳动用工。根据工程的施工进度，工程量完成情况，实行劳动力配置动态管理，有效推动安装工程的顺利完成。

⑧ 做到文明施工，服从各相关部门（如施工单位、监理及物业部门等）的监督、管理。注重生产安全，提高生产质量。

第二节　与其他工种的配合

安装工程施工是一个比较复杂的系统工程，各个施工部门除了应保证工程进度的顺利完成外，还应注意相互之间的密切配合，具体应做到以下几点。

① 室内装饰装修中经常会碰到对原有的燃气、暖气、通信等配套设施进行改动的情况，这时施工单位应与相关专业部门协调，由这些专业部门进行改动，严禁擅自拆改。

② 在管廊、管井内施工时，由于管道集中且数量多，应由各专业技术员校对位置，标高，防止管道安装时互相影响，并尽量采用多管共架敷设。确定各类支吊架的预埋位置及标高，达到合理的空间布置。有吊顶要求的，应尽量让出吊顶的空间高度。

③ 吊顶内的给水管道或其他专业的管道、风管、桥架、电缆等应全部安装完毕，且试压、防腐、刷漆、保温等全部完成并经隐蔽检验合格后才能封板。

④ 所有墙及地面暗埋的管道安装完后，应进行打压试验，并经业主、监理部门确认后方可移交下一道工序进行施工（如防水施工、饰面装饰施工）。

⑤ 穿越基础、钢筋混凝土水池壁的管道，应配合土建预埋防水套管。穿越楼板的管道安装完毕，应由土建人员将洞口进行补灰。

第三节　施工中应注意的问题

① 室内装饰装修工程中，其生活饮用水管禁止采用镀锌焊接

钢管。此类钢管易锈蚀、结垢，污染水质，危害健康，且管子使用寿命短。应采用环保，卫生达到要求的硬聚氯乙烯塑料管（PVC-U）、无规共聚聚丙烯塑料管（PP-R）、铝塑复合管、铜管及相应管件。

② 若给水管径 $DN \leq 50mm$，应采用截止阀，并注意截止阀安装方向，方向安反，会增加管路阻力，易损坏阀门。

③ 室内给水系统中的入户进水阀门，应采用铜质或不锈钢阀门，不应使用铁质阀芯阀门。铁质阀芯阀门易腐蚀，污染水质，且使用寿命短。

④ 室内装饰中住户进水表后端应加单向止回阀，避免卫生间或厨房内的各种冷、热水混合阀或电加热水器的单向安全阀失效后，热水串入冷水管内，烫坏水表的塑料轮心或在水压波动时，使水表发生倒转。特别是使用塑料给水管（PVC-U）时，管道会受热膨胀变形，最后导致爆管漏水，难以维护、检修。

⑤ 铝合金管及铜管穿楼板安装时，其套管不得使用钢套管，以免电化学腐蚀，使套管内的管段部分腐蚀穿孔渗漏水，难于维护、检修。

⑥ 当连接方式为卡套或卡压连接，采用埋地嵌墙暗埋敷设时，中间管段不得有接头。因此种方式连接的管件，常常会随着管内压力变化，安装时间长短而产生松动，一旦发生渗漏水，检修、维护不便。

⑦ 给水管道不得直接穿越沉降缝、伸缩缝。非穿越不可时，应采取相应技术措施，如做成方形补偿器或做成柔性接管方式，大多数情况下做成方形补偿器，水平安装。

⑧ 二次装修中，由于部分位置发生改变，不能用原预留孔洞位置，需重新在结构层上打孔洞，剔凿建筑结构，甚至切断受力钢筋。因此施工中，应主动与设计、业主、监理配合，尽量调整设计方案，最大限度利用原土建施工中预留的孔洞位置。确需重新打洞、打孔的，应正确放线定位，利用机械钻孔成型，切断的受力钢筋应重新进行加固。沿墙、地面剔槽时，应先弹出墨线，然后用地砖切割机开槽后，再沿切割线剔凿。

⑨ 给水管道穿墙、穿楼板时应认真封堵楼板及墙洞，堵墙、

堵楼板用的混凝土强度不得低于墙、楼板的强度，以保证其密封性，达到不渗水、隔声和防火要求。

⑩ 塑料给水管（PVC-U、PP-R）由于其刚度、稳定性和抗冲击性较差，不得直接与水箱、水池或水泵相接。进出水箱、水池应用钢管过渡，长度不小于 0.5m，与塑料管相连时采用法兰连接。水泵房由于工艺复杂，拐弯、变径及阀件较多，多采用热镀锌钢管焊接安装。

⑪ 钢管水平安装的支吊架间距不应大于表 2-1 的规定。

表 2-1　钢管管道支吊架的最大间距

公称直径/mm		15	20	25	32	40	50	70	80	100	125	150	200
支架的最大间距/m	保温管	2	2.5	2.5	2.5	3	3	4	4	4.5	6	7	7
	不保温管	2.6	3	3.5	4	4.5	5	6	6.5	7	8	9.5	

⑫ 塑料管及复合管垂直或水平安装的支吊架间距应符合表 2-2 的规定。采用金属制作的管道支架，应在管道与支架间加衬非金属垫或套管。

表 2-2　塑料管及复合管道支吊架的最大间距

管径/mm			12	14	16	18	20	25	32	40	50	63	75	90	110
最大间距/m	立管		0.5	0.6	0.7	0.8	0.9	1.0	1.1	1.3	1.6	1.8	2.0	2.2	2.4
	水平管	冷水管	0.4	0.4	0.5	0.5	0.6	0.7	0.8	0.9	1.0	1.1	1.2	1.35	1.55
		热水管	0.2	0.2	0.25	0.3	0.3	0.35	0.4	0.5	0.6	0.7	0.8		

⑬ 铜管垂直或水平安装的支吊架间距应符合表 2-3 的尺寸规定。

表 2-3　铜管管道支吊架的最大间距

公称直径/mm		15	20	25	32	40	50	65	80	100	125	150	200
支架的最大间距/m	垂直	1.8	2.4	2.4	3.0	3.0	3.5	3.5	3.5	3.5	3.5	4.0	4.0
	水平	1.2	1.8	1.8	2.4	2.4	2.4	3.0	3.0	3.0	3.0	3.5	3.5

⑭ 给水系统的金属管道立管卡安装应符合下列规定。

楼层高度小于或等于 5m，每层必须安装 1 个。

楼层高度大于 5m，每层不得少于 2 个。

管卡安装高度，距地面应为 1.5～1.8m，2 个以上管卡应匀称安装，同一房间管卡应安装在同一高度上。

第四节　给水管道及附件安装

一、材料质量要求

建筑给水的管材管件及各种附件的规格、型号及品牌较多，常用的有室内给水铸铁管、镀锌钢管（热镀锌）、塑料给水管、钢塑复全管、铝合金管、铝塑复合管、铜管及不锈钢管等。无论选用哪类管材，其规格、型号及性能检测报告应符合国家相应的技术标准或设计要求，并具有质量合格证明文件（产品合格证）、产品质量检测报告等。进场时应对其品种、规格、数量、质量外观等进行现场验收、登记，并按进料品种、规格数量，按批次报现场监理部门核查验收确认后，方可进行安装。未经报验的材料一律不得进行安装或者先安装后报验。

主要器具和设备必须有完整的安装使用说明书。在运输、保管和施工过程中，应采取有效措施防止损坏或腐蚀。

阀门安装前，应做强度和严密性试验。试验应对每批（同牌号、同型号、同规格）数量的 10% 进行，且不少于一个。对于安装在主干管上起切断作用的闭路阀门，应逐个做强度和严密性试验。

阀门的强度和严密性试验，应符合以下规定。阀门的强度试验压力为公称压力的 1.5 倍；严密性试验压力为公称压力的 1.1 倍；试验压力在试验持续时间内应保持不变，且壳体填料及阀瓣密封面无渗漏。阀门试压试验的持续时间不少于表 2-4 的规定。

表 2-4　阀门试压试验的持续时间

公称直径 DN /mm	最短试验持续时间/s		
	严密性试验		强度试验
	金属密封	非金属密封	
≤50	15	15	16
65～200	30	15	60
250～450	60	30	180

二、施工顺序

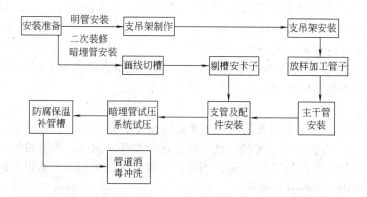

三、安装技术

室内给水系统安装必须符合《建筑给水排水及采暖工程施工质量验收规范》（GB 50242—2002）、《住宅装饰装修工程施工规范》（GB 50327—2001）、《建筑工程施工质量验收统一标准》（GB 50300—2013）及相关技术规程的要求。

1. 一般规定

① 建筑装饰装修工程室内给水系统适用于工作压力不大于1.0MPa的室内给水和消火栓系统的管道安装工程。

② 给水管道必须采用与管材相适应的管件。生活给水系统所涉及的材料必须达到饮用水卫生标准。

③ 管径小于或等于100mm的镀锌钢管应采用螺纹连接；套丝扣破坏时的镀锌层表面及外路螺纹部分应做防腐处理；管径大于100mm的镀锌钢管应采用法兰或卡套式专用管件连接，镀锌管与法兰的焊接处应做二次镀锌处理。

④ 给水塑料管和复合管可以采用橡胶圈接口、粘接接口、热熔连接、专用管件连接及法兰连接等形式连接。塑料管和复合管与金属管件、阀门等的连接应使用专用管件，不得在塑料管上套丝。

⑤ 给水铸铁管管道应采用水泥捻口或橡胶圈接口方式进行连接。

⑥ 铜管连接可采用专用接头或焊接，当管径小于 22mm 时，宜采用承插或套管焊接，承口应对着介质流向安装；当管径大于或等于 22mm 时，宜采用对口焊接。

⑦ 给水立管和装有 3 个或 3 个以上配水点的支管始端，均应安装可拆卸的连接件。

⑧ 冷、热水管道同时安装时应符合下列规定。

a. 上、下平行安装时，热水管应在冷水管上方（上热下冷）。

b. 垂直平行安装时，热水管应在冷水管左侧（左热右冷），其平行间距应不小于 200mm。当冷热水供水系统采用分水器供水时，应采用半柔性管材连接。

⑨ 管道安装应横平竖直，管卡位置及管道坡度等均应符合规范要求。各类阀门安装应位置正确且平正，便于使用和维修。

⑩ 嵌入墙体、地面的管道应进行防腐处理并用水泥砂浆保护，其厚度应符合下列要求。墙内冷水管不小于 10mm，热水管不小于 15mm；嵌入地面的管道不小于 10mm。嵌入墙体、地面或暗敷的管道应作隐蔽工程验收。

2. 安装准备

在认真熟悉施工图纸的基础上，做好各种管材、管件、阀门进场报验手续。核对各种管道的标高、坐标是否有误或有交叉的地方；各种安装用机具是否齐备、完好；临时水电是否安装到位；安全防护措施是否完备；所有工作面是否清理干净，有无与装饰装修施工发生冲突的地方。对有问题或图纸不清的地方应及时与设计和有关人员协商研究解决，并做好变更记录。

3. 管道支吊架制作及安装

给水管道的支吊架形式多种多样，一般根据设计要求和现场实际情况就地制作加工。常见支吊架有双杆吊架、单管托吊架、双管托吊架、双管立式支架、水平管支座等。安装方式可分为沿墙安装，膨胀螺栓固定安装，钢筋混凝土构件预埋钢板焊接安装。如图 2-1 所示。

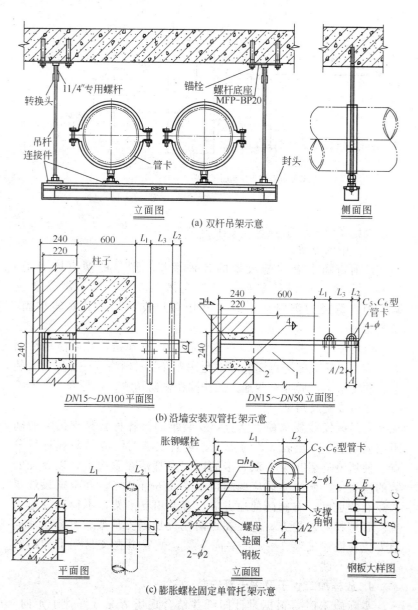

立面图　　　　　　　　　　　　側面图

(a) 双杆吊架示意

DN15～DN100平面图　　　　　DN15～DN50立面图

(b) 沿墙安装双管托架示意

平面图　　　　立面图　　　　钢板大样图

(c) 膨胀螺栓固定单管托架示意

图 2-1

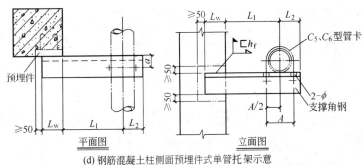

(d) 钢筋混凝土柱侧面预埋件式单管托架示意

图 2-1　各种支吊架示意

各种支吊架制作安装可选用给排水标准图集 S160《管道支架及吊架》中的方案。

目前市场上有注塑成型的各种规格、型号的塑料墙卡子、吊卡等出售。特别是塑料管道的支吊架较多，可根据需要选购。但大管径的塑料给水管道宜用型钢支吊架，其安装牢固、稳定性好。

现场加工各种支吊架，在安装前应认真除锈，并刷防锈漆两遍，待漆干后方能进行安装。不允许先安装后刷漆。一是因为安装上去的支吊架，局部有些地方无法除锈刷防锈漆；二是因为在刷漆时往往造成交叉污染。

支吊架安装要求横平竖直，安装牢固。各种管材支吊架的间距应满足表 2-1 至表 2-3 的要求。竖直安装时，应吊坠线进行分点，使所有立管单卡、双管卡的固定点都落在垂线上，以保证安装的垂直度。水平安装应两端挂水平线进行分点，并根据设计要求注意放坡度。有阀门的地方应设置专用支吊架，不得让管道承重。管道拐弯的地方，应在拐点两端设加固支吊架。有补偿器的地方应在两侧安装 1～2 个多向支架，使管道在支吊架上伸缩时不偏移中心线。

4. 放样加工管子及主干管安装

实际施工时，根据设计图纸并结合现场情况分好管子走向，制作安装完各种支吊架并经认真复核无误后，方可对各路管道进行放样下料加工。放样下料时应综合考虑不同管路、管径的用料情况，尽量做到套裁以避免浪费和增加中间接头。加工好的每段管子应做好分段编号，其分段编号应与设计图纸或施工草图上所标注位置相对应。加工制作好一段安一段，切忌遍地开花，到处丢头收不了口。

建筑装饰装修给水管道连接方式，主要有螺纹连接、法兰连接、粘接和热熔连接等几种方式。

（1）螺纹连接　螺纹加工可以是手工套丝或机械自动套丝。加工好的螺纹，看上去应端正、清晰、完整、光滑，不得有断丝或缺丝。螺纹连接时，应在螺纹面上敷上填料，如麻丝、聚四氟乙烯生料带等。敷填料时应顺着螺纹旋进方（顺时针方向）缠绕麻丝或生料带。管道安装好后的管螺纹根部应有 2～3 扣的外露螺纹，多余填料应清理干净并做好防腐处理。

（2）法兰连接　法兰分丝接法兰和焊接法兰。焊接法兰与管子组装时，钢管端口面应垂直平整，并用角尺检查法兰的垂直度，其误差不应大于 2mm。法兰与法兰对接时，密封面应保持平衡，衬垫不得凸入管内，其外边缘以接近螺栓孔为宜，不得安放双垫或偏垫。法兰螺栓孔不应在管道中心线上，如图 2-2 所示。连接法兰的螺栓，直径和长度应符合标准，拧紧后，突出螺栓的长度不应大于螺杆直径的 1/2。拧紧螺栓时应对称交叉进行，以保证垫中各处受力均匀。

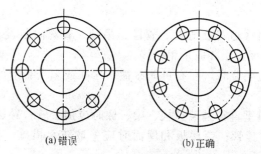

(a) 错误　　　　　(b) 正确

图 2-2　法兰螺栓孔位置

（3）塑料管粘接安装（硬聚氯乙烯 PVC-U 给水管）　塑料管

粘接时应按以下规定进行。

①　管道粘接不宜在湿度很大的环境下进行，操作应远离火源，防止撞击。不宜在5℃以下的环境中操作，且施工现场要保持空气流通，不得封门。

②　在涂刷溶剂之前，应先用砂纸将粘接口表面打毛，用干布将粘接表面擦净。表面不得有尘埃、水迹及油污。当表面有油污时，应用棉纱蘸丙酮等清洁剂擦拭干净。

③　胶黏剂采用漆刷沿轴向涂刷，涂刷动作应迅速，涂抹应均匀，涂刷的胶黏剂应适量，不得漏涂或涂抹过厚。冬季施工时，应先涂承口，后涂插口。涂刷胶黏剂后，应在20s以内完成粘接。若操作过程中胶黏剂干涸，应清除后重新刷涂。

④　涂刷胶黏剂后，应立即找正方向对准轴线将管端插入承口，并用力推挤至所画标线。插入后将管旋转1/4圈，在30s（$DN \leqslant$ 63）或60s（$DN75 \sim DN110$）内保持施加的外力不变，并保证接口的垂直度和位置正确。

⑤　承插接口插接完毕，应立即将接头处多余的胶黏剂用棉纱或干布蘸清洁剂擦拭干净，并根据胶黏剂性能和气候条件静止至接口固化为止，冬季施工固化时间应适当延长。

目前二次装修中使用PVC-U给水管进行安装的工程较多，在管道布置与敷设时应注意以下几方面的问题。

①　PVC-U给水管可明装，也可暗装，但不得埋没在承重结构内。

②　室内管道可在管井、管窿、吊顶、管沟内敷设。$DN \leqslant 25$时也可嵌墙埋设，并应采用粘接。

③　管道明装时，在有可能碰撞、冰冻或阳光直射的场所应采取保护措施。

④　管道垂直穿越墙、板、梁、柱时应加套管；穿越地下室外墙应加防水套管；穿楼板和屋面时应采取防水措施，如图2-3～图2-6所示。

⑤　与其他管道用沟（架）平行敷设时，宜沿沟（架）边布置；上下平行敷设时，不得敷设在热水或蒸汽管的上面，且平面位置应

错开；与其他管道交叉敷设时，应采取保护措施。

⑥ 管道距热源应有足够的距离，且不得因热源辐射使管外壁温度高于 45℃。立管与灶具边缘净距不得小于 400mm，与供暖管道净距不得小于 20mm。

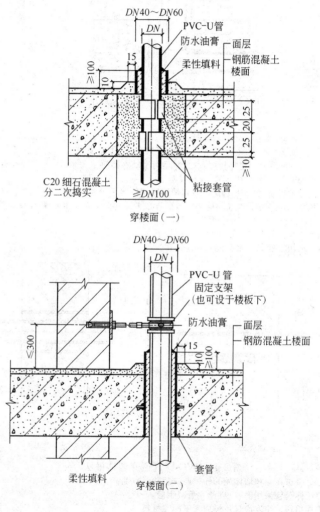

图 2-3

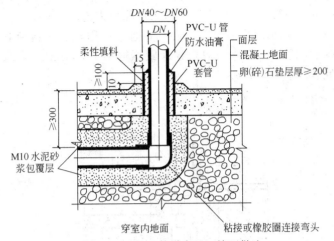

图 2-3　PVC-U 管道穿地，楼面做法

注：1.（一）型为固定穿楼面，（二）型为滑动穿楼面。

2. 穿楼面套管采用 PVC-U 给水管或钢管。

3. 室内埋地管道的 M10 水泥砂浆包覆层厚度不得小于 50mm。

4. 穿楼面采用与立管外径相同的管段破开成两个半片，然后错缝粘接在立管外壁，形成粘接套管。粘接套管外壁表面应打毛。

5. 固定支架可设于楼板上也可设于楼板下。

6. 本图适用于胶黏剂粘接或橡胶圈连接。

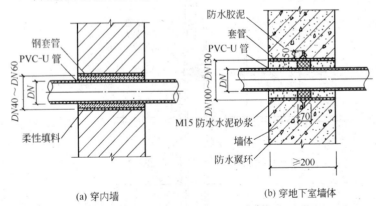

(a) 穿内墙　　　　　　　　　　　　(b) 穿地下室墙体

图 2-4　PVC-U 管道穿墙体做法

注：1. 管道在穿越墙体处的外表面应用砂纸打毛。

2. 穿墙体套管采用 PVC-U 给水管或钢管。

3. 柔性填料采用发泡聚乙烯或聚氨酯等材料。

4. 穿抗震、伸缩、沉降缝时可水平也可垂直设置弯管。弯管两侧必须设置固定支架。

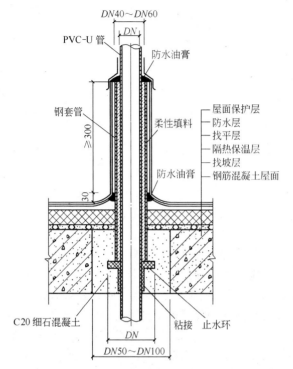

图 2-5 PVC-U 管道穿屋面做法

注：1. 管道在穿越屋面板处的外表面应打毛。

2. 柔性填料采用发泡聚乙烯或聚氨酯等材料。

3. 其他屋面构造形式参照本图施工。

⑦ PVC-U 管不宜直接与水加热器或热水机组（器）连接，应采用长度不小于 400mm 的金属管段过渡。PVC-U 管道与小管径的金属附件或其他种类的管道连接，宜采用注塑型的嵌铜内外丝连接件过渡。PVC-U 管道与较大管径的金属附件或其他种类的管道可采用法兰连接。

⑧ 室内管道不宜穿越伸缩缝及沉降缝。如需穿越时，应采取补偿管道伸缩和剪切变形的措施。

⑨ 水箱（池）的进（出）水管、排污管等，自水箱（池）至阀门的管段应采用金属管。

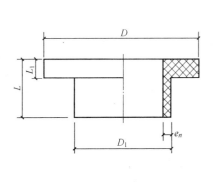

止水环尺寸/mm

DN	D	D_1	L	L_1	e_n
20	67	27	20	6	3.4
25	83	33	22	7	3.9
32	91	41	25	7	4.4
40	110	50	30	8	4.9
50	121	61	35	8	5.4
63	146	76	41	9	6.4
75	160	90	48	10	7.4
90	188	108	55	11	8.9
110	211	131	65	12	10.4

图 2-6　止水环

　　室内管道应合理设置伸缩补偿装置与支撑（包括固定支撑 GP 和滑动支撑 HP），以控制管道伸缩方向，补偿管道伸缩。常用的伸缩补偿方式包括利用管道折角自然补偿，多球橡胶伸缩节和塑料伸缩节补偿，有条件时优先选择自然补偿，多球橡胶伸缩节宜用于横管，塑料伸缩节宜用于立管。

　　塑料 PVC-U 管道按规定设置伸缩节时，其安装方式如图 2-7～图 2-9 所示。

　　（4）塑料管热熔连接安装（无规共聚聚丙烯 PP-R 给水管）PP-R 给水管管材与管件 $DN \leqslant 110$ 时一般采用热熔连接，热熔连接时应按下规定进行。

　　① 热熔连接工具接通电源，到达工作温度（250～270℃）指示灯亮后方能进行操作。

　　② 切割管材，必须使端面垂直于管子轴线。管材切割一般使用管子剪刀或管道切割机，也可使用钢锯，但切割后管材断面应去除毛边和毛刺。

　　③ 管材与管件连接端面必须清洁干燥、无油。

　　④ 用卡尺和合适的笔在管子端口测出并标绘出热熔深度，热熔深度应符合表 2-5。

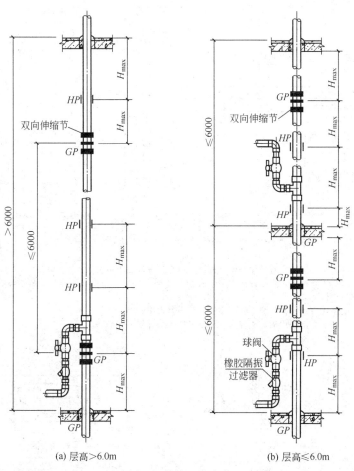

(a) 层高>6.0m   (b) 层高≤6.0m

图 2-7 粘接立管安装

注：1. 给水立管支撑见图标图集 02S402。

2. 补偿方式可采用双向伸缩节也可采用多球橡胶伸缩节。

3. 给水立管最大支撑间距 H_{max} 详见下表。

给水立管最大支撑间距/mm

DN	20	25	32	40	50	63	75	90	110
H_{max}	900	1000	1200	1400	1600	1800	2000	2200	2400

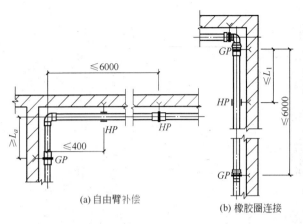

最小自由臂、最大支撑间距尺寸/mm

DN	20	25	32
L_a	380	420	480
L_1	500	550	650
DN	40	50	63
L_a	530	600	670
L_1	800	950	1100
DN	75	90	110
L_a	730	800	880
L_1	1200	1350	1550

(a) 自由臂补偿

(b) 橡胶圈连接

图 2-8　PVC-U 管道横管支撑与补偿

说明：1. 图中"GP""HP"分别为固定支撑及滑动支撑的代号。

2. 图中 L_a 为最小自由臂，L_1 为最大值。

3. 固定支撑间应有伸缩补偿，伸缩补偿根据设计要求可采用不同形式。

4. 自由臂补偿、多球橡胶伸缩节补偿及Ⅱ型补偿适用于粘接的横管。橡胶圈连接的横管可不伸缩补偿。

5. 采用自由臂补偿时，固定支撑间距不宜大于6000mm。

6. 管道全部采用固定支撑时，可不考虑伸缩补偿。

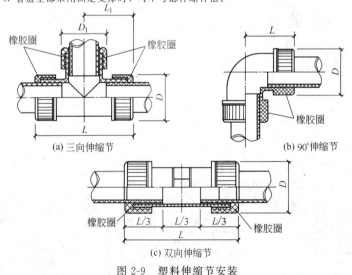

(a) 三向伸缩节

(b) 90°伸缩节

(c) 双向伸缩节

图 2-9　塑料伸缩节安装

表 2-5　管子端口插入承口的深度

公称直径/mm	20	25	32	40	50	63	75	90	110
插入深度/mm	14	16	18	20	23	27	31	35	41
加热时间/s	5	7	8	12	18	24	30	40	50
加工时间/s	4	4	4	6	6	6	10	10	15
冷却时间/s	3	3	4	4	5	6	8	8	10

注：1. 若环境温度小于 5℃，加热时间应延长 50%。

2. DN < 63mm 时可人工操作，DN > 63mm 时应采用专用进管机具。

⑤ 熔接弯头或三通时，按设计图纸要求，应注意其方向。

⑥ 无旋转地把管端导入加热套内，插入到所标示的深度，同时无旋转地把管件推到加热头上。达到规定标志处。加热时间应按热熔工具生产工厂规定（也可按照表 2-5 的要求）执行。

⑦ 达到加热时间后，立即把管材与管件从加热套与加热头上同时取下，迅速无旋转地沿直线均匀插入到所标深度，使接头处形成均匀凸缘。

⑧ 在表 2-5 规定的加工时间内，还可校正刚熔接好的接头，但不得旋转。

热熔连接如图 2-10 所示。PP-R 管与小口径金属管或卫生器具金属配件一般采用螺纹连接，宜使用带铜内丝或外丝嵌件的 PP-R 过渡接头。

PP-R 管与大口径金属管或法兰阀门、管件连接时，采用法兰套管件连接。

二次装修中 PP-R 给水管使用较多，在安装敷设时应注意以下几方面的问题。

① PP-R 给水管道可暗装，但不得埋设在承重结构内。

② 管道可在管井、管窿、吊顶内敷设，管径较小时，也可嵌墙或沿垫层埋设，并应采用热熔接口。

③ 明装管道时，在有可能碰撞、冰冻或阳光直射的场所应采取保护措施。

④ 管道垂直穿越墙、板、梁、柱时应加套管；穿越地下室外墙时应加防水套管；穿楼板和屋面时应采取防水措施。

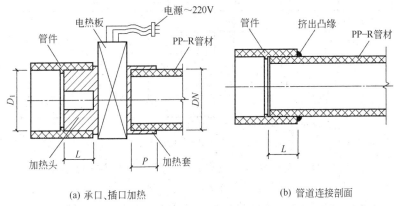

(a) 承口、插口加热　　　　　　　　　　(b) 管道连接剖面

图 2-10　热熔连接

⑤ 管道应远离热源，立管与灶具边净距应≥400mm；当条件不具备时，应采取隔热防护措施，但净距≥200mm。

⑥ 管道不宜穿越伸缩缝及沉降缝。如需要穿越时，应采取补偿管道伸缩和剪切变形的措施。

⑦ 水箱（池）的进（出）水管、排污管等，自水箱（池）至阀门的管道应采用金属管。

⑧ PP-R管不得直接与水加热器或热水机组（器）连接，应采用长度不小于400mm的金属管段过渡。

PP-R给水管应合理设置伸缩补偿装置与支撑（包括固定支撑GP和滑动支撑HP），以控制管道伸缩方向，补偿管道伸缩。

常用的伸缩补偿装置包括利用管道折角自然补偿、多球橡胶伸缩节和自耦合压力密封单向伸缩节补偿等。有条件时应优先选择自然补偿，如图2-11～图2-13所示。

5. 给水支管及配件安装

（1）支管明装　明装支管要横平竖直，根据拟安装的管道长度、不同卫生器具冷热水预留高度，按表2-1～表2-3的管道支架间距要求，把固定卡先安装好，然后将预制好的支管沿着固定卡依次安装即可。PVC-U管、PP-R管由干管引出的支管部位与供水设备或容器的连接处，应采用自由臂补偿措施（图2-14）。

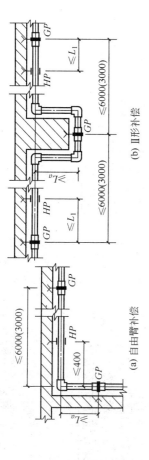

(a) 自由臂补偿

(b) Ⅱ形补偿

图 2-11 PP-R管支撑与补偿

最小自由臂、最大支撑间距尺寸/mm

DN		20	25	32	40	50	63	75	90	110
冷水管	L_a	250	280	320	360	400	450	500	550	600
	L_1	650	800	950	1100	1250	1400	1500	1600	1900
热水管	L_a	370	410	460	520	580	650	710	770	850
	L_1	500	700	700	800	900	1000	1100	1200	1500

注：1. 图中"GP""HP"分别为固定支撑及滑动支撑的代号。
2. 括号内数字为热水用数据。
3. 图中L_a为最小自由臂，L_1为最大值。
4. 固定支撑间应有伸缩补偿，伸缩补偿根据设计要求可采用不同形式。
5. 环形或Ⅱ型补偿、多球橡胶补偿器、伸缩节可水平也可竖直安装。
6. 冷、热水管共用支撑时应根据热水管支撑间距确定。暗敷直埋管的支撑间距可采用1000～1500mm。

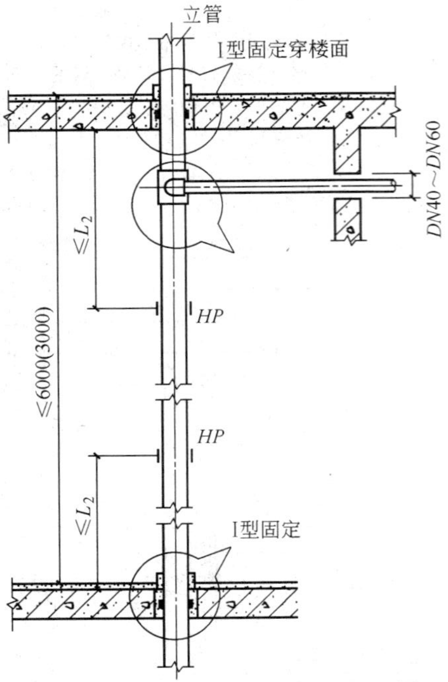

滑动支撑最大间距/mm

DN	20	25	32
冷水管 L_2	1000	1200	1500
热水管	900	1000	1200
DN	40	50	63
冷水管 L_2	1700	1800	2000
热水管	1400	1600	1700
DN	75	90	110
冷水管 L_2	2000	2100	2500
热水管	1700	1800	2000

图 2-12　PP-R 立管支撑安装

注：1. 立管穿楼板如图 2-3 所示。
2. 层高≤3200mm，楼板采用 I 型固定支撑，每层均衡设置一个 HP。
3. 其余高层的楼层间 HP 均衡设置。
4. 冷、热水管共用支撑时应根据热水管要求确定支撑间距。

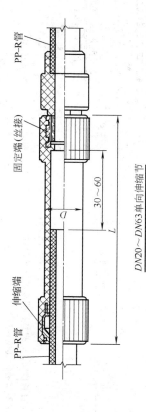

DN20~DN63 单向伸缩节

DN20~63 单向伸缩节尺寸/mm

DN	20	25	32	40	50	63
L	170	170	170	180	190	200
D	24.2	30.0	38.2	47.7	59.4	74.5

图 2-13　PP-R 管单向伸缩节安装

注：1. *DN*20~63mm 自耦合压力密封单向伸缩节采用 PP-R 材料制作。*DN*75~110mm 自耦合压力密封单向伸缩节采用 *H*57 铜制作。

2. 先将 PP-R 管从伸缩节承插端插入至伸缩节另一端底，然后再退出 30~60mm。

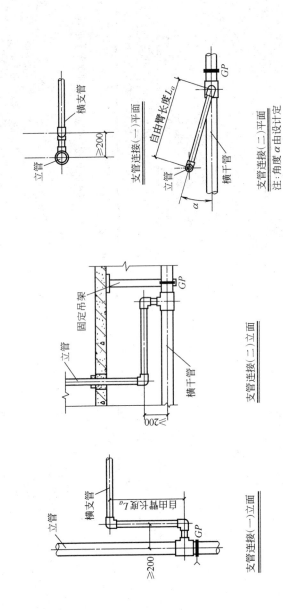

图 2-14　支管连接

注：1. 自由臂长度 L_a 应按总说明要求计算确定。

2. 自由臂上不宜装设其他管道附件。

3. 若满足不了自由臂要求，则应在三通引出支管处加设固定支撑。

4. 安装好的支管，其冷热水留口应临时用堵头堵好，待试压完成后再安装给水件。

（2）支管暗装　　目前二次装修中，冷热水支管大都为暗装。安装前应按确定的施工方案定位画线，剔凿管槽，把预制好的支管敷设于槽内，找正后用勾钉固定墙面的方法和深度应正确。特别是距墙面深度要密切配合装饰面进行施工，否则埋入饰面层过深，给水配件无法拧丝甚至安装不上去；而突出饰面层太多，则装饰盖子无法安装到位，影响美观。

PVC-U 给水管、PP-R 给水管暗装做法如图 2-15 和图 2-16 所示。

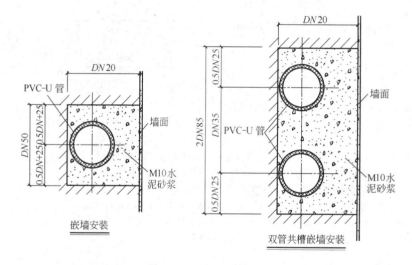

图 2-15　PVC-U 管暗装

注：1. 管道嵌实应在隐蔽工程验收完成后进行。

2. M10 水泥砂浆应分两次嵌实，先嵌实管件待达 50％强度后再全部嵌实填平。

3. 嵌墙管道管径不得＞25，墙体应为实心墙。

4. 管卡间距≤1.5m，管道转弯及穿墙三通处必须设置管卡。

5. 横管嵌实心墙开槽长度超过 1.0m 时，应征得土建专业同意。

6. 墙槽槽底应平整，不得有尖角。

室内给水支管安装还可使用铝塑复合给水管，交联聚乙烯（PE-X）给水管。这两种管材柔性较好，$DN \leqslant 32$ 时又为盘卷方式供货，特别适用于室内配水支管暗埋安装。

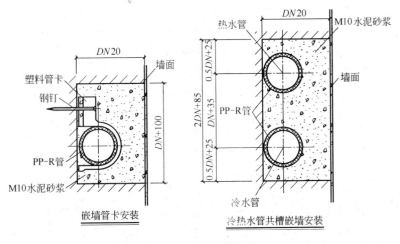

图 2-16　PP-R 管暗装

注：1. 管道嵌实应在隐蔽工程验收完成后进行。

2. M10 水泥砂浆应分两次嵌实，先嵌实管件待达到 50% 强度后再全部嵌实填平。

3. 墙管道管径不得>25mm。

4. 管卡间距≤1.5m，管道转弯及穿墙三通处必须设置管卡。

5. 横管嵌墙开槽长度超过 1.0m 时，应征得土建专业同意。

6. 墙槽槽底应平整，不得有尖角。

7. 当管道交叉敷设于楼面时，最上层管顶应有不小于 20mm 的垫层。

8. 敷设于楼面的管道也可不设波纹护套管但管顶上垫层厚度不得小于 20mm。

9. 管道敷设于楼面施工完毕后需画线标明位置。

　　铝塑复合管、PE-X 管在用水器具集中的卫生间敷设安装时，应采用分水器配水，并使各支管以最短距离到达各配水点，且直埋管段不宜有接头，并应套波纹护套管。分水器与分水器管道系统安装示意如图 2-17 和图 2-18 所示。

　　分水器供水系统应符合下列规定。

　　① 由分水器到各用水点应单独连接管道，各支路配水管不应交叉。

　　② 分水器安装位置应便于检修或操作，可设置在墙体、管道井的外侧或台盆下部的装饰橱体内，应根据分水器安装位置确定管道系统水平或垂直走向。

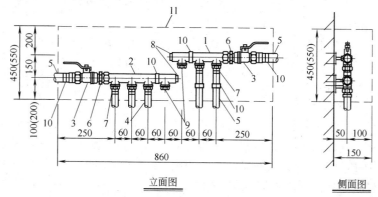

立面图

侧面图

图 2-17 分水器

件号	件号名称	件号	件号名称
1	分水器	7	卡压式外丝直通
2	分水器	8	卡压式内丝直通或内丝堵头
3	卡压式内丝球阀	9	外丝堵头
4	冷水管	10	固定支架
5	热水管	11	分水器箱
6	外丝直通接头		

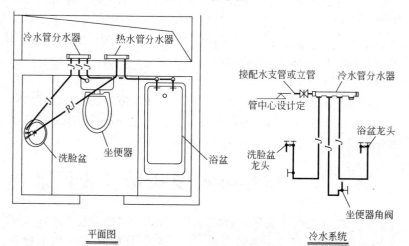

平面图

冷水系统

图 2-18 分水器管道系统安装示意

③ 分水器宜设置分水器箱，冷热水分水器可共用一个分水器箱。

④ 分水器进水管上宜安装进水阀门，支路配水管可不设阀门。

⑤ 分水器材质宜用铜、不锈钢或塑料加工成型，通径为32mm，配水管连接管径宜为DN20，管口应为管螺纹，配水管接头中心距不宜小于50mm。

6. 管道试压

需保温的管道以及嵌入墙体、地面的暗装管道在隐蔽前应做单项水压试验。管道系统安装完后应进行综合水压试验。水压试验时应排净空气，待水充满后进行加压。当压力升到规定值时，停止加压，认真检查整个管道系统，确认各处接口和阀门均无渗漏现象，再持续稳压到规定时间，观察其压力下降在允许范围内，并经有关人员验收认可后，填写好水压试验记录，办理交接手续。

7. 防腐、保温、补管槽及管道冲洗

单项水压试验及综合水压试验完后，把管道内的水泄净。遭破损的镀锌层和外露丝扣做好防腐处理后，即可进行隐蔽工作。

嵌入墙体、地面的管道用水泥砂浆保护，其厚度应符合下列要求。墙内冷水管不小于10mm，热水管不小于15mm，嵌入地面的管道不小于10mm。

给水管道保温主要有防冻保温、防热损失保温、防结露保温。其所用保温材料及保温厚度均按设计要求安装，达到国家验收规范标准。

整个给水系统移交给业主使用前，应做管道冲洗。冲洗应用自来水连续进行。冲洗时打开各给水点，直到冲洗水质洁净并做好冲洗试验记录后，方可办理验收移交手续。

第五节　质量标准及质量验收记录

室内给水系统安装质量合格标准，除第四节安装技术中一般规定外，其主控项目应全部符合规定，一般项目应有80%以上检查点符合规定。

一、室内给水管道及配件安装

1. 给水管道及配件安装主控项目

① 室内给水管道的水压试验必须符合设计要求。当设计未注明时，各种材质的给水管道系统试验压力均为工作压力的 1.5 倍，但不得小于 0.6MPa。

检验方法：金属及复合管给水管道系统在试验压力下观测 10min，压力降不应大于 0.02MPa，然后降到工作压力进行检查，应不渗不漏；塑料管给水系统应在试验压力下稳压 1h，压力降不得超过 0.05MPa，然后在工作压力的 1.15 倍状态下稳压 2h，压力降不得超过 0.03MPa，同时检查各连接处不得渗漏。

② 给水系统交付使用前必须进行通水试验并做好记录。

检验方法：观察和开启阀门、水嘴等放水。

③ 生产给水系统管道在交付使用前必须冲洗和消毒，并经有关部门取样检验，符合《生活饮用水卫生标准》（GB 5749—2006）方可使用。

检验方法：检查有关部门提供的检测报告。

④ 室内直埋给水管道（塑料管道和复合管道除外）应做防腐处理。埋地管道防腐材质和结构应符合设计要求。

检验方法：观察或局部解剖检查。

2. 给水管道及配件安装一般项目

① 给水引入管与排水排出管的水平净距不得小于 1m。室内给水与排水管道平行敷设时，两管间的最小水平净距不得小于 0.5m；交叉敷设时，垂直净距不得小于 0.15m。给水管应敷设在排水管上面，若给水管必须敷设在排水管的下面时，给水管应加套管，其长度不得小于排水管管径的 3 倍。

检验方法：尺量检查。

② 管道及管件焊接的焊缝表面质量应符合下列要求。

a. 焊缝外形尺寸应符合图纸和工艺文件的规定，焊缝高度不得低于母材表面，焊缝与母材应圆滑过渡。

b. 焊缝及热影响区表面应无裂纹、未熔合、未焊透、夹渣、弧坑和气孔等缺陷。

检验方法：观察检查。

c. 给水管道应有 2‰~5‰ 的坡度坡向泄水装置。

检验方法：水平尺和尺量检查。

d. 给水管道和阀门安装的允许偏差应符合表 2-6 的规定。

表 2-6　管道和阀门安装的允许偏差和检验方法

项次	项目			允许偏差/mm	检验方法
1	水平管道纵横方向弯曲	钢管	每米 全长 25m 以上	1 不大于 25	用水平尺、直尺、拉线和尺量检查
		塑料管复合管	每米 全长 25m 以上	1.5 不大于 25	
		铸铁管	每米 全长 25m 以上	2 不大于 25	
2	立管垂直度	钢管	每米 5m 以上	3 不大于 8	吊线和尺量检查
		塑料管复合管	每米 5m 以上	2 不大于 8	
		铸铁管	每米 5m 以上	3 不大于 10	
3	成排管段和成排阀门		在同一平面上间距	3	尺量检查

e. 管道支吊架安装应平整牢固，其间距应符合表 2-1、表 2-2 和表 2-3 的规定。

检验方法：观察和尺量检查。

f. 水表应安装在便于检修，不受暴晒、污染或冻结的地方。安装螺翼式水表，表前与阀门应有不小于 8 倍水表接口直径的直线管。表外壳距墙表面净距为 10~30mm；水表进水口中心标高按设计要求，允许偏差±10mm。

检验方法：观察和尺量检查。

二、室内消火栓系统安装

1. 室内消火栓系统安装主控项目

室内消火栓系统安装完后应对屋顶（或水箱间内）试验消火栓

和首层取二处消火栓做试射试验，以达到设计要求为合格。

检验方法：实地试射检查。

2. 室内消火栓系统安装一般项目

① 安装消火栓水龙带，水龙带与水枪和快速接头绑扎好后，应根据箱内构造将水龙带挂放在箱内的挂钉、托盘或支架上。

检验方法：观察检查。

② 箱式消火栓的安装应符合下列规定。

a. 栓口应朝外，不应安装在门轴侧。

b. 栓口中心距地面为 1.1m，允许偏差±20mm。

c. 阀门中心距箱侧面为 140mm，距箱后内表面为 100mm，允许偏差±5mm。

d. 消火栓箱体安装的垂直度允许偏差为 3mm。

检验方法：观察和尺量检查。

三、给水设备安装

1. 给水设备安装主控项目

① 水泵就位前的基础混凝土强度、坐标、标高、尺寸和螺栓孔位置必须符合设计规定。

检验方法：对照图纸用仪器和尺量检查。

② 水泵试运转的轴承温升必须符合设备说明书的规定。

检验方法：温度计实测检查。

③ 敞口水箱的满水试验和密闭水箱（罐）的水压试验必须符合设计与规范的规定。

检验方法：满水试验静置 24h 观察，不渗不漏；水压试验在试验压力下 10min 压力不降，不渗不漏。

2. 给水设备安装一般项目

① 水箱支架或底座安装，其尺寸及位置应符合设计规定，埋设平整牢固。

检验方法：对照图纸，尺量检查。

② 水箱溢流管和泄放管应设置在排水地点附近但不得与排水管直接连接。

检验方法：观察检查。

③ 立式水泵的减振装置不应采用弹簧减振器。

检验方法：观察检查。

④ 室内给水设备安装的允许偏差应符合表 2-7 的规定。

表 2-7　室内给水设备安装的允许偏差和检验方法

项次	项　目			允许偏差/mm	检　验　方　法
1	静置设备	坐标		15	用钢针刺入
		标高		±5	
		垂直度/m⁻¹		5	
2	离心式水泵	立式泵体垂直度/m⁻¹		0.1	水平尺和塞尺检查
		卧式泵体垂直度/m⁻¹		0.1	水平尺和塞尺检查
		联轴器同心度	轴向倾斜/m⁻¹	0.8	在联轴器互相垂直的四个位置上用水准仪，百分表或测微螺钉和塞尺检查
			径向位移	0.1	

⑤ 管道及设备保温层的厚度和平整度的允许偏差应符合表 2-8 的规定。

表 2-8　管道及设备保温层的厚度和平整度的允许偏差和检验方法

项次	项　目		允许偏差/mm	检　验　方　法
1	厚度		$+0.1\delta$ -0.05δ	用钢针刺入
2	表面平整度	卷材	5	用2m靠尺和楔形塞尺检查
		涂抹	10	

四、质量验收记录与验收"统一标准"

《建筑工程施工质量验收统一标准》（GB 50300—2013）已于 2013 年 11 月 1 日发布，自 2014 年 6 月 1 日起施行，与其配套的各项验收规范也相应发布施行。建筑装饰装修工程水、电安装应严格执行"统一标准"和相配套的验收规范。

1. "统一标准"的基本规定

"统一标准"对"验收规范"的基本规定有以下几条。

① 规定了统一标准和施工质量相关专业的验收规范配套使用，

整个验收同为一个整体，共同来完成一个单位（子单位）工程的质量验收。

② 规定了本系列验收规范是施工质量验收，施工要按图施工，满足设计要求，体现设计意图。

③ 参加施工质量验收的人员必须是具备资质的专业技术人员，为质量验收的正确提出基本要求，来保证整个质量验收过程的质量。

④ 提出了施工质量验收的重要程序，即施工企业先自行检查评定，符合要求后，再交由监理单位验收。分清生产、验收两个质量责任阶段，将质量落实到企业，谁生产谁负责。

⑤ 施工过程的重要控制点、隐蔽工程的验收，应与有关方面人员共同验收作为见证，共同验收确认，并形成验收文件，供检验批、分项、分部（子分部）验收时备查。

⑥ 见证取样送检，在监理单位或建设单位监督下，由施工单位有关人员现场取样，并送至具备相应资质的检测单位进行检测，进一步加强了工程质量管理的要求。

⑦ 明确了检验批的质量按主控项目，一般项目验收，统一了质量指标范围和要求。

⑧ 各工序完成之后或各专业、工种之间，应进行交接验收，分清质量责任，促进后道工序对前道工序质量的保护，同时也是对前道工序质量给予认可。

⑨ 工程的观感质量应由有资质的专业验收人员通过现场检查共同确认，形成一种专家评分共同确认的评价方法。

2. 基本建设项目的划分

基本建设工程项目一般分为建设项目、单项工程、单位工程、分部工程和分项工程。见表 2-9。

表 2-9　建筑工程分部（子分部）工程、分项工程划分

序号	分部工程	子分部工程	分　项　工　程
1	地基与基础	地基	素土、灰土地基，砂和砂石地基，土工合成材料地基，粉煤灰地基，强夯地基，注浆地基，预压地基，砂石桩复合地基，高压旋喷射注浆地基，水泥土搅拌桩地基，土和灰土挤密桩复合地基，水泥粉煤灰碎石桩复合地基，夯实水泥土桩复合地基

序号	分部工程	子分部工程	分 项 工 程
1	地基与基础	基础	无筋扩展基础,钢筋混凝土扩展基础,筏形与箱形基础,钢结构基础,钢管混凝土结构基础,型钢混凝土结构基础,钢筋混凝土预制桩基础,泥浆护壁成孔灌注桩基础,干作业成孔桩基础,长螺旋钻孔压灌桩基础,沉管灌注桩基础,钢桩基础,锚杆静压桩基础,岩石锚杆基础,沉井与沉箱基础
		基坑支护	灌注桩排桩围护墙,板桩围护墙,咬合桩围护墙,型钢水泥土搅拌墙,土钉墙,地下连续墙,水泥土重力式挡墙,内支撑,锚杆,与主体结构相结合的基坑支护
		地下水控制	降水与排水,回灌
		土方	土方开挖,土方回填,场地平整
		边坡	喷锚支护,挡土墙,边坡开挖
		地下防水	主体结构防水,细部结构防水,特殊施工法结构防水,排水,注浆
2	主体结构	混凝土结构	模板、钢筋,混凝土,预应力、现浇结构,装配式结构
		砌体结构	砖砌体,混凝土小型空心砌块砌体、石砌体,配筋砌体,填充墙砌体
		钢结构	钢结构焊接,紧固件连接,钢零部件加工,钢构件组装及预拼装,单层钢结构安装,多层及高层钢结构安装,钢管结构安装,预应力钢索和膜结构,压型金属板,防腐涂料涂装,防火涂料涂装
		钢管混凝土结构	构件现场拼装,构件安装,钢管焊接,构件连接,钢管内钢筋骨架,混凝土
		型钢混凝土结构	型钢焊接,紧固件连接,型钢与钢筋连接,型钢构件组装及预拼装,型钢安装,模板,混凝土
		铝合金结构	铝合金焊接,紧固件连接,铝合金零部件加工,铝合金构件组装,铝合金构件预拼装,铝合金框架结构安装,铝合金空间网格结构安装,铝合金面板,铝合金幕墙结构安装,防腐处理
		木结构	方木与原木结构、胶合木结构、轻型木结构,木构件的防护

序号	分部工程	子分部工程	分 项 工 程
3	建筑装饰装修	建筑地面	基层铺设,整体面层铺设,板块面层铺设,要、竹面层铺设
		抹灰	一般抹灰,保温层薄抹灰,装饰抹灰,清水砌体勾缝
		外墙防水	外墙砂浆防水,涂膜防水,透气膜防水
		门窗	木门窗制作安装,金属门窗安装,塑料门窗安装,特种门安装,门窗玻璃安装
		吊顶	整体面层吊顶,板块面层吊顶,格栅吊顶
		轻质隔墙	板材隔墙、骨架隔墙、活动隔墙、玻璃隔墙
		饰面板	石板安装,陶瓷板安装,木板安装,金属板安装,塑料板安装
		饰面砖	外墙饰面砖粘贴,内墙饰面砖粘贴
		幕墙	玻璃幕墙安装,金属幕墙安装,石材幕墙安装,陶板幕墙安装
		涂饰	水性涂料涂饰,溶剂型涂料涂饰,美术涂饰
		裱糊与软包	裱糊、软包
		细部	橱柜制作与安全,窗帘盒和窗台板制作与安装,门窗套制作与安装,护栏和扶手制作与安装,花饰制作与安装
4	屋面	基层与保护	找坡层和找平层,隔汽层,隔离层,保护层
		保温与隔热	板状材料保温层,纤维材料保温层,喷涂硬泡沫聚氨酯保温层,现浇泡沫混凝土保温层,种植隔热层,架空隔热层,蓄水隔热层
		防水与密封	卷材防水层,涂膜防水层,复合防水层,接缝密封防水层
		瓦屋面与板面	烧结瓦和混凝土瓦铺装,沥青瓦铺装,金属板铺装,玻璃采光顶铺装
		细部结构	檐口,檐沟和天沟,女儿墙和山墙,水落口,变形缝,伸出屋面管道,屋面出入口,反梁过水孔,设施基座,屋脊,屋顶窗
5	建筑给水排水及供暖	室内给水系统	给水管道及配件安装,给水设备安装,室内消火栓系统安装,消防喷淋系统安装,防腐、绝热,管道冲洗,消毒,试验与调试
		室内排水系统	排水管道及配件安装,雨水管道及配件安装,防腐,试验与调试

序号	分部工程	子分部工程	分 项 工 程
5	建筑给水排水及供暖	室内热水供应系统	管道及配件安装、辅助设备安装、防腐、绝热,试验与调试
		卫生器具安装	卫生器具安装、卫生器具给水配件安装、卫生器具排水管道安装,试验与调试
		室内采暖系统	管道及配件安装、辅助设备安装,散热器安装、低温热水地板辐射供暖系统安装、电加热供暖系统安装,燃气红外辐射供暖系统安装,热风供暖系统安装,热计量及调控装置安装,试验与调试、防腐、绝热
		室外给水管网	给水管道安装、室外消火栓系统安装、试验与调试
		室外排水管网	排水管道安装、排水管沟与井池,试验与调试
		室外供热管网	管道及配件安装、系统水压试验,土建结构,防腐、绝热,试验与调试
		建筑饮用水供应系统	管道及配件安装,水处理设备及控制设施安装,防腐、绝热,试验与调试
		建筑中水系统及雨水利用系统	建筑中水系统,雨水利用系统管道及配件安装,水处理设备及控制设施安装,防腐、绝热,试验与调试
		游泳池及公共浴池水系统	管道及配件安装,水处理设备及控制设施安装,防腐、绝热,试验与调试
		水景喷泉系统	管道及配件安装,水处理设备及控制设施安装,防腐、绝热,试验与调试
		供热锅炉及辅助设备	锅炉安装,辅助设备及管道安装,安全附件安装,换热站安装,防腐、绝热,试验与调试
		监测与控制仪表	监测仪器及仪表安装,试验与调试
6	通风与空调	送风系统	风管与配件制作,部件制作,风管系统安装,风机与空气处理设备安装,风管与设备防腐,旋流口、岗位送风口、织物(布)风管安装,系统调试
		排风系统	风管与配件制作,部件制作,风管系统安装,风机与空气处理设备安装,风管与设备防腐,吸风罩及其他空气处理设备安装,厨房、卫生间排风系统安装,系统调试
		防排烟系统	风管与配件制作,部件制作,风管系统安装,风机与空气处理设备安装,风管与设备防腐,排烟风阀(口)、常闭正压风口、防火风管安装,系统调试

序号	分部工程	子分部工程	分 项 工 程
6	通风与空调	除尘系统	风管与配件制作,部件制作,风管系统安装,风机与空气处理设备安装,风管与设备防腐,除尘器与排污设备安装,吸尘罩安装,高温风管绝热,系统调试
		舒适性空调系统	风管与配件制作,部件制作,风管系统安装,风机与空气处理设备安装,风管与设备防腐,组合式空调机组安装,消声器、静电除尘器、换热器、紫外线灭菌器等设备安装,风机盘管、变风量与定风量送风装置、射流喷口等末端设备安装,风管与设备绝热,系统调试
		恒温恒湿空调系统	风管与配件制作,部件制作,风管系统安装,风机与空气处理设备安装,风管与设备防腐,组合式空调机组安装,电加热器、加湿器等设备安装,精密空调机组安装,风管与设备绝热,系统调试
		净化空调系统	管与配件制作,部件制作,风管系统安装,风机与空气处理设备安装,风管与设备防腐,净化空调机组安装,消声器、静电除尘器、换热器、紫外线灭菌器等设备安装,中、高效过滤器及风机过滤器单元等末端设备清洗与安装,洁净度测试,风管与设备绝热,系统调试
		地下人防通风系统	管与配件制作,部件制作,风管系统安装,风机与空气处理设备安装,风管与设备防腐,过滤吸收器、防爆波门、防爆超压排汽活门等专用设备安装,系统调试
		真空吸尘系统	管与配件制作,部件制作,风管系统安装,风机与空气处理设备安装,风管与设备防腐,管道安装,快速接口安装,风机与滤尘设备安装,系统压力试验与调试
		冷凝水系统	管道系统及部件安装,水泵及附属设备安装,管道冲洗,管道、设备防腐,板式热交换器、辐射板及辐射供热、供冷地埋管、热泵机组设备安装,管道、设备绝热,系统压力试验及调试
		空调(冷、热)水系统	管道系统及部件安装,水泵及附属设备安装,管道冲洗,管道、设备防腐,冷却塔与水处理设备安装,防冻伴热设备安装,管道、设备绝热,系统压力试验及调试

序号	分部工程	子分部工程	分 项 工 程
6	通风与空调	冷却水系统	管道系统及部件安装,水泵及附属设备安装,管道冲洗,管道、设备防腐,系统灌水渗漏及排放试验,管道、设备绝热
		土壤源热泵换热系统	管道系统及部件安装,水泵及附属设备安装,管道冲洗,管道、设备防腐,埋地换热系统与管网安装,管道、设备绝热,系统压力试验及调试
		水源热泵换热系统	管道系统及部件安装,水泵及附属设备安装,管道冲洗,管道、设备防腐,地表水源换热管及管网安装,除垢设备安装,管道、设备绝热,系统压力试验及调试
		蓄能系统	管道系统及部件安装,水泵及附属设备安装,管道冲洗,管道、设备防腐,蓄水罐与蓄冰槽、罐安装,管道、设备绝热,系统压力试验及调试
		压缩式制冷(热)设备系统	制冷机组及附属设备安装,管道、设备防腐,制冷剂管道及部件安装,制冷剂灌注,管道、设备绝热,系统压力试验及调试
		吸收式制冷设备系统	制冷机组及附属设备安装,管道、设备防腐,系统真空试验,溴化锂溶液加灌,蒸汽管道系统安装,燃气或燃油设备安装,管道、设备绝热,试验及调试
		多联机(热泵)空调系统	室外机组安装,室内机组安装,制冷剂管路连接及控制开关安装,风管安装,冷凝水管道安装,制冷剂灌注,系统压力试验及调试
		太阳能供暖空调系统	太阳能集热器安装,其他辅助能源、换热设备安装,蓄能水箱、管道及配件安装,防腐,绝热,低温热水地板辐射采暖系统安装,系统压力试验及调试
		设备自控系统	温度、压力与流量传感器安装,执行机构安装调试,防排烟系统功能测试,自动控制及系统智能控制软件调试
7	建筑电气	室外电气	变压器、箱式变电所安装,成套配电柜、控制柜(屏、台)和动力、照明配电箱(盘)及控制柜安装,梯架、支架、托盘和槽盒安装,导管敷设,电缆敷设,管内穿线和槽盒内敷线,电缆头制作、导线连接和线路绝缘测试,普通灯具安装,专用灯灯具安装,建筑照明通电试运行,接地装置安装

続表

序号	分部工程	子分部工程	分 项 工 程
7	建筑电气	变配电室	变压器、箱式变电所安装,成套配电柜、控制柜(屏、台)和动力、照明配电箱(盘)安装,母线槽安装,梯架、支架、托盘和槽盒安装,电缆敷设,电缆头制作、导线连接和线路绝缘测试,接地装置安装,接地干线敷设
		供电干线	电气设备试验和试运行,母线槽安装,梯架、支架、托盘和槽盒安装,导管敷设,电缆敷设,管内穿线和槽盒内敷线,电缆头制作、导线连接和线路绝缘测试,接地干线敷设
		电气动力	成套配电柜、控制柜(屏、台)和动力配电箱(盘)安装,电动机、电加热器及电动执行机构检查接线,电气设备试验和试运行,梯架、支架、托盘和槽盒安装,导管敷设,电缆敷设,管内穿线和槽盒内敷线,电缆头制作、导线连接和线路绝缘测试
		电气照明	成套配电柜、控制柜(屏、台)和照明配电箱(盘)安装,梯架、支架、托盘和槽盒安装,导管敷设,管内穿线和槽盒内敷线,塑料护套线直敷布线,钢索配线,电缆头制作、导线连接和线路绝缘测试电线,普通灯具安装,专用灯具安装,插座、开关、风扇安装,建筑照明通电试运行
		备用和不间断电源	成套配电柜、控制柜(屏、台)和动力、照明配电箱(盘)安装,柴油发电机组安装,不间断电源装置及应急电源装置安装,母线槽安装,导管敷设,电缆敷设,管内穿线和槽盒内敷线,电缆头制作、导线连接和线路绝缘测试,接地装置安装
		防雷及接地	接地装置安装,防雷引下线及接闪器安装,建筑物等电位连接,浪涌保护器安装
8	智能建筑	智能化集成系统	设备安装,软件安装,接口及系统调试,试运行
		信息接入系统	安装场地检查
		用户电话交换系统	电缆敷设,设备安装,软件安装,接口及系统调试,试运行
		信息网络系统	计算机网络设备安装,计算机网络软件安装,网络安全设备安装,网络安全软件安装,系统调试,试运行

第二章　室内给水系统安装　045

序号	分部工程	子分部工程	分 项 工 程
8	智能建筑	综合布线系统	梯架、托盘、槽盒和导管安装,线缆敷设,机柜、机架、配线架安装,信息插座安装,链路或信息通道测试,软件安装,系统调试,试运行
		移动通信室内信号覆盖系统	安装场地检查
		卫星通信系统	安装场地检查
		有线电视及卫星电视接收系统	梯架、托盘、槽盒和导管安装,线缆敷设,设备安装,软件安装,系统调试,试运行
		公共广播系统	梯架、托盘、槽盒和导管安装,线缆敷设,设备安装,软件安装,系统调试,试运行
		会议系统	梯架、托盘、槽盒和导管安装,线缆敷设,设备安装,软件安装,系统调试,试运行
		信息导引及发布系统	梯架、托盘、槽盒和导管安装,线缆敷设,显示设备安装,机房设备安装,软件安装,系统调试,试运行
		时钟系统	梯架、托盘、槽盒和导管安装,线缆敷设,设备安装,软件安装,系统调试,试运行
		信息化应用系统	梯架、托盘、槽盒和导管安装,线缆敷设,设备安装,软件安装,系统调试,试运行
		建筑设备监控系统	梯架、托盘、槽盒和导管安装,线缆敷设,传感器安装,执行器安装,控制器、箱安装,中央管理工作站和操作分站设备安装,软件安装,系统调试,试运行
		火灾自动报警系统	梯架、托盘、槽盒和导管安装,线缆敷设,探测器类设备安装,控制器类设备安装,其他设备安装,软件安装,系统调试,试运行
		安全技术防范系统	梯架、托盘、槽盒和导管安装,线缆敷设,设备安装,软件安装,系统调试,试运行
		应急响应系统	设备安装,软件安装,系统调试,试运行
		机房	供配电系统,防雷与接地系统,空气调节系统,给水排水系统,综合布线系统,监控与安全防范系统,消防系统,室内装饰装修,电磁屏蔽,系统调试,试运行
		防雷与接地	接地装置,接地线,等电位联结,屏蔽设施,电涌保护器,线缆敷设,系统调试,试运行

序号	分部工程	子分部工程	分 项 工 程
9	建筑节能	围护系统节能	墙体节能,幕墙节能,门窗节能,屋面节能,地面节能
		供暖空调设备及管网节能	供暖节能,通风与空调设备节能,空调与供暖系统冷热源节能,空调与供暖系统管网节能
		电气动力节能	配电节能,照明节能
		监控系统节能	监测系统节能,控制系统节能
		可再生能源	源热泵系统节能,太阳能光热系统节能,太阳能光伏节能
10	电梯	电力驱动的曳引式或强制式电梯	设备进场验收,土建交接检验,驱动主机,导轨,门系统,轿厢,对重,安全部件,悬挂装置,随行电缆,补偿装置,电气装置,整机安装验收
		液压电梯	设备进场验收,土建交接检验,液压系统,导轨,门系统,轿厢,对重,安全部件,悬挂装置,随行电缆,电气装置,整机安装验收
		自动扶梯、自动人行道	设备进场验收,土建交接检验,整机安装验收

（1）建设项目 指按照一个总体设计进行施工，经济上实行独立核算，行政上有独立的组织形式的基本建设单位。在一个总体设计范围内，由一个或几个单项工程组成为建设项目。例如投入资金，在某一地点、时间内按照总体设计建造一个新的学校，即可称为一个建设项目。

（2）单项工程 单项工程是建设项目的组成部分，是指具有独立的设计文件，建成后能够独立发挥生产能力或使用效益的工程。如在某个学校建设中，教学楼、学生宿舍、图书馆等都是单项工程。

（3）单位工程 单位工程是单项工程的组成部分，是指有独立的设计文件，能进行独立施工，但不能独立发挥生产能力或作用效益的工程。例如，图书馆内的电气安装工程、给排水安装工程等都是不同性质的工程内容的单位工程。

（4）分部工程 分部工程是单位工程的组成部分，指在单位工程中，按照不同结构、不同工种、不同材料和机械设备而划分的工程。如电气安装工程中，又划分为电缆安装、桥梁安装、配电装置安装、配管配线、照明等若干分部工程。

（5）分项工程　分项工程是分部工程的组成部分，它是指分部工程中，按照不同的施工方法、不同的材料、不同的规格而进一步划分的最基本的工程项目。例如，给排水管道安装分部，根据材质不同可分为铸铁给水管安装、镀锌管安装、PP-R 管安装、PVC-U 给水管安装、铝塑复合管安装、铜管安装等分项工程。

3. 分项工程的质量验收

（1）检验批质量的验收　分项工程分为一个或若干个检验批来验收。检验批合格质量应符合下列规定。主控项目和一般项目的质量抽样检验合格；具有完整的施工操作依据，质量检查记录。

① 主控项目。主控项目的条文是必须达到要求的，是保证工程安全和使用功能的重要检验项目，是对安全、卫生、环境保护和公众利益起决定性作用的检验项目，是确定该检验批主要性能的检验项目。如果达不到规定的质量指标，降低要求就相当于降低该工程项目的性能指标，就会严重影响工程的安全性能；但如果提高要求就等于提高性能指标，就会增加工程造价。

主控项目包括的内容主要有以下几方面。

a. 重要材料、构配件、成品及半成品、设备性能及附件的材质、技术性能等。检查出厂证明及其技术数据、项目符合有关技术标准规定。

b. 结构的强度、刚度和稳定性等检验数据，工程性能的检测。如管道的压力试验，内管的系统测定与调整，电气的绝缘、接地测试等。检查测试记录，其数据及其项目要符合设计要求和验收规范规定。

c. 一些重要的允许偏差项目，必须控制在允许偏差限值之内。

② 一般项目。一般项目是除主控项目以外的检验项目，其条文也是应该达到的，只不过对不影响工程安全和使用功能的少数条文可以适当放宽一些。这些条文虽没有主控项目那样重要，但对工程安全是有较大影响的。

一般项目包括的内容主要有以下几方面。

a. 允许有一定偏差的项目，放在一般项目中，用数据规定的标准，可以有个别偏差范围，最多不超过 20％的检查点可以超过允许偏差值，但也不能超过允许值的 150％。

b. 对不能确定偏差值而又允许出现一定缺陷的项目，以缺陷的数量来区分。

c. 对一些无法定量而采用定性的项目，例如卫生器具给水件安装项目，接口严密，启闭部分灵活；管道丝接项目，无外露油麻等，要靠专职质检员和监理工程师来掌握。

（2）分项工程质量的验收　分项工程验收合格应符合下列规定。分项工程所含的检验批均应符合合格质量的规定；分项工程所含的检验批的质量验收记录应完整。

由于分项工程质量的验收是在检验批验收的基础上进行的，是一个统计过程，故验收时应注意以下几方面。

① 核对检验批的部位、区段是否全部覆盖分项工程的范围，有没有缺漏的部位没有验收到。

② 一些在检验批中无法检验的项目，在分项工程中直接验收。

③ 检验批验收记录的内容及签字人是否正确齐全。

4. 分部（子分部）工程质量的验收

分部（子分部）工程质量质量验收合格应符合下列规定。

① 分部（子分部）工程所含分项工程的质量均应验收合格。

② 质量控制资料应完整。

③ 设备安装等分部工程有关安全及功能的检验和抽样检测结果应符合有关规定。

④ 观感质量验收应符合。

同时应注意以下三点。

① 检查每个分项工程验收是否正确。

② 注意查对所含分项工程，有没有缺漏的分项工程没有归纳进来，或是没有进行验收。

③ 注意检查分项工程的资料是否完整，每个验收的内容是否有缺漏项，以及分项验收人员的签字是否齐全及符合规定。

由于本教材内容主要针对施工技术，对单位（子单位）工程质量竣工验收，就不在此赘述。

5. 检验批质量验收记录表

作为施工企业来说，工程质量的验收首先是班组在施工过程中的自我检查，自我检查就是按照施工操作工艺的要求，边操作边检查，将有关质量要求及误差控制在规定的限值内。这就要求施工班组搞好自检。通过在施工过程中控制质量，经过自检、互检使工程质量达到合格标准。项目专业质量检查员组织有关人员（专业工长、班组长、班组质量员），对检验批质量进行检查评定，由项目专业质量检查员评定，作为检验批、分项工程质量向下一道工序交接的依据。从检验批、分项工程开始加强质量控制，要求各班组（或工种）工人在自检的基础上，互相之间进行检查督促，取长补短，由生产者本身把好质量关，把质量问题和缺陷解决在施工过程中。施工企业对检验批、分项工程、分部（子分部）工程、单位（子单位）工程，都应按照企业标准及有关施工规范检查评定合格之后，将各验收质量记录表填写好，再交监理单位（建设单位）的监理工程师、总监理工程师进行验收，因而施工企业的自我检查评定是工程验收的基础。

（1）表的名称及编号　检验批验收表见各章节内容。

检验批由监理工程师或建设单位项目技术负责人组织项目专业质量检查员等进行验收，表的名称应在制订专用表格时就印好，前边印上分项工程的名称。表的名称下边注上"质量验收规范的编号"。

检验批表的编号按全部施工质量验收规范系列的分部工程、子分部工程统一为 8 位数的数码编号，写在表的右上角，前 6 位数字均印在表上，后留两个□，用来在检查验收时填写检验批的顺序号。其编号规则如下。

前边两个数字是分部工程的代码，01～09。地基与基础为 01，主体结构为 02，建筑装饰装修为 03，建筑屋面为 04，建筑给水排水及采暖为 05，建筑电气为 06，智能建筑为 07，通风与空调为 08，电梯为 09。

第 3、4 位数字是子分部工程的代码。

第 5、6 位数字是分项工程的代码。

其顺序号见表 2-9 的建筑工程分部（子分部）工程、分项工程划分。

第 7、8 位数字是各分项工程检验批验收的顺序号。由于在大体量高层或超高层建筑中，同一个分项工程会有很多检验批的数量，故留了 2 位数的空位置。

如地基与基础分部工程那样，无支护土方子分部工程、土方开挖分项工程，其检验批表的编号为 010101□□，第一个检验批编号为 010101 [0][1]。

还需说明的是，有些子分部工程中有些项目可能在两个分部工程中出现，这就要在同一个表上编两个分部工程及相应子分部工程的编号；如砖砌体分项工程在地基与基础和主体结构中都有，砖砌体分项工程检验批的表编号为 010701□□、020301□□。

有些分项工程可能在几个子分部工程中出现，这就应在同一个检验批表上编几个子分部工程及子分部工程的编号。如建筑电气的接地装置安装，在室外电气、变配电室、备用和不间断电源安装及防雷接地安装等子分部工程中都有。

其编号为 060109□□

060206□□

060608□□

060701□□

4 行编号中的第 5、6 位数字分别是第一行的 09，表示室外电气子分部工程的第 9 个分项工程；第二行的 06，表示变配电室子分部工程的第 6 个分项工程，其余类推。

另外，有些规范的分项工程，在验收时也将其划分为几个不同的检验批来验收。如混凝土结构子分部工程的混凝土分项工程，分为原材料、配合比设计、混凝土施工 3 个检验批来验收。又如建筑装饰装修分部工程建筑地面子分部工程中的基层分项工程，其中有几种不同的检验批。故在其表名下加标罗马数字（Ⅰ）、（Ⅱ）、（Ⅲ）……

（2）表头部分的填写

① 检验批表编号的填写，在两个方框内填写检验批序号。如

为第 11 个检验批则填为 $\boxed{1}\boxed{1}$。

②单位（子单位）工程名称，按合同文件上的单位工程名称填写，子单位工程标出该部分的位置。分部（子分部）工程名称，按验收规范划定的分部（子分部）名称填写。验收部位是指一个分项工程中验收的那个检验批的抽样范围，要标注清楚，如二层①～⑫轴线砖砌体。

施工单位、分包单位、填写施工单位的全称，与合同上公章名称相一致。项目经理填写合同中指定的项目负责人。在装饰、安装分部工程施工中，有分包单位时，也应填写分包单位全称，分包单位的项目经理也应是合同中指定的项目负责人。这些人员由填表人填写，不要本人签字，只需标明他是项目负责人。

③施工执行标准名称及编号。这是验收规范编制的一个基本思路，由于验收规范只列出验收的质量指标，对其工艺等只提出一个原则要求，具体的操作工艺就靠企业标准了。只有按照不低于国家质量验收规范的企业标准来操作，才能保证国家验收规范的实施。如果没有具体的操作工艺，保证工程质量就是一句空话。企业必须制订企业标准（操作工艺、工艺标准、工法等）来进行培训工人，技术交底，规范工人班组的操作。为了能成为企业的标准体系的重要组成部分，企业标准应有编制人、批准人、批准时间、执行时间、标准名称及编号。填写表时只要将标准名称及编号填写上，就能在企业的标准系列印查到其详细情况，并要在施工现场有这项标准，工人在执行这项标准。

（3）质量验收规范的规定栏　质量验收规范的规定填写具体的质量要求，在制表时就应填写好验收规范中主控项目、一般项目的全部内容。但由于表格的地方小，多数指标不能将全部内容填写下，因此，只将质量指标归纳、简化描述或题目及条文号填写上，作为检查内容提示。以便查对验收规范的原文；对计数检验的项目，将数据直接写出来；这些项目的主要要求用注的形式放在表的背面。如果是将验收规范的主控、一般项目的内容全摘录在表的背面，这样虽方便查对验收条文的内容，但根据以往的经验，这样做就会引起只看表格，不看验收规范的后果，规范上还有基本规定、一般规定等内容，它们虽然不是主控项目和一般项目的条文，但这些内容也是验收主控项目和一般项目的依据。所以验收规范的质量指标不宜全抄过来，故只将其主要要求及如何判定注明即可。

（4）主控项目、一般项目施工单位检查评定记录　填写方法分以下几种情况，判定验收不验收均按施工质量验收规定进行判定。

① 对定量项目直接填写检查的数据。

② 对定性项目，当符合规范规定时，采用打"√"的方法标注；当不符合规范规定时，采用打"×"的方法标注。

③ 有混凝土、砂浆强度等级的检验批，按规定制取试件后，可填写试件编号，待试件试验报告出来后，对检验批进行判定，并在分项工程验收时进一步进行强度评定及验收。

④ 对既有定性又有定量的项目，各个子项目质量均符合规范规定时，采用打"√"来标注；否则采用打"×"来标注。无此项内容的打"/"来标注。

⑤ 对一般项目合格点有要求的项目，应是其中带有数据的定量项目；定性项目必须基本达到。定量项目其中每个项目都必须有80%以上（混凝土保护层为90%）检测点的实测数值达到规范规定。其余20%按各专业施工质量验收规范规定，不能大于150%，钢结构为120%，就是说有数据的项目，除必须达到规定的数值外，其余可放宽的，最大放宽到150%。

"施工单位检查评定记录"栏的填写，有数据的项目，将实际测量的数值填入格内；超企业标准的数字，而没有超过国家验收规范的用"○"将其圈住；对超过国家验收规范的用"△"圈住。

（5）监理（建设）单位验收记录　通常监理人员应进行平行、旁站或巡回的方法进行监理，在施工过程中，对施工质量进行察看和测量，并参加施工单位重要项目的检测。对新开工程或首件产品进行全面检查，以了解质量水平和控制措施的有效性及执行情况，在整个过程中，随时可以测量等。在检验批验收时，对主控项目、一般项目应逐项进行验收。对符合验收规范规定的项目，填写"合格"或"符合要求"，对不符合验收规范规定的项目，暂不填写，待处理后再验收，但应做标记。

（6）施工单位检查评定结果　施工单位自行检查评定合格后应注明"主控项目全部合格，一般项目满足规范规定要求"。

专业工长（施工员）和施工班、组长栏目由本人签字，以示承担责任。专业质量检查员代表企业逐项检查评定合格，将表填写并写清楚结果，签字后，交监理工程师或建设单位项目专业技术负责人验收。

（7）监理（建设）单位验收结论　主控项目、一般项目验收合格，混凝土、砂浆试件强度待试验报告出来后即可判定其余项目已全部验收合格，注明"同意验收"，并由专业监理工程师建设单位的专业技术负责人签字。

建筑给水排水与采暖分部工程各子分部工程与分项工程的关系见表 2-10。

表 2-10　建筑给水排水与采暖分部工程各子分部工程与分项工程关系

子分部工程 分项工程		01 室内给水系统	02 室内排水系统	03 室内热水供应系统	04 卫生器具安装	05 室内采暖管网	06 室外给水管网	07 室外排水管网	08 室外供热管网	09 建筑中水系统及游泳池系统	10 供热锅炉及辅助设备安装
序号	名　称										
1	室内给水管道及配件安装　050101	●									
2	室内消火栓安装　050102	●									
3	给水设备安装　050103	●									
4	室内排水管道及配件安装　050201		●								
5	雨水管道及配件安装　050202		●								
6	室内热水管道及配件安装　050301			●							
7	热水供应系统辅助设备安装　050302			●							

序号	名　　称	01 室内给水系统	02 室内排水系统	03 室内热水供应系统	04 卫生器具安装	05 室内采暖管网	06 室外给水管网	07 室外排水管网	08 室外供热管网	09 建筑中水系统及游泳池系统	10 供热锅炉及辅助设备安装
8	卫生器具及给水配件安装　　050401				●						
9	卫生器具排水管道安装　　050402				●						
10	室内采暖管道及配件安装　　050501					●					
11	室内采暖辅助设备及散器、金属辐射板安装　　050502					●					
12	室外给水管道安装　　050601						●				
13	室外消防水泵结合器、消火栓安装　　050602						●				
14	管沟及井池　　050603						●				
15	室外排水管道安装　　050701							●			
16	室外排水管沟及井池　　050702							●			
17	室外供热管网安装　　050801								●		

（8）建筑给水排水与采暖质量验收资料

① 施工图及设计变更记录。

② 主要材料、成品、半成品、配件、器具和设备出厂合格证及进场检（试）验报告。

③ 隐蔽工程检查验收记录。

④ 中间试验记录。

⑤ 设备试运转记录。

⑥ 安全、卫生和使用功能检验和检测记录。

⑦ 各检验批质量验收记录。

⑧ 其他必须提供的文件或记录。

附室内给水排水工程检验批质量验收表。

室内给水管道及配件安装工程检验批质量验收记录表

（引自 GB 50242—2002）

050101□□

单位（子单位）工程名称										
分部（子分部）工程名称					验收部位					
施工单位					项目经理					
分包单位					分包项目经理					
施工执行标准名称及编号										

施工质量验收规范规定						施工单位检查评定记录				监理（建设）单位验收记录
主控项目	1	给水管道　水压试验			设计要求					
	2	给水系统　通水试验			第4.2.2条					
	3	生活给水系统管　冲洗和消毒			第4.2.3条					
	4	直埋金属给水管道　防腐			第4.2.4条					
一般项目	1	给排水管铺设的平行、垂直净距			第4.2.5条					
	2	金属给水管道及管件焊接			第4.2.6条					
	3	给水水平管道　坡向坡度			第4.2.7条					
	4	管道支、吊架			第4.2.9条					
	5	水表安装			第4.2.10条					
	6	水平管道纵、横方向弯曲允许偏差	钢管	每 m	1mm					
				全长 25m 以上	不大于 25mm					
			塑料管复合管	每 m	1.5mm					
				全长 25m 以上	不大于 25mm					
			铸铁管	每 m	2mm					
				全长 25m 以上	不大于 25mm					
		立管垂直度允许偏差	钢管	每 m	3mm					
				5m 以上	不大于 8mm					
			塑料管复合管	每 m	2mm					
				全长 5m 以上	不大于 8mm					
			铸铁管	每 m	3mm					
				全长 5m 以上	不大于 10mm					
		成排管段和成排阀门	在同一平面上的间距		3mm					

施工单位检查评定结果	专业工长（施工员）			施工班组长	
	项目专业质量检查员：			年　　月　　日	

监理（建设）单位验收结论	专业监理工程师： （建设单位项目专业技术负责人）		年　　月　　日

说　　明

主控项目

1. 室内给水管道的水压试验必须符合设计要求。当设计未注明时，各种材质的给水管道系统试验压力均为工作压力的 1.5 倍，但不得小于 0.6MPa。金属及复合管给水管道系统在试验压力下观测 10min，压力降不应大于 0.02MPa，然后降到工作压力进行检查，应不渗不漏；塑料管给水系统应在试验压力下稳压 1h，压力降不得超过 0.05MPa，然后在工作压力的 1.15 倍状态下稳压 2h，压力降不得超过 0.03MPa，同时检查各连接处不得渗漏。检查试验记录。

2. 给水系统交付使用前必须进行通水试验并做记录。观察和开启阀门、水嘴等放水检查。可全部系统或分区（段）进行。

3. 生活给水系统管道在交付使用前必须进行冲洗和消毒，并经有关部门取样检验，符合《生活饮用水卫生标准》后方能使用。检查检测报告。

4. 室内直埋给水管道（塑料管道和复合管道除外）应做防腐处理。埋地管道防腐层材质和结构应符合设计要求。观察或局部解剖检查。

一般项目

1. 给水引入管与排水出管的水平净距不得小于 1m。室内给水与排水管道平行敷设时，两管间的最小水平净距不得小于 0.5m，交叉敷设时，垂直净距不得小于 0.15m。给水管应敷设在排水管上面，若给水管必须敷设在排水管的下面时，给水管应加套管，其长度不得小于排水管管径的 3 倍。全数尺量检查。

2. 管道及管件焊接的焊缝表面质量应符合下列要求。

(1) 焊缝外形尺寸应符合图纸和工艺文件的规定, 焊缝高度不得低于母材表面, 焊缝与母材应圆滑过渡。

(2) 焊缝及热影响区表面应无裂纹、未熔合、未焊透、夹渣、弧坑和气孔等缺陷。观察检查。

3. 给水水平管道应有 0.2％～0.5％ 的坡度, 坡向泄水装置。水平尺和尺量检查。

4. 管道的支、吊架安装应平整牢固, 其间距应符合 GB 50242—2002 中第 3.3.8 条、第 3.3.9 条、第 3.3.10 条的规定。观察、尺量及手板检查。

5. 水表应安装在便于检修、不受暴晒、污染和冻结的地方。安装螺翼式水表, 表前与阀门应有不小于 8 倍水表接口直径的直线管段。表外壳距墙表面净距为 10～30mm; 水表进水口中心标高按设计要求, 允许偏差为 ± 10mm。观察和尺量检查。

6. 给水管道和阀门安装的允许偏差, 用水平尺、直尺、拉线和尺量检查。

室内消火栓系统安装工程检验批质量验收记录表
(引自 GB 50242—2002)

050102□□

单位(子单位)工程名称				
分部(子分部)工程名称			验收部位	
施工单位			项目经理	
分包单位			分包项目经理	
施工执行标准名称及编号				
施工质量验收规范规定			施工单位检查评定记录	监理(建设)单位验收记录
主控项目	1	室内消火栓试射试验	设计要求	

施工质量验收规范规定				施工单位检查评定记录	监理(建设)单位验收记录
一般项目	1	室内消火栓水龙带在箱内安放	第4.3.2条		
	2	栓口朝外,并不应安装在门轴侧			
		栓口中心距地面1.1m允许偏差	±20mm		
		阀门中心距箱侧面允许偏差140mm距箱后内表面100mm允许偏差	±5		
		消火栓箱体安装的垂直度允许偏差	3		

	专业工长(施工员)		施工班组长	
施工单位检查评定结果	项目专业质量检查员:			年 月 日
监理(建设)单位验收结论	专业监理工程师:(建设单位项目专业技术负责人)			年 月 日

说　明

050102

主控项目

室内消火栓系统安装完成后取屋顶层(或水箱间内)试验消火栓和首层两处消火栓做试射试验,达到设计要求为合格。按系统实地试射检查。

一般项目

1. 安装消火栓。水龙带与水枪和快速接头绑扎好后，应根据箱内构造将水龙带挂放在箱内的挂钉、托盘或支架上。观察检查。

2. 箱式消火栓的安装应符合下列规定。

（1）栓口应朝外，并不应安装在门轴侧。

（2）栓口中心距地面为 1.1m，允许偏差±20mm。

（3）阀门中心距箱侧面为 140mm，距箱后内表面为 100mm，允许偏差±5mm。

（4）消火栓箱体安装的垂直度允许偏差为 3mm。观察和尺量检查。

给水设备安装工程检验批质量验收记录表

（引自 GB 50242—2002）

050103□□

单位（子单位）工程名称					
分部（子分部）工程名称				验收部位	
施工单位				项目经理	
分包单位				分包项目经理	
施工执行标准名称及编号					
施工质量验收规范规定				施工单位检查评定记录	监理（建设）单位验收记录
主控项目	1	水泵基础	设计要求		
	2	水泵试运转的轴承温升	设计要求		
	3	敞口水箱满水试验和密闭水箱（罐）水压试验	第4.4.3条		
一般项目	1	水箱支架或底座安装	第4.4.4条		
	2	水箱溢流管和泄放管安装	第4.4.5条		
	3	立式水泵减振装置	第4.4.6条		

施工质量验收规范规定				施工单位检查评定记录					监理（建设）单位验收记录
一般项目	4 安装允许偏差	静置设备	坐标	15mm					
			标高	±5mm					
			垂直度（每 m）	5mm					
		离心式水泵	立式垂直度（每 m）	0.1mm					
			卧式水平度（每 m）	0.1mm					
		联轴器同心度	轴向倾斜（每 m）	0.8mm					
			径向移位	0.1mm					
	5 保温层允许偏差	允许偏差	厚度δ	+0.1δ −0.05δ					
		表面平整度 /mm	卷材	5					
			涂料	10					

专业工长（施工员）	施工班组长

施工单位检查评定结果

项目专业质量检查员： 年 月 日

监理（建设）单位验收结论

专业监理工程师：
（建设单位项目专业技术负责人） 年 月 日

说　　明

主控项目

1. 水泵就位前的基础混凝土强度、坐标、标高、尺寸和螺栓孔位置必须符合设计规定。对照图纸用仪器和尺量检查。

2. 水泵试运转的轴承温升必须符合设备说明书的规定。全数温度计实测检查。

3. 敞口水箱的满水试验和密闭水箱（罐）的水压试验必须符合设计与规范的规定。满水试验静置 24h 观察，不渗不漏；水压试验在试验压力下 10min 压力不降，不渗不漏。全数检查。

一般项目

1. 水箱支架或底座安装、其尺寸及位置应符合设计规定，埋设平整牢固。对照图纸，全数尺量检查。

2. 水箱溢流管和泄放管应设置在排水地点附近，但不得与排水管直接连接。全数观察检查。

3. 立式水泵的减振装置不应采用弹簧减振器。全数观察检查。

4. 室内给水设备安装的允许偏差，经纬仪、拉线和尺量检查。

5. 管道及设备保温层的厚度和平整度的允许偏差，用钢针刺入用 2m 靠尺和楔形塞尺检查。

室内排水管道及配件安装工程检验批质量验收记录表

（引自 GB 50242—2002）

050201□□

单位(子单位)工程名称								
分部(子分部)工程名称				验收部位				
施工单位				项目经理				
分包单位				分包项目经理				
施工执行标准名称及编号								

			施工质量验收规范规定			施工单位检查评定记录	监理(建设)单位验收记录
主控项目	1	排水管道　灌水试验			第5.2.1条		
	2	生活污水铸铁管,塑料管坡度			第5.2.2、5.2.3条		
	3	排水塑料管安装伸缩节			第5.2.4条		
	4	排水立管及水平干管通球试验			第5.2.5条		
一般项目	1	生活污水管道上设检查口和清扫口			第5.2.6、5.2.7条		
	2	金属和塑料管支、吊架安装			第5.2.8、5.2.9条		
	3	排水通汽管安装			第5.2.10条		
	4	医院污水和饮食业工艺排水			第5.2.11、5.2.12条		
	5	室内排水管道安装			第5.2.13、5.2.14条、第5.2.15条		
	6 排水管安装允许偏差		坐　标		15mm		
			标　高		±15mm		
		横管纵横方向弯曲	铸铁管	每1m	不大于1mm		
				全长(25m以上)	25mm		
			钢管	每1m　管径≤100mm	1mm		
				每1m　管径>100mm	1.5mm		
				全长(25m以上)　管径≤100mm	不大于25mm		
				全长(25m以上)　管径>100mm	不大于38mm		
			塑料管	每1m	1.5mm		
				全长(25m以上)	不大于38mm		
			钢筋混凝土管	每1m	3mm		
				全长(25m以上)	不大于75mm		

施工质量验收规范规定				施工单位检查评定记录	监理（建设）单位验收记录
一般项目	6 立管垂直度	铸铁管	每 1m	3mm		
			全长（25m 以上）	不大于 15mm		
		钢管	每 1m	3mm		
			全长（25m 以上）	不大于 10mm		
		塑料管	每 1m	3mm		
			全长（5m 以上）	不大于 15mm		

施工单位检查评定结果	专业工长（施工员）		施工班组长		
	项目专业质量检查员：			年　月　日	

监理（建设）单位验收结论	专业监理工程师： （建设单位项目专业技术负责人）		年　月　日

说　　明

050201

主控项目

1. 隐蔽或埋地的排水管道在隐蔽前必须做灌水试验，其灌水高度应不低于底层卫生器具的上边缘或底层地面高度。满水 15min 水面下降后，再灌满观察 5min，液面不降，管道及接口无渗漏为合格。对全部系统或区（段）观察检查。

2. 管道坡度。

（1）生活污水铸铁管道的坡度必须符合设计或 GB 50242—2002 中表 5.2.2 的规定。

（2）生活污水塑料管道的坡度必须符合设计或 GB 50242—2002 中表 5.2.3 的规定。

水平尺、拉线尺量检查。

3. 排水塑料管必须按设计要求及位置装设伸缩节。如设计无要求时，伸缩节间距不得大于 4m。高层建筑中明设排水塑料管道应按设计要求设置阻火圈或防火套管。观察检查。

4. 排水主立管及水平干管应做通球试验，通球球径不小于管径的 2/3，通球率 100%，通球检查。

一般项目

1. 检查口，清扫口。

（1）在生活污水管道上设置的检查口或清扫口，当设计无要求时应符合 GB 50242—2002 中第 5.2.6 条的规定。

（2）埋在地下或地板下的排水管道的检查口，应设在检查井内。井底表面标高与检查口的法兰相平，井底表面应有 5% 坡度，坡向检查口。尺量检查。

2. 支架。

（1）金属排水管道上的吊钩或卡箍应固定在承重结构上。固定件间距，横管不大于 2m；立管不大于 3m；楼层高度小于或等于 4m 时，立管可安装 1 个固定件。立管底部的弯管处应设支承或采取固定措施。

（2）排水塑料管道支、吊架间距应符合下表的规定。

管径/mm	50	75	110	125	160
立管/m	1.2	1.5	2.0	2.0	2.0
横管/m	0.5	0.75	1.10	1.30	1.6

观察和尺量检查。

3. 排水通气管道不得与风道或烟道连接，且应符合下列规定。

(1) 通气管道应高出屋面 300mm，但必须大于最大积雪厚度。

(2) 在通气管出口 4m 以内有门、窗时，通气管应高出门、窗顶 600mm 或引向无门、窗一侧。

(3) 在经常有人停留的平屋顶上，通气管应高出屋面 2m，并应根据防雷要求设置防雷装置。

(4) 屋顶有隔热层应从隔热层板面算起。观察检查。

4. 污水、工艺排水。

(1) 安装未经消毒处理的医院含菌污水管道，不得与其他排水管道直接连接。

(2) 饮食业工业设备引出的排水管及饮用水水箱的溢流管，不得与污水管道直接连接，并应留出不小于 100mm 的隔断空间。观察和尺量检查。

5. 排水管道安装。

(1) 通向室外的排水管，穿过墙壁或基础必须下返时，应采用 45°三通和 45°弯头连接，并应在垂直管段顶部设置清扫口。

(2) 由室内通向室外排水检查井的排水管，井内引入管应高于排出管道或两管顶相平，并有不小于 90°的水流转角；如跌落差大于 300mm 可不受角度限制。

(3) 用于室内排水的水平管道与水平管道、水平管道与立管的连接，应采用 45°三通或 45°四通和 90°斜三通或 90°斜四通。立管与排出管道的连接，应采用两个 45°弯头或曲率半径不小于 4 倍管径的 90°弯头，观察和尺量检查。

6. 室内排水管道安装的允许偏差，用水准仪、拉线和尺量检查。

雨水管道及配件安装工程检验批质量验收记录表

（引自 GB 50242—2002）

050202□□

单位(子单位)工程名称				
分部(子分部)工程名称			验收部位	
施工单位			项目经理	
分包单位			分包项目经理	
施工执行标准名称及编号				

		施工质量验收规范规定			施工单位检查评定记录	监理(建设)单位验收记录
主控项目	1	室内雨水管道灌水试验		第5.3.1条		
	2	塑料雨水管安装伸缩节		第5.3.2条		
	3	地下埋设雨水管道最小坡度	(1) 50mm	20‰		
			(2) 75mm	15‰		
			(3) 100mm	8‰		
			(4) 125mm	6‰		
			(5) 150mm	5‰		
			(6) 200～400mm	4‰		
			(7) 悬吊雨水管最小坡度 5‰			
一般项目	1	雨水管不得与生活污水管相连接		第5.3.4条		
	2	雨水斗安装		第5.3.5条		
	3	悬吊前检查口间距	≤150	不大于15m		
			≥200	不大于20m		
	4	焊缝允许偏差	焊口平直度 管壁厚10mm以内	管壁厚1/4		
			焊缝加强面 高度	+1mm		
			焊缝加强面 宽度			
			咬边 深度	小于0.5mm		
			咬边 连续长度	25mm		
			咬边 总长度(两侧)	小于焊缝长度的10%		
			表面平整度/mm 卷材	5		
			表面平整度/mm 涂料	10		
	5	雨水管道安装的允许偏差同室内排水管		第5.3.7条		

第二章 室内给水系统安装 ▶ 067

	专业工长(施工员)		施工班组长	
施工单位检查评定结果				
	项目专业质量检查员：		年 月 日	
监理(建设)单位验收结论				
	专业监理工程师： (建设单位项目专业技术负责人)		年 月 日	

说　　明

050202

主控项目

1. 安装在室内的雨水管道安装后应做灌水试验，灌水高度必须达到每根立管上部的雨水斗。

2. 灌水试验持续 1h，不渗不漏。全部系统或区(段)，灌水观察检查。

3. 雨水管道如采用塑料管，其伸缩节安装应符合设计要求。对照图纸观察检查。

4. 悬吊式雨水管道的敷设坡度不得小于 5‰；埋地雨水管道的最小坡度，用水平尺、拉线及尺量检查。

一般项目

1. 雨水管道不得与生活污水管道相连接。观察检查。

2. 雨水斗管的连接应固定在屋面承重结构上，雨水边缘与屋面相连接应严密不漏。连接管管径当设计无要求时，不得小于100mm。观察和尺量检查。

3. 悬吊式雨水管道的检查口或带法兰堵口的三通的间距。管径≤150mm 时，检查口间距不大于 15mm；管径≥200mm 时，检查口间距不大于 20mm。拉线、尺量检查。

4. 雨水钢管管道焊接的焊口允许偏差。焊接检验尺和游标卡尺检查，直尺检查。

5. 雨水管道安装的允许偏差应符合规范的规定。

		坐　标		15mm				
		标　高		±15mm				
排水管安装允许偏差	横管纵横方向弯曲	铸铁管	每1m	不大于1mm				
			全长（25m以上）	不大于25mm				
		钢管	每1m	管径≤100mm	1mm			
				管径>100mm	1.5mm			
			全长（25m以上）	管径≤100mm	不大于25mm			
				管径>100mm	不大于38mm			
		塑料管	每1m	1.5mm				
			全长（25m以上）	不大于38mm				
		钢筋混凝土管	每1m	3mm				
			全长（25m以上）	不大于75mm				
	立管垂直度	铸铁管	每1m	3mm				
			全长（5m以上）	不大于15mm				
		钢管	每1m	3mm				
			全长（5m以上）	不大于10mm				
		塑料管	每1m	3mm				
			全长（5m以上）	不大于15mm				

室内热水管道及配件安装工程检验批质量验收记录表

(引自 GB 50242—2002)

050301□□

单位(子单位)工程名称								
分部(子分部)工程名称					验收部位			
施工单位					项目经理			
分包单位					分包项目经理			
施工执行标准名称及编号								

施工质量验收规范规定					施工单位检查评定记录		监理(建设)单位验收记录
主控项目	1	热水供应系统管道水压试验		设计要求			
	2	热水供应系统管道安装补偿器		第6.2.2条			
	3	热水供应系统管道冲洗		第6.2.3条			
一般项目	1	管道安装坡度		设计规定			
	2	温度控制器和阀门安装		第6.2.5条			
	3 管道安装允许偏差	水平管道纵横方向弯曲	钢管	每m	1mm		
				全长25m以上	不大于25mm		
			塑料管复合管	每m	1.5mm		
				全长25m以上	不大于25mm		
		立管垂直度	钢管	每m	3mm		
				全长25m以上	不大于8mm		
			塑料管复合管	每m	2mm		
				全长25m以上	不大于8mm		
		成排管道和成排阀门		在同一平面上间距	3mm		
	4 保温层允许偏差	厚度		$+0.1\delta$、-0.05δ			
		表面平整度	卷材	5mm			
			涂抹	10mm			

	专业工长(施工员)		施工班组长	
施工单位检查评定结果				
	项目专业质量检查员：		年　月　日	
监理(建设)单位验收结论				
	专业监理工程师： (建设单位项目专业技术负责人)		年　月　日	

说　明

050301

主控项目

1. 热水供应系统安装完毕，管道保温之前应进行水压试验。试验压力应符合设计要求。当设计未注明时，热水供应系统水压试验压力应为系统顶点的工作压力的 0.1MPa，同时在系统顶点的试验压力不小于 0.3MPa。

钢管或复合管道系统试验压力下 10min 内压力降不大于 0.02MPa，然后降至工作压力检查，压力应不降，且不渗不漏；塑料管道系统在试验压力下稳压 1h，压力降不得超过 0.05MPa，然后在工作压力 1.5 倍状态下稳压 2h，压力降不得超过 0.3MPa，连接处不得渗漏。全部系统或分区（段）打压试验检查。

2. 热水供应管道应尽量利用自然弯补偿热伸缩，直接段过长则应设置补偿器。补偿器形式、规格、位置应符合设计要求，并按有关规定进行预拉伸。对照设计图纸检查。

3. 热水供应系统竣工后必须进行冲洗。现场观察检查，检查隐蔽记录。

一般项目

1. 管道安装坡度应符合设计规定。水平尺、拉线尺量检查。

2. 温度控制器及阀门应安装在便于观察和维护的位置。观察检查。

3. 热水供应管道和阀门安装的允许偏差。用尺量检查。

4. 热水供应系统管道应保温（浴室内明装管道除外），保温材料、厚度、保护壳等应符合设计规定。保温层厚度和平整度的允许偏差，用钢针刺入尺量检查和2m靠尺检查。

热水供应系统辅助设备安装工程检验批质量验收记录表

（引自 GB 50242—2002）

050302□□

单位(子单位)工程名称					
分部(子分部)工程名称				验收部位	
施工单位				项目经理	
分包单位				分包项目经理	
施工执行标准名称及编号					
施工质量验收规范规定				施工单位检查评定记录	监理(建设)单位验收记录
主控项目	1	热交换器、太阳能热水器排管和水箱等水压和灌水试验	第6.3.1条 第6.3.2条 第6.3.5条		
	2	水泵基础	第6.3.3条		
	3	水泵试运转温升	第6.3.4条		

施工质量验收规范规定				施工单位检查评定记录	监理(建设)单位验收记录
一般项目	1	太阳能热水器安装	第6.3.6条		
	2	太阳能热水器上、下集箱的循环管道坡度	第6.3.7条		
	3	水箱底部与上集水管间距	第6.3.8条		
	4	集热排管安装紧固	第6.3.9条		
	5	热水器最低处安泄水装置	第6.3.10条		
	6	太阳能热水器上、下集箱管道保温,防冻	第6.3.11条 第6.3.12条		
	7 设备安装允许偏差	静置设备 坐标	15mm		
		静置设备 标高	±5mm		
		静置设备 垂直度每m	5mm		
		离心式水泵 立式水泵垂直度每m	0.8mm		
		离心式水泵 卧式水泵水平度每m	0.1mm		
		同心度联轴器 轴向倾斜每m	±20mm		
		同心度联轴器 径向位移	不大于15°		
	8 热水器安装允许偏差	标高 中心线距地面mm	±20mm		
		朝向 最大偏移角	不大于15°		

施工单位检查评定结果	专业工长(施工员)		施工班组长	
	项目专业质量检查员:		年 月 日	

监理(建设)单位验收结论	
	专业监理工程师: (建设单位项目专业技术负责人) 年 月 日

说　　明

主控项目

1. 水压和灌水试验。

（1）在安装太阳能集热器玻璃前，应对集热排管和上、下集管作水压试验，试验压力为工作压力的 1.5 倍。试验压力下 10min 内压力不降，不渗不漏。全系统检查。

（2）热交换器应以工作压力的 1.5 倍作水压试验。蒸汽部位应不低于蒸汽供汽压力加 0.3MPa。热水部位应不低于 0.4MPa。试验压力下 10min 内压力不降，不渗不漏。全系统检查。

（3）敞口水箱的满水试验和密闭水箱（罐）的水压试验必须符合设计与规范的规定。

2. 满水试验静置 24h，观察不渗不漏；水压试验在试验压力下 10min 压力不降，不渗不漏。逐个检查。

3. 水泵就位前的基础混凝土的强度、坐标、标高、尺寸和螺栓孔位置必须符合设计要求。

4. 对照图纸和尺量检查。逐台检查。

5. 水泵试运转的轴承温升必须符合设备说明书的规定。温度计实测检查。

一般项目

1. 安装固定式太阳能热水器，朝向应正南。如受条件限制时，其偏移角度不得大于 15°。集热器的倾角，对于春、夏、秋三个季节使用的，应采用当地纬度为倾角；若以冬季为主，可比当地纬度减少 10°。观察分度仪。逐台检查。

2. 集热器上、下集热器循环管道应有≥5‰的坡度。尺量检查。

3. 自然循环的热水箱底部与集热器上集管之间的距离为0.1～0.3m。尺量检查。逐台检查。

4. 制作吸热钢板凹槽时，其圆度应准确，间距应一致。安装集热排管时，应用卡箍和钢丝紧固在钢板凹槽内。手板和尺量检查，抽查5处。

5. 太阳能热水器的最低应安装泄水装置。观察检查，抽查5处。

6. 热水箱及上、下集管等循环管道均应保温，观察检查。抽查5处。凡以水作介质，在0℃以下地区使用的太阳能热水器，应采取防冻措施。观察检查，逐台检查。

7. 热水供应辅助设备安装的允许偏差用尺量检查。

8. 太阳能热水器安装的允许偏差。尺量检查、分度仪检查，逐台检查。

卫生器具及给水配件安装工程检验批质量验收记录表

(引自 GB 50242—2002)

050401□□

单位(子单位)工程名称					
分部(子分部)工程名称				验收部位	
施工单位				项目经理	
分包单位				分包项目经理	
施工执行标准名称及编号					
施工质量验收规范规定				施工单位检查评定记录	监理(建设)单位验收记录
主控项目	1	卫生器具满水试验和通水试验	第7.2.2条		
	2	排水栓与地漏安装	第7.2.1条		
	3	卫生器具给水配件	第7.3.1条		

施工质量验收规范规定				施工单位检查评定记录	监理(建设)单位验收记录
一般项目	1	卫生器具安装允许偏差	坐标	单独器具	10mm		
				成排器具	5mm		
			标高	单独器具	±15mm		
				成排器具	±10mm		
			器具水平度	2mm		
			器具垂直度	3mm		
	2	给水配件安装允许偏差	高、低水箱、阀角及截止阀水嘴	±10mm		
			淋浴器喷头下沿	±15mm		
			浴盆软管淋浴器挂钩	±20mm		
	3	浴盆检修门、小便槽冲洗管安装		第7.2.4条、第7.2.5条		
	4	卫生器具的支、托架		第7.2.6条		
	5	浴盆淋浴器挂钩高度距地1.8m		第7.3.3条		

施工单位检查评定结果	专业工长(施工员)		施工班组长	
	项目专业质量检查员:		年　月　日	

监理(建设)单位验收结论		
	专业监理工程师: (建设单位项目专业技术负责人)	年　月　日

说　　明

主控项目

1. 卫生器具交工前应做满水和通水试验。满水后各连接件不渗不漏；通水试验给、排水畅通。

2. 排水栓和地漏的安装应平正、牢固，低于排水表面，周边无渗漏。地漏水封高度不得小于 50mm。试水观检查。

3. 卫生器具给水配件安装应完好无损伤、接口严密，启闭部件灵活。观察、检查。

一般项目

1. 卫生器具的安装允许偏差。拉线、吊线和尺量检查。

2. 卫生器具给水配件安装标高的允许偏差。尺量检查。

3. 有饰面的浴盆，应留有通向浴盆排水口的检修门。观察检查。

小便槽冲洗管，应采用镀锌钢管或硬质塑料管；冲洗孔应斜向下方安装，冲洗水流同墙面成 45°角。镀锌钢管钻孔后应进行二次镀锌。观察检查。

4. 卫生器具的支、托架必须防腐良好，安装平整、牢固，与器具接触紧密、平稳。观察和手板检查。

5. 浴盆软管淋浴器挂钩的高度，如设计无要求，应距地面 1.8m。尺量检查。

卫生器具排水管道安装工程检验批质量验收记录表

（引自 GB 50242—2002）

单位（子单位）工程名称					验收部位	
分部（子分部）工程名称						
施工单位					项目经理	
分包单位					分包项目经理	
施工执行标准名称及编号						

施工质量验收规范规定						施工单位检查评定记录	监理（建设）单位验收记录
主控项目	1	器具受水口与立管，管道与楼板接合			第7.4.1条		
	2	连接排水管应严密，其支托架安装			第7.4.2条		
一般项目	1	安装允许偏差	横管弯曲度	每1m长	2mm		
				横管长度≤10m，全长	<8mm		
				横管长度>10m，全长	10mm		
			卫生器具排水管口及横支管的纵横坐标	单独器具	10mm		
				成排器具	5mm		
			卫生器具接口标高	单独器具	±10mm		
				成排器具	±5mm		
	2	排水管最小坡度	污水盆（池）	50mm	2.5%		
			单、双格洗涤盆（池）	50mm	2.5%		
			洗手盆、洗脸盆	32～50mm	2.0%		
			浴盆	50mm	2.0%		
			淋浴器	50mm	2.0%		
			大便器	高低水箱	100mm	1.2%		
				自闭式冲洗阀	100mm	1.2%		
				拉管式冲洗阀	100mm	1.2%		
			小便器	冲洗阀	40～50mm	2.0%		
				自动冲洗水箱	40～50mm	2.0%		
			化验盆（无塞）	40～50mm	2.5%		
			净身器	40～50mm	2.0%		
			饮水器	20～50mm	1.0%～2.0%		

	专业工长(施工员)		施工班组长	
施工单位检查评定结果				
	项目专业质量检查员：		年　月　日	
监理(建设)单位验收结论				
	专业监理工程师： (建设单位项目专业技术负责人)		年　月　日	

说　明

050402

主控项目

1. 与排水横管连接的各卫生器具受水口和立管均应采取可靠的固定措施，管道与楼板的接合部位应采取牢固可靠的防渗、漏措施。观察和手板检查。

2. 连接卫生器具的排水管道接口应紧密不漏，其固定支架、管卡等支承位置应正确、牢固。与管的接触应平整。观察及通水检查。

一般项目

1. 卫生器具排水管道安装的允许偏差。用水平尺和尺量检查。

2. 连接卫生器具的排水管道管径和最小坡度，按设计要求；如设计无要求时，应符合一般项目2的规定。用水平尺和尺量检查。

消防水泵结合器及消火栓安装工程检验批质量验收记录表

(引自 GB 50242—2002)

050602□□

单位(子单位)工程名称				
分部(子分部)工程名称			验收部位	
施工单位			项目经理	
分包单位			分包项目经理	
施工执行标准名称及编号				

施工质量验收规范规定				施工单位检查评定记录	监理(建设)单位验收记录
主控项目	1	系统水压试验	第9.3.1条		
	2	管道冲洗	第9.3.2条		
	3	消防水泵结合器和室外消火栓位置标识	第9.3.3条		
一般项目	1	地下消防水泵接合器、消火栓安装	第9.3.5条		
	2	阀门安装应方向正确,启闭灵活	第9.3.6条		
	3	室外消火栓和消防水泵结合器安装尺寸、栓口安装高度允许偏差	±20mm		

	专业工长(施工员)		施工班组长	
施工单位检查评定结果				
	项目专业质量检查员:		年　月　日	
监理(建设)单位验收结论				
	专业监理工程师: (建设单位项目专业技术负责人)		年　月　日	

说　明

主控项目

1. 消防系统必须进行水压试验，试验压力为工作压力的 1.5 倍，但不得小于 0.6MPa，试验压力下压力降不大于 0.05MPa；然后降至工作压力进行检查，压力保持不变，不渗不漏。检查试压报告。

2. 消防管道竣工前，必须对管道进行冲洗。观察冲洗出水的浊度。

3. 消防水泵接合器和消火栓的位置标志应明显，栓口的位置应方便操作。当采用墙壁式时，如设计未要求，进、出栓口的中心安装高度距地面应为 1.10m，其上方应设防附落物打击的措施。观察和尺量检查。

一般项目

1. 地下式消防水泵接合器顶部进水口或地下式消火栓的顶部出水口与消防井盖底面的距离不得大于 400mm，井内应有足够的操作空间，并设爬梯。寒冷地区井内应做防冻保护。

2. 水泵接合器的安全阀及止回阀安装位置和方向应正确，阀门启闭应灵活。现场观察和检验。

3. 室外消火栓和消防水泵接合器的各项安装尺寸应符合设计要求，栓口安装高度允许偏差为 ±20mm，尺量检查。

第三章
室内排水系统安装

建筑装饰装修工程中的室内排水系统主要为生活给水排水系统和屋面雨水排水系统。

第一节　施工前的准备工作

一、技术准备

① 施工图已详细审阅，相关技术资料齐备并已熟悉整个工程概况。

② 图纸已会审，并有"图纸会审纪要"。

③ 对安装专业班组已进行初步施工图和施工技术交底。

④ 编制施工图预算和主要材料采购计划。

⑤ 实地了解施工现场情况，有无土建、装修挡道的地方，并落实临时水、电等动力来源。

⑥ 编制合理的施工进度。

⑦ 施工组织设计或施工方案通过批准。

二、主要施工机具

电焊机、台钻、砂轮切割机、锯弓、活动扳手、管子钳、台虎钳、电锤、冲击钻、手锤、錾子、捻凿、麻钎、套丝机、套丝板、葫芦、氧气乙炔瓶、氧气乙炔表、割炬、氧气乙炔管及水准仪、水平尺、线坠、钢卷尺、钢角尺、水平管等。

三、施工作业条件

① 所有预埋预留的排水管孔洞已清理出来，孔洞尺寸和规格符

合要求，坐标、标高正确。

② 二次装修中确需在原有结构墙体、地面重新开孔的，不得破坏原建筑主体和承重结构，其开孔大小应符合有关规定，并征得设计、业主和监理部门同意。

③ 施工人员应遵守有关施工安全、劳动保护、防火、防毒的法律、法规。

④ 施工现场用水用电应符合有关规定。

⑤ 材料、设备确认合格，准备齐全，送到现场。

⑥ 安装操作面的杂物、脚手架、模板已清理拆除，安装高度超过 3.5m 应搭好架子。

⑦ 所有沿地、墙暗安装或在吊顶内安装的管道，应在饰面层未做或吊顶未封前先行安装。

四、施工组织准备

① 合理安排施工，实行交叉作业、流水作业，以避免产生窝工现象。

② 先难后易，先安排水主干管，后安排水支管及卫生器具排水管。

③ 对高档精装修，可先做样板间，确认方案后，进行正式施工，避免返工。

④ 隐蔽部分的排水管道，在隐蔽前应做灌水和通水试验，经自检合格，并经业主，监理部门检查确认。

⑤ 随时做好隐蔽记录，各项试验记录和自检自查质量记录，对有设计修改和变更的地方，及时做好现场变更签证。

⑥ 合理组织劳动用工，根据工程进度，工程量完成情况实行劳动力配置动态管理，有效推动安装工程的顺利完成。

⑦ 做到文明施工，服从各相关部门（施工单位、业主、监理及物业部门）监督管理，注重生产安全，提高生产质量。

第二节　与其他工种的配合

室内排水系统安装，除第二章第二节所述内容外，还应注意以下几点。

①　在卫生间的装修中，为了避免由于卫生器具偏差过大，而影响整体美观，又不便于安装，还可能造成返工误工现象，卫生间排水管施工应做样板间，以配合土建、装饰、安装工作协调进行。

②　当立管设置在管道进、管窿或横管设置在吊顶内时，在检查口或清扫口位置均应配合装修设置检修门或检修入孔。

③　管道穿越楼板处为固定支承点时，管道安装结束应配合土建进行支模，并应采用 C20 细石混凝土分两次浇捣密实。浇筑结束后，结合找平层或面层施工，在管道周围应筑成厚度不小于20mm，宽度不小于 30mm 的阻水圈。

第三节　　施工中应注意的问题

①　室内生活污水排水系统，屋面雨水排水系统不得使用国家明令禁止的手工翻砂排水铸铁管。

②　二次装修中，由于位置改动，需重新在建筑结构上开孔洞，因而施工中应积极与设计、业主及监理部门协商，尽量调整设计方案，最大限度地利用原土建施工中预留预埋的孔洞。确需开洞的，应正确放线定位，利用机械钻孔成形，切断的钢筋应重新进行加固。

③　排水管道不得穿越沉降缝、伸缩缝、烟道、风道。穿过沉降缝、伸缩缝，会因建筑物沉降或伸缩使排水管折断或拉脱裂口，造成渗水漏水。穿越烟道会被烟道内的高温烟气烧坏或被烟气腐蚀。穿越风道会减少风道的有效断面，甚至因排水管渗漏水而污染通风系统。

④　排水管道不得布置在餐厅、食堂以及具有主副食操作、烹调地方的上方。不得穿过卧室、病房等对卫生、安静及美观要求较高的房间。

⑤　住宅区内的餐厅，饭店等处排放的生活污水由于会有较多的油脂，不能直接排入室外排水管道，以免造成堵塞，增加污染，应先经过隔油池再接至室外排水管道。

⑥　塑料排水管不得安装在热源附近，如需安装应采取隔热措

施，其排水主管与家用灶具边缘净距不得小于 400mm，与供热管道平行敷设时的净距不得小于 200mm，且管道表面受热温度不得大于 60℃。

⑦ 排水管道穿越楼板处为固定安装时可不加穿楼套管，若为非固定安装时应加设金属或塑料套管。套管内径比穿越管外径大 10～20mm，并用沥青嵌缝，套管高出地面不得小于 50mm，底部应与楼板底面相平。非固定支撑体的内壁应光滑，与管壁之间应留有微隙。

第四节　排水管道及附件安装

一、材料质量要求

室内排水用管材主要有排水铸铁管和硬聚氯乙烯排水管（PVC-U 管）。当排水管径小于 50mm 时，可采用钢管。

铸铁排水管及管件应符合设计要求，有出厂合格证。塑料排水管内外表层应光滑、无气泡，管壁厚薄均匀、色泽一致；直管无弯曲变形；管件造型应规矩、光滑、无毛刺，并有出厂合格证以及产品说明书。材料进场时应对其品种、规格、数量、质量、外观等进行现场验收、登记，并按进料品种、规格、数量、分批次报现场监理部门（或业主）核查验收确认后，方可进行安装。未经报验的材料，一律不得进行安装，严禁先安装后报验。

二、施工顺序

安装准备 → 支吊架制作 → 支吊架防腐刷漆 → 支吊架安装 → 放样加工管子 → 排水主干管安装 → 排水立管安装 → 器具排水管安装 → 封口堵洞 → 灌水试验

三、安装技术

室内排水系统安装必须符合《建筑给水排水及采暖工程施工质量验收规范》（GB 50242—2002）、《住宅装饰装修工程施工规范》（GB 50327—2001）、《建筑工程施工质量验收统一标准》

（GB 50300—2013）及相关技术规程的要求。

1. 一般规定

① 生活污水管道应使用塑料管、铸铁管或混凝土管（由成组洗脸盆或饮用喷水器到共用水封之间的排水管和连接卫生器具的排水短管，可使用钢管）。

雨水管道宜使用塑料管、铸铁管、镀锌和非镀钢管或混凝土管等。

悬吊式雨水管道应选用钢管、铸铁管或塑料管。易受振动的雨水管道（如锻造车间等）应使用钢管。

② 管道及管道支墩（座）严禁敷设在冻土或未经处理的松土上。

③ 承口采用水泥捻口时，油麻必须清洁，填塞密实，水泥应捻入并密实饱满，其接口面凹入承口边缘的深度不得大于2mm。

④ 塑料管与铸铁管连接时，宜采用专用配件。当采用水泥捻口连接时，应先将塑料管插入承口部分的外侧，用砂纸打毛或涂刷胶黏剂后滚粘干燥的粗黄砂；插入后应用油麻丝填嵌均匀，用水泥捻口。塑料管与钢管、排水栓连接时应采用专用配件。

2. 安装准备

认真熟悉掌握施工图纸，熟悉相关国家和行业验收规范和标准图。主要材料已向相关部门报验。核对管道的标高、坐标是否有误，特别是各种卫生器具排水口的定位尺寸是否正确，各种安装用机具是否齐备、完好。临时水、电是否安装到位；高度超过3.5m的地方架子应搭设好；安全防护措施完备。与其他安装工种应作好协调，确认相互施工方案，以避免安装中互相挡道。对现场安装中出现的问题或图纸不清的地方应及时与设计或有关部门协商研究解决，并做好变更记录。

3. 管道支吊架制作，防腐刷漆及安装

室内排水管道支吊架制作，防腐刷漆及安装参阅第二章第四节中有关管道支吊架制作安装内容。

4. 放样加工管子及主干管安装

室内排水管道目前使用较多的是塑料排水管（PVC-U管）粘

接安装，其次是承插铸铁排水管水泥捻口安装和柔性抗震排水铸铁管（主要用于高层建筑）法兰压接安装。在建筑装饰装修工程中主要是塑料排水管的安装。

（1）塑料排水管放样和粘接　塑料排水管放样加工时，应根据要求并结合实际情况，按预留的位置测量尺寸，绘制加工草图，根据草图量好管道尺寸，再进行断口。其管道的配管及坡口应符合下列规定。

① 锯管长度应根据实测并结合各连接件的尺寸逐段确定。

② 锯管工具宜选用细齿锯、割管机等机具。端面应平整并垂直于轴线，应清除端面毛刺，管口端面处不得有裂痕、凹陷。

③ 插口处可用中号板锉锉成 $15°\sim30°$ 坡口。坡口厚度宜为管壁厚度的 $1/3\sim1/2$。坡口完成后应将残屑清除干净。

管道粘接时应按以下规定进行。

① 管材或管件在粘接前，应将承口内侧和插口外侧擦拭干净，无尘砂与水迹。当表面沾有油渍时，应采用清洁剂擦净。

② 管材应根据管件实测承口深度，在管端表面画出插入深度标记。

③ 胶黏剂刷涂应先涂管件承口内侧，后涂管材插口外侧。插口涂刷应为管端至插入深度标记范围内。

④ 胶黏剂涂刷应迅速、均匀、适量，不得漏涂。

⑤ 承插口涂刷胶黏剂后，应即找正方向将管子插入承口，施压使管端插入至预先画出的插入深度标记处，并再将管道旋转 $90°$。管道承插过程不得用锤子击打。

⑥ 承插接口粘接后，应将挤出的胶黏剂擦净。

⑦ 粘接后承插口的管段，根据胶黏剂的性能和气候条件，应静置至接口固化为止。

胶黏剂安全使用应符合下列规定。

① 胶黏剂和清洁剂的瓶盖应随用随开，不用时应随即盖紧，严禁非操作人员使用。

② 管道、管件集中粘接的预制场所，严禁明火，场内应通风，必要时应设置排风设施。

③ 冬季施工，环境温度不宜低于－10℃。当施工环境温度低于－10℃时，应采取防寒防冻措施。施工场所应保持空气流通，不得密闭。

④ 粘接管道时，操作人员应站于上风处，且应佩戴防护手套、防护眼镜和口罩等。

（2）排水主干管安装　室内排水主干管主要是指排水横干管与排出管。根据室内排水立管的数量和布置，以及室外检查井的位置情况，有时需设置室内排水横干管，将几条立管与排出管连接起来。排出横干管与排出管一般埋地敷设，可按下列工序进行。

① 按设计图纸上的管道布置，确定标高并放线，经复核无误后，开挖管沟至设计要求深度。

② 检查并贯通各预留孔洞。

③ 按各受水口位置及管道走向进行测量，绘制实测小样图并详细注明尺寸、编号。

④ 按实测小样图进行配管和预制。

⑤ 按设计标高和坡度敷设埋地管。

⑥ 做灌水试验，合格后作隐蔽工程验收。

敷设埋地管道宜分两段施工。先做设计标高±0.00以下的室内部分至伸出外墙为止，管道伸出外墙不得小于250mm；待土建施工结束后，再从外墙边敷设管道接入检查井。

埋地管道的管沟底面应平整，无突出的尖硬物。宜设厚度为100～150mm砂垫层，垫层宽度不应小于管外径的2.5倍，其坡度应与管道坡度相同。管沟回填土应采用细土回填至管顶以上至少200mm处，压实后再回填至设计标高。

埋地管与室外检查井的连接应符合下列规定。

① 与检查井相接的埋地排出管，其管端外侧应涂刷胶黏剂后滚粘干燥的黄砂，涂刷长度不得小于检查井井壁厚度。

② 相接部位应采用M7.5标号水泥砂浆分两次嵌实，不得有孔隙。第一次应在井壁中嵌入水泥砂浆，并在井壁两端各留20～30mm，待水泥砂浆初凝后，再在井壁两端用水泥砂浆进行第二次嵌实。

③ 应用水泥砂浆在井外壁沿管壁周围抹成三角形止水圈（图 3-1）。

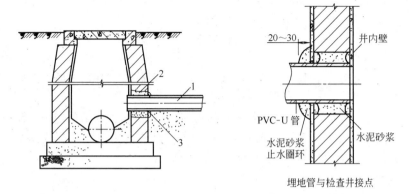

20～30

井内壁

PVC-U管

水泥砂浆
止水圈环

水泥砂浆

埋地管与检查井接点

图 3-1　埋地管与检查井接点
1—PVC-U管；2—水泥砂浆第一次嵌缝；3—水泥砂浆第二次嵌缝

（3）排水立管、横支管安装及器具排水管安装　立管的安装应符合下列规定。

① 立管安装前，应先按主管布置位置在墙面画线或吊垂线，并安装好管道支架。

② 安装时应先将管段扶正，再按设计要求安装伸缩节。首先应先将管子插口试插入伸缩节承口底部，当设计对伸缩量无规定时，管端插入伸缩节处预留的间隙夏季为 5～10mm，冬季为 15～20mm，调整好预留间隙，在管端画出标记。最后应将管端插口平直插入伸缩节承口橡胶圈中，用力应均衡，不得摇挤。安装完毕后，应随即将主管固定。

③ 立管安装完毕后应按本章第二节③条和第三节⑦条规定堵洞或固定套管。

横支管安装应符合下列规定。

① 应先将预制好的管段用铁丝临时吊挂，查看无误后再进行粘接。

② 粘接后应迅速摆正位置，按规定校正管道坡度，用木楔卡

牢接口，紧住铁丝临时加以固定。待粘接固化后，再紧固支承件，但不宜卡箍过紧。

③ 管道支撑后应拆除临时铁丝，并应将接口临时封严。

④ 洞口应支模浇筑水泥砂浆封堵。

⑤ 横管伸缩节安装与主管伸缩节安装相同，可参照主管伸缩节安装的有关规定。

高层建筑内明敷管道，当设计要求采取防火贯穿措施时，应符合下列规定。

① 主管管径大于或等于110mm时，在楼板贯穿部位应设置阻火圈或长度不小于500mm的防火套管，且应按本章第二节③条规定，在防火套管周围筑阻水圈（图3-2）。

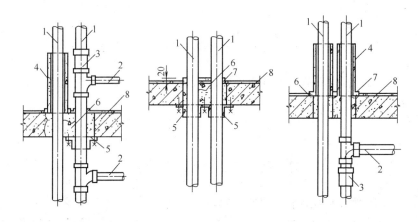

图 3-2　立管穿越楼层阻火圈、防火套管安装

1—PVC-U立管；2—PVC-U横支管；3—立管伸缩节；4—防火套管；5—阻火圈；

6—细石混凝土二次嵌缝；7—阻水圈；8—混凝土楼板

② 管径大于或等于110mm的横支管与暗设立管相连接时，墙体贯穿部位应设置阻火圈或长度不小于300mm的防火套管，且防火套管的明露部分长度不小于200mm（图3-3）。

③ 横干管穿越防火分区隔墙时，管道穿越墙体的两侧应设置阻火圈或长度不小于500mm的防火套管（图3-4）。

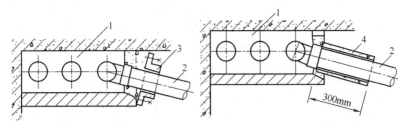

图 3-3　横支管接入管道井中立管阻火圈、防火套管
1—管道井；2—PVC-U 横支管；3—阻火圈；4—防火套管

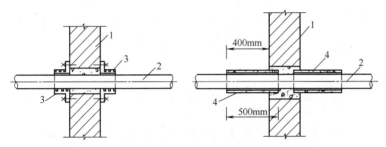

图 3-4　管道穿越防火分区隔墙阻火圈、防火套管安装
1—墙体；2—PVC-U 横管；3—阻火圈；4—防火套管

　　器具排水管安装时，应核查建筑物地面和墙面做法、厚度。找出预留口坐标、标高，然后按准确尺寸修整预留洞口。分部位实测尺寸做记录，并预制加工、编号。安装粘接时，必须将预留管口清理干净，再进行粘接。接入横支管的卫生器具排水管在穿越楼层处，应按本章第二节③条规定支模封洞，并采取防渗漏措施。

　　伸顶通气管穿过屋面外时应采取防水措施，可按图 3-5 施工。

　　排水管道安装后，按规定对管道的外观质量和安装尺寸进行复核检查。复查无误后，做通水试验。凡属隐蔽暗装管道必须按分项工序进行，有中间试验记录和隐蔽工程验收记录。

　　安装好后的管道严禁攀踏或借作他用。

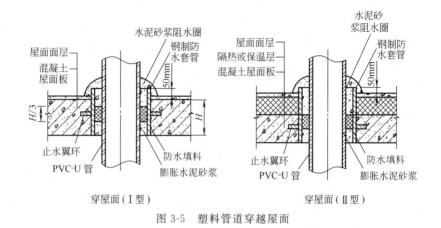

穿屋面（Ⅰ型）　　　　　　　　　　　穿屋面（Ⅱ型）

图 3-5　塑料管道穿越屋面

第五节　质量标准及质量记录

室内排水系统安装质量合格标准，其主控项目应全部符合规定，一般项目应有 80% 以上检查点符合规定。

一、室内排水管道及配件安装

1. 室内排水管道及配件安装主控项目

① 隐蔽或埋地的排水管道在隐蔽前必须做灌水试验，其灌水高度不应低于底层卫生器具的上边缘或底层地面高度。

检验方法：灌水 15min 水面下降后，再灌满观察 5min，液面不降、管道及接口无渗漏为合格。

② 生活污水铸铁管道的坡度符合设计或规范表 3-1 的规定。

表 3-1　生活污水铸铁管道的坡度

项次	管径/mm	标准坡度/‰	最小坡度/‰	项次	管径/mm	标准坡度/‰	最小坡度/‰
1	50	3.5	2.5	4	125	1.5	1.0
2	75	2.5	1.5	5	150	1.0	0.7
3	100	2.0	1.2	6	200	0.8	0.5

检验方法：水平尺、拉线尺量检查。

③ 生活污水塑料管道的坡度必须符合设计或规范表 3-2 规定。

表 3-2　生活污水塑料管道的坡度

项次	管径 /mm	标准坡度 /‰	最小坡度 /‰	项次	管径 /mm	标准坡度 /‰	最小坡度 /‰
1	50	2.5	1.2	4	125	1.0	0.5
2	75	1.5	0.8	5	160	0.7	0.4
3	110	1.2	0.6				

检验方法：水平尺、拉线尺量检查。

④ 排水塑料管必须按设计要求及位置装设伸缩节。如设计无要求时，伸缩节间距不得大于 4m。高层建筑中明设排水塑料管道应按设计要求设置阻火圈或防火套管。

检验方法：观察检查。

⑤ 排水主立管及水平干管管道均应做通球试验，通球球径不小于排水管道管径的 2/3，通球率必须达到 100%。

检验方法：通球检查。

2. 室内排水管道及配件安装一般项目

① 在生活污水管道上设置的检查口或清扫口，当设计无要求时应符合下列规定。

a. 在立管应每隔一层设置一个检查口，但在最底层和有卫生器具的最高层必须设置。如为两层建筑时，可仅在底层设置立管检查口；如有"乙"字弯管时，则在该层"乙"字弯管的上部设置检查口。检查口中心高度距操作地面一般为 1m，允许偏差±20mm；检查口的朝向应便于检修。安装立管，在检查口处应安装检修门。

b. 在连接 2 个及 2 个以上大便器或 3 个以上卫生器具的污水横管上应设置清扫口。当污水管在楼板下悬吊敷设时，可将清扫口设在上一层楼地面上，污水管起点的清扫口与管道相垂直的墙面距离不得小于 200mm；若污水管起点设置堵头代替清扫口时，与墙面距离不得小于 400mm。

c. 在转角小于 135°的污水横管上，应设置检查口或清扫口。

d. 污水横管的直线管段，应按设计要求的距离设置检查口或清扫口。

检验方法：观察和尺量检查。

② 埋在地下或地板下的排水管道的检查口，应设在检查井内。井底表面标高与检查口的法兰相平，井底表面应有5％坡度，坡向检查口。

检验方法：尺量检查。

③ 金属排水管道上的吊钩或卡箍应固定在承重结构上。固定件间距：横管不大于2m；立管不大于3m。楼层高度小于或等于4m，立管可安装1个固定件。立管底部的弯管处应设支墩或采取固定措施。

检验方法：观察和尺量检查。

④ 塑料排水管道支吊架最大间距应符合表3-3的规定。

表3-3　塑料排水管道支吊架最大间距

管径/mm	50	75	110	125	160
立管/m	1.2	1.5	2.0	2.0	2.0
横管/m	0.5	0.75	1.10	1.30	1.6

检验方法：尺量检查。

⑤ 排水通气管不得与风道或烟道连接，且应符合下列规定。

a. 通气管应高出屋面300mm，但必须大于最大积雪厚度。

b. 通气管出口4m以内有门、窗时，通气管应高出门、窗顶600mm或引向无门、窗的一侧。

c. 在经常有人停留的平屋顶上，通气管应高出屋面2m，并应根据防雷要求设置防雷装置。

d. 屋顶有隔热层应从隔热层板面算起。

检验方法：观察和尺量检查。

⑥ 安装未经消毒处理的医院含菌污水管道，不得与其他排水管道直接连接。

检验方法：观察检查。

⑦ 饮食业工艺设备引出的排水管及饮用水水箱的溢流管，不

得与污水管道直接连接，并应留出不小于 100mm 的隔断空间。

检验方法：观察和尺量检查。

⑧ 通向室外的排水管，穿过墙壁或基础必须下返时，应采用 45°三通和 45°弯头连接，并应在垂直管段顶部设置清扫口。

检验方法：观察和尺量检查。

⑨ 由室内通向室外排水检查井的排水管，井内引入管应高于排出管或两管顶相平，并有不小于 90°的水流转角，如跌落差大于 300mm，可不受角度限制。

检验方法：观察和尺量检查。

⑩ 用于室内排水的水平管道与水平管道、水平管道与立管的连接，应采用 45°三通或 45°四通和 90°斜三通或 90°斜四通。立管与排出管端部的连接，应采用两个 45°弯头或曲率半径不小于 4 倍管径的 90°弯头。

检验方法：观察和尺量检查。

⑪ 室内排水和雨水管道安装的允许偏差应符合表 3-4 的相关规定。

表 3-4　室内排水和雨水管道安装的允许偏差和检验方法

项次	项　　目			允许偏差/mm	检 验 方 法
1	坐标			15	用水准仪（水平尺）、直尺、拉线和尺量检查
2	行高			±15	
3	横管纵横方向弯曲	铸铁管	每 1m	不大于 1	
			全长（25m 以上）	不大于 25	
		钢管	每 1m	管径小于或等于 100mm	1	
				管径大于 100mm	1.5	
			全长（25m 以上）	管径小于或等于 100mm	不大于 25	
				管径大于 100mm	不大于 30	
		塑料管	每 1m	1.5	
			全长（25m 以上）	不大于 38	
4	立管垂直度	铸铁管	每 1m	3	吊线和尺量检查
			全长（5m 以上）	不大于 15	
		钢管	每 1m	3	
			全长（5m 以上）	不大于 10	
		塑料管	每 1m	3	
			全长（5m 以上）	不大于 15	

二、室内雨水管道及配件安装

1. 室内雨水管道及配件安装主控项目

① 安装在室内的雨水管道安装后应做灌水试验，灌水高度必须到每根立管上部的雨水斗。

检验方法：灌水试验持续 1h，不渗不漏。

② 雨水管道如采用塑料管，其伸缩节安装应符合设计要求。

检验方法：对照图纸检查。

③ 悬吊式雨水管道的敷设坡度不得小于 5‰；埋地雨水管道的最小坡度，应符合表 3-5 的规定。

表 3-5　地下埋设雨水排水管道的最小坡度

项　次	管径/mm	最小坡度/%	项　次	管径/mm	最小坡度/%
1	50	2.0	4	125	0.6
2	75	1.5	5	150	0.5
3	100	0.8	6	200～400	0.4

检验方法：水平尺、拉线尺量检查。

2. 室内雨水管道及配件安装一般项目

① 雨水管道不得与生活污水管道相连接。

检验方法：观察检查。

② 雨水斗管的连接应固定在屋面承重结构上。雨水斗边缘与屋面相连处应严密不漏。连接管管径当设计无要求时，不得小于 100mm。

检验方法：观察和尺量检查。

③ 悬吊式雨水管道的检查口或带法兰堵口的三通的间距不得大于表 3-6 中的规定。

表 3-6　悬吊管检查口间距

项　次	悬吊管直径/mm	检查口间距/m
1	≤150	不大于 15
2	≥200	不大于 20

检验方法：拉线、尺量检查。

④ 雨水管道安装的允许偏差应符合规范表 3-4 的规定。

⑤ 雨水钢管管道焊接的焊口允许偏差应符合表 3-7 的规定。

表 3-7　钢管管道焊口的允许偏差和检验方法

项次	项　目			允 许 偏 差	检 验 方 法
1	焊口平直度	管壁厚 10mm 以内		管壁厚 1/4	焊接检验尺和游标卡尺检查
2	焊缝加强面	高度		+1mm	
		宽度			
3	咬边	深度		小于 0.5m	直尺检查
		长度	连续长度	25m	
			总长度（两侧）	小于焊缝长度的 10%	

三、质量记录

室内排水管道的安装施工质量验收标准及相关要求参阅第二章相关章节内容。

第四章
室内热水系统安装

本章适用于工作压力不大于 1.0MPa，热水温度不超过 75℃ 的室内热水供应管道安装工程施工及质量验收。

第一节　施工前的准备工作

一、技术准备

① 熟悉和掌握国家有关施工验收规范、技术规程，相关技术资料齐备并已详细审阅施工图，了解整个工程概况。

② 根据图纸，会审纪要及设计变更等的内容对施工队伍做好技术交底工作。

③ 编制施工图预算和主要材料采购计划。

④ 实地了解施工现场情况，确认装修工程的吊顶标高、楼地面、墙面做法及其厚度是否与安装设计有冲突。

⑤ 编制合理的施工方案和技术保障措施。

⑥ 落实水、电等施工动力来源。

⑦ 施工组织设计或施工方案通过批准。

二、主要施工机具

台钻、手电钻、电锤、电焊机、磨光机、砂轮机、热熔机、钢锯、切管器、套丝机、铰刀、套丝板、管钳、手锤、活动扳手、试压泵、管剪、弯管弹簧、扩圆器、成套焊割工具、水平尺、直角尺、线坠、钢卷尺等。

三、施工作业条件

① 预留孔洞尺寸、套管规格符合要求，坐标、标高正确。

② 施工现场用水、用电符合有关规定。

③ 材料、设备确认合格，准备齐全，并已到工地。

④ 暗装管道应在地沟未盖沟盖或吊顶未封闭前进行安装。

⑤ 明装托、吊干管安装，应在沿线安装位置的模板及杂物清理干净，托、吊、卡件均已安装牢固，位置正确。

⑥ 管道穿过房间内，位置线及地面水平线已检测完毕，室内装饰的种类、厚度已确定。各种热水附属设备、卫生器具样品和其他用水器具已进场，进场的施工材料和机具设备能保证连续施工的要求。

⑦ 热水支管暗敷应在墙面未精装修前，且室内地面水平线已放好，室内装饰种类、厚度已确定；立管上连接横支管用的管件位置、标高、规格、数量、朝向经复核符合设计要求及质量标准。

⑧ 室内明敷管道，宜在内墙面粉刷后（或贴面层）完成后进行安装。

⑨ 设置在屋面上的太阳能热水器，应在屋面做完保护层后安装。

⑩ 位于阳台上的太阳能热水器，应在阳台栏板安装完后安装并有安全防护措施。

⑪ 施工人员应遵守有关施工安全、劳动保护、防火、防毒的法律、法规。

四、施工组织准备

① 合理安排施工，实行交叉作业、流水作业，以免窝工。

② 从下向上逐层施工。先进行主干管、水平干管的制作安装，后进行支管的制作安装，管道试压采取分层试压，最后系统试压的方式。

③ 安装过程中遵循小管让大管、电管让水管、水管让风管、有压管让无压管的原则。

④ 施工中，按照施工程序，及时做好隐蔽记录，各项试验记

录和自检自查质量记录，对有设计修改和变更的地方，及时做好现场变更签证。

⑤ 卫生间、厨房等管道比较集中的地方，应有合理的施工方案图，经业主、监理部门同意后再施工，以免盲目施工造成返工。管道在隐蔽前做好试压试验，经自检合格，并经业主、监理部门检查确认。

⑥ 合理组织劳动用工，根据工程质量完成情况实行劳动力配置动态管理，有效推进安装工程的顺利进行。

⑦ 做到文明施工，服从各相关部门的监督管理，注重生产安全，提高生产质量。

第二节　与其他工种的配合

① 建筑装修装饰中，不得对原有的燃气、暖气、通信等配套设施擅自拆改，确需改动的，应与相关专业部门协调，由这些专业部门进行改动。

② 管道井、管廊内施工时，由于各专业管道较多，为防止相互影响，应由各专业技术人员，校对位置、标高，必要时应给出综合布管图，以确定各专业管道的安装位置、标高，达到合理的空间布置。有吊顶要求的，尽量让出吊顶的空间高度。

③ 吊顶内的热水管道，待试压、防腐、保温完成后，经隐蔽检验合格方可封板。

④ 沿墙、地面敷设的暗埋热水管道安装完后，应进行分段试压，并经业主、监理部门确认合格后方可隐蔽。

⑤ 穿越基础、楼板的管道安装完后，应配合土建施工人员将洞口进补灰。

第三节　施工中应注意的问题

① 热水供应系统配水干管水平敷设时，应有不小于3‰的坡度，坡向应有利于排水、泄水。

② 热水管不宜采用卡套式连接的铝塑管、铜塑管。由于铝塑管、铜塑管热胀冷缩量大，采用卡套连接，接口处易渗漏水。

③ 管道垂直穿越墙、板、梁、柱时应加套管；穿越地下室外墙时应加防水套管；穿楼板和屋面时应采取防水措施。

④ 管道不宜穿越伸缩缝、沉降缝，如需穿越时，应采取管道伸缩和剪切变形的措施。

⑤ 机房内的管道，大多与设备连接，这些设备运转过程中，都存在着振动，故塑料热水管、复合管等不得直接与设备相连，应用长度不小于 400mm 的金属管段过渡，或直接用内外热镀锌钢管、铜管等钢性较好的管材安装。

⑥ 用复合管、塑料管输送热水，其支吊架间距要小于冷水管道，应严格按表 2-2 的规定进行安装。

第四节　热水管道及附件安装

一、材料质量要求

① 室内热水供应系统的管道应采用塑料管、复合管、镀锌钢管和铜管。

② 选用管材和管件应具备质量检验部门的质量产品合格证。

③ 管材和管件的规格种类应符合设计要求，内外壁应光滑平整，无气泡、裂口、裂纹、脱皮和明显的痕纹；螺纹丝口应符合标准，无毛刺、缺牙。

④ 阀门的规格型号应符合设计要求，阀体表面光洁无裂纹，开关灵活，填料密封完好无渗漏。

⑤ 主要器具和设备必须有完整的安装使用说明书。在运输保管和施工过程中，应采取有效措施防止损坏或腐蚀。

⑥ 材料、设备进场应对其品种、规格、数量、质量及外观进行验收、登记并按进料品种、规格、数量分批次报监理部门核查验收后方可进行安装。

二、施工顺序

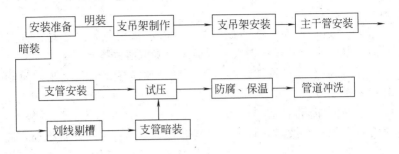

三、安装技术

室内热水供应系统安装必须符合《建筑给水排水及采暖工程施工质量验收规范》(GB 50242—2002)、《住宅装饰装修工程施工规范》(GB 50327—2001)、《建筑工程施工质量验收统一标准》(GB 50300—2013)及相关技术规程。

1. 一般规定

① 室内热水供应系统安装应用于工作压力不大小 1.0MPa、热水温度不超过 75℃ 的室内热水供应管道安装工程。

② 用镀锌钢管时,当管径小于 100mm,应采用螺纹连接,套丝扣时破坏的镀锌层表面及外露螺纹部分应做防腐处理;管径大于 100mm 的镀锌管应采用法兰或焊接连接,镀锌管的焊接处应做二次镀锌。

③ 冷热水管道同时安装应符合下列规定。

a. 上、下平行安装时热水管应在冷水管上方(上热下冷)。

b. 垂直平行安装时热水管应在冷水管左侧(左热右冷),其平行间距不小于 200mm。

④ 嵌入墙体、地面的管道应进行防腐处理并用水泥砂浆保护,其厚度应符合下列规定。墙面冷水管不小于 10mm,热水管不小于 15mm,嵌入地面的管道不小于 10mm。嵌入墙体、地面或暗敷的管道应做隐蔽工程验收。

⑤ 热水管道应合理设置热补偿装置与支撑,有条件时应优先

选择自然弯曲来吸收管道的热变形量，当利用自然弯曲不能补偿时，应加设补偿器补偿。

2. 安装准备

在认真熟悉施工图纸的基础上，做好各种材料的进场报验手续，核对管道的标高、坐标是否正确，有无相互交叉的地方。安装用机具齐备、完好，临时水、电是否到位，安全防护措施是否完备。安装工作面有无杂物，与装修、土建及其他专业有无发生冲突的地方。对有问题或图纸不清的地方应及时与有关人员协商研究解决并做好变更记录。

3. 管道支吊架制作及安装

各种支吊架制作安装可参阅第二章节内容及标准图集 S160 相关内容。

4. 放样加工管子及主干管安装

5. 热水支管及配件安装

6. 管道试压

7. 防腐、保温及管道冲洗

以上几节内容见室内给水系统安装相关章节。

第五节　住宅用热水器安装

住宅中热水器的选定，是一个综合多方面因素考虑的问题，其热源应从供给、价格、节能、环保、施工安装和安全性等因素综合考虑，并结合市场供应的热水器品种进行选定。

本节主要讲述储水式电热水器和太阳能热水器的基本安装方式，由于燃气热水器多由专业燃气施工队伍进行施工安装，在此不做阐述。

一、储水式电热水器

1. 储水式电热水器的性能特征

① 储水式电热水器，是指在一个容器内用电力将水加热的固定式器具，它可长期或临时储存热水，并装有控制或限制水温的

装置。

② 电热水器不受气源和给排气条件限制，安装较为简单。住宅中可设置部位较多，无明火，不产生废气，安全卫生。储水式电热水器容积大，可用稳定的水温向多处同时供应热水；占用空间大；加热效率较高，但发热量比燃气低，升温时间较长。

③ 封闭式热水器额定压力为 0.6MPa，可向多处供热水；设安全阀，排水管应保持与大气相通。

④ 出口敞开式热水器额定压力为 0 MPa，出口起通大气的作用，只能连接生产企业规定的混合阀和淋浴喷头。

⑤ 供热水能力以热水器储水箱所能储存水的容量，即额定容量 L（升）来表示，允许偏差±10%。

2. 电热水器安装部位的条件

① 电热水器的安装形式有内藏式、壁挂式（卧挂、竖挂）和落地式三种。由于本体体积和重量较大，配管需占用较大空间，故应正确选择安装位置。容量小的可放置在洗涤池柜或洗面台柜内，用于洗碗和洗面等。

② 卧挂式、竖挂式热水器通过支架悬挂在墙上，墙体的材料和构造必须保证足够的连接强度。支架应安装在承重墙上，对轻质隔墙及墙厚小于 120mm 的砌体应采用穿透螺栓固定支架，对加气混凝土等非承重砌块应加托架支撑。

③ 电热水器设置处地面应便于排水，做防水处理，并设置地漏。

④ 适用于室外安装的电热水器，接线盒等部位应设防雨罩。

3. 电热水器的供水条件

① 给水管道上应设置止回阀，当给水压力超过热水器铭牌上规定的最大压力值时，应在止回阀前设减压阀。

② 敞开式电热水器的出水口上禁止加装其他阀门。

③ 封闭式电热水器必须设置安全阀，其排水管通大气。

④ 水管材质应符合卫生要求和水压、水温要求。

4. 电热水器的供电条件

① 电热水器安装在卫生间或厨房，其电源插座宜设置独立回路。

② 额定功率随热水器产品而定，常用的功率为 1.0kW、1.2kW、1.5kW、2.0kW、3.0kW；相应的电流为 4.5A、5.6A、6.8A、9.0A、13.6A（AC220V/50Hz）。

③ 电气线路应符合安全和防火要求敷设配线。

④ 应采用防溅水型、带开关的接地插座。在浴室安装时，插座应与淋浴喷头分设在电热水器本体两侧。

5. 电热水器平面设置及系统原理

（1）厨房、卫生间电热水器平面设置 如图 4-1、图 4-2 所示为厨房、卫生间平面电热水器设置示意。在一个平面中有 1～2 个可安装部位。某个部位适宜安装一种或多种电热水器；而每一种电热水器可安装在不同的部位。

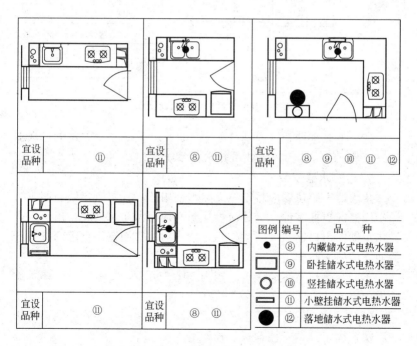

图 4-1　厨房设置电热水器平面示意

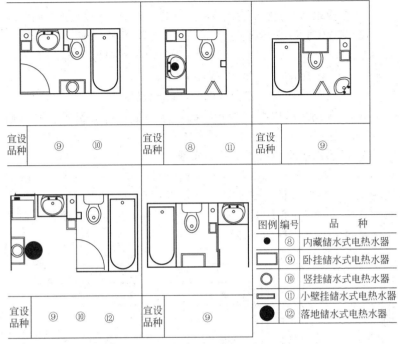

| 宜设品种 | ⑨ | ⑩ | | 宜设品种 | ⑧ | ⑪ | | 宜设品种 | ⑨ | |

宜设品种	⑨	⑩	⑫		宜设品种	⑨		图例	编号	品　　　种
							●	⑧	内藏储水式电热水器
							▭	⑨	卧挂储水式电热水器
							○	⑩	竖挂储水式电热水器
							▭	⑪	小壁挂储水式电热水器
							●	⑫	落地储水式电热水器

图 4-2　卫生间设置电热水器平面示意

（2）电热水器系统原理　如图 4-3 所示为壁挂储水式电热水器系统原理，图 4-4 为落地式电热水器系统原理。

6. 电热水器安装

热水器安装位置应尽量靠近热水使用点，并留有足够空间进行操作维修或更换零件。近处应设地漏，地面做防水处理。出口敞开式热水器的出口起通大气的作用，禁止加装非制造厂指定的具有开关功能的喷头与阀门。

不同容量热水器的湿重范围为 50～160kg，按不同的墙体承载能力确定安装方法。

【方法一】　钢筋混凝土及承重混凝土砌块（注芯）等墙体，用膨胀螺钉固定挂钩（挂钩板、挂架）。

【方法二】　轻质隔墙及墙厚小于 120mm 的砌体，用穿墙螺栓固定挂钩（挂钩板、挂架）。

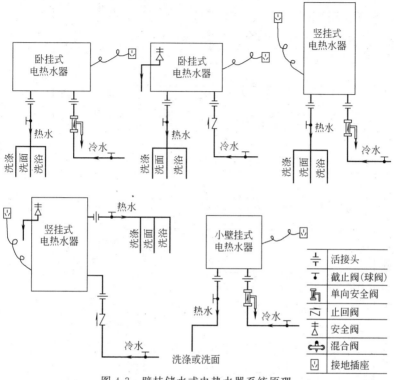

图 4-3 壁挂储水式电热水器系统原理

说明：安全阀（单向安全阀）、混合阀由生产企业提供。

【方法三】 加气混凝土等非承重砌块，用膨胀螺钉固定挂钩（挂钩板、挂架），并加托架支撑热水器。其安装方式如图 4-5～图 4-7 所示，安装尺寸见表 4-1、表 4-2。

竖挂储水式电热水器安装、落地储水式电热水器安装可参阅标准图集相关内容部分。

二、太阳能热水器

太阳能热水器是将太阳光能转换为热能以加热水所需的部件及附件组成的完整装置。通常包括集热器、储水器、连接管道、控制

表 4-1 卧挂储水式电热水器安装尺寸（一）/mm

生产企业	容量/L	型号	外形尺寸 A×B×C (A×φB)	冷热水管 位置	冷热水管 间距	冷热水管 管径	安全阀 位置	安全阀 管径	热水器与端连接 螺钉数量	规格	间距 a,b	安全维修空间 距顶棚 E	距侧方 D	净重/kg
海尔	40	*KCD-HB40	760×φ350	下方	100	1/2"	单向安全阀进水管	1/2"	4	M8	M320,160	≥150	≥200	15
	50	FCD-H55B	820×420×395								N455,85			22
	50	FCD-HMA55	846×420×440								M370,320			27
	50	FCD-HDY55	820×420×395								N355,85			22
	65	FCD-HMA65	946×420×440								M470,320			32
	65	FCD-H65B	920×420×395								N555,85			27
	75	FCD-H75B	1020×420×395								N655,85			37
	75	FCD-HMA75	1046×420×440								M570,320			37
	85	FCD-HMA85	1146×420×440								M570,320			42
	85	FCD-H85B	1120×420×395								N655,85			42
豪特	40	恒热 CSFH040-X	738×428×346	下方	100	1/2"	单向安全阀进水管		4	M10	N474,105	≥100	≥500	18
	50	恒热 CSFH050-X	875×428×346								543,105			21.5
	60	恒热 CSFH060-X	1012×428×346								N611,105			25
	70	恒热 CSFH070-X	1149×428×346								N680,105			28
	75	恒热 CSFH075-X	843×φ432								N428,105			25
	85	恒热 CSFH085-X	968×φ432								N553,105			28
	90	恒热 CSFH090	864×φ458	下方	630	3/4"	安全阀左上部	3/4"	4	M12	N758,128		≥100	34
	120	恒热 CSFH120	1114×φ458		880						N1008,128			42

注：1. 连接螺钉的布置有 M、N 两种，如图 4-6 所示。
2. *为出口敞开式。
3. 1"=2.54cm。

表 4-2 卧挂储水式电热水器安装尺寸（二）/mm

生产企业	容量/L	型号	外形尺寸 A×B×C (A×φB)	冷热水管 位置	冷热水管 间距	冷热水管 管径	安全阀 位置	安全阀 管径	热水器与墙连接 螺钉数量	热水器与墙连接 规格	热水器与墙连接 间距 a,b	安全维修空间 距顶棚 E	安全维修空间 距侧方 D	净重/kg
前锋	40	CSFW40/QF73	815×φ362	下方	100	1/2"	单向安全阀进水管	1/2"	4	M8	N475,120	≥100	≥100	14
	50	CSFW50/QF74	944×φ362								N604,120			15
	60	CSFW60/QF75	1073×φ362								N733,120			17
	70	CSFW70/QF78	738×φ448								N520,120			22.6
	90	CSFW90/QF79	898×φ448								N680,120			28
万和	30	DSZF30-E	664×400×297	下方	100	1/2"	单向安阀进水管	1/2"	2	M8	P213	≥50	≥50	11.5
	38	DSZF38-F	664×485×245						4		N410,80			14.5
	40	DSZF40-E	839×400×297						2		P358			14
	48	DSZF48-F	835×448×245							M8	M480,80			16.5
	50	DSZF50-E	710×450×357						4	M10	M338,298			14
	60	DSZF60-E	826×450×357								M454,298			16
	68	DSZF68-E	872×450×357								M520,298			18
	80	DSZF80-E	1000×450×357								M520,298			20.5
	80	DSZF80-G	800×φ410								N530,80			24.5
	100	DSZF100-G	1000×φ410								N675,80			26.5

注：1. 连接螺钉的布置有 P、M、N 三种方式，如图 4-6 所示。

2. 1"=2.54cm。

第四章　室内热水系统安装 ▶▶ 109

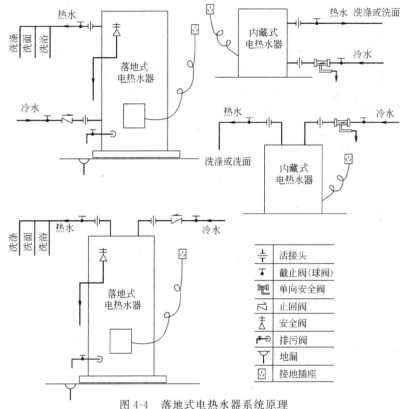

┴⊏	活接头
⊤	截止阀（球阀）
⊨⊏	单向安全阀
⊿	止回阀
⊥	安全阀
⊢◯	排污阀
⊻	地漏
⊻	接地插座

图 4-4　落地式电热水器系统原理

注：安全阀（单向安全阀）、排污阀、止回阀由生产企业提供。

器、支架及其他部件。

1. 太阳能热水器的分类

按集热器形式分。

① 平板型。在住宅用小型热水器中，目前多采有自然循环方式，且为单循环，即集热器内被加热的水直接进入储水箱提供使用。结构简单成本较低，抗冻能力弱。

② 真空管型。热损系数小，热效率高，在冬季也有较好的热性能，适合在寒冷地区全年使用。按真空管类型分为全玻璃真空管和热真空管。

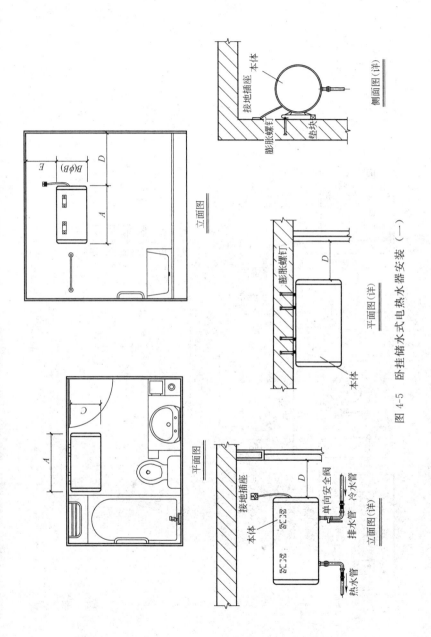

图 4-5 卧挂储水式电热水器安装（一）

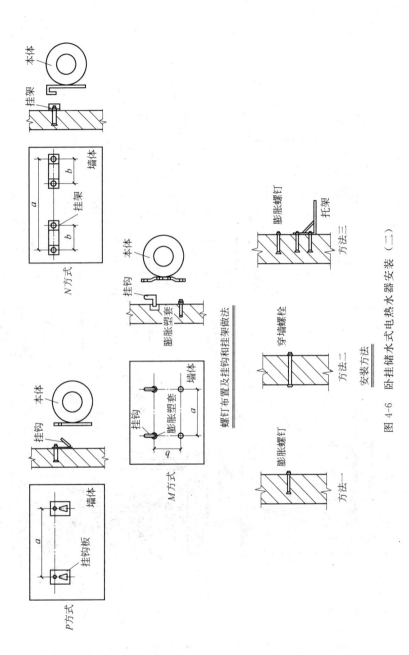

图 4-6 卧挂储水式电热水器安装（二）

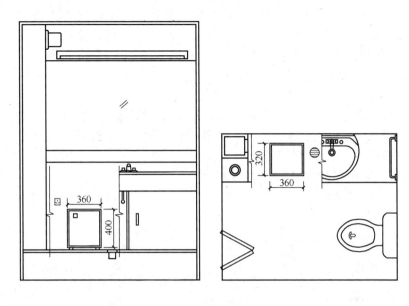

立面图   平面图

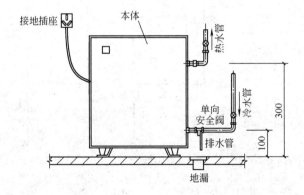

安装详图

图 4-7 内藏储水式电热水器安装

全玻璃真空管结构简单，价格适中，水在玻璃管内直接被加热，其组成的家用热水器一般是将真空管直接插入非承压水箱，采用落水法取热水，也有采用金属热管组合的承压式及采用 U 形管组合的分离式，在不同地区都能全年使用。具有抗冻、耐压和耐冷热冲击能力。

热管型真空管，其管内无水，具有很强的抗冻、耐压和耐冷热冲击能力，可连接承压水箱，采用双循环系统，更适用于各种规模的热水系统。价格较高。

按储水箱与集热器连接方式分。

① 紧凑式（自然循环）。储水箱与集热器连接在一起。适合安装在平台上。

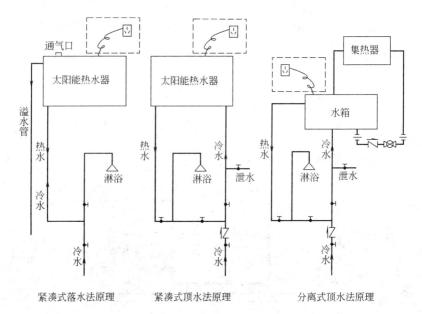

紧凑式落水法原理　　　紧凑式顶水法原理　　　　分离式顶水法原理

图例：—‖— 活接头　　　　▷◁ 管道泵

　　　 ▼ 截止阀(球阀)　　　 ∽ 止回阀

图 4-8　太阳能热水器系统原理

注：虚线内表示当温度过低时采用电辅助加热。

② 分离式（强制循环）。储水箱与集热器分离，放置在有一定距离的地方。适合安装在平台上，斜屋面和阳台等位置。

太阳辐量与地域、季节和气候有关。当产水量或热水的温度达不到使用要求时，应适当加大采光面积。如仍达不到温升要求，则应选用带电辅助加热的太阳热水器或增加电辅助加热装置。

2. 太阳能热水器系统原理图

如图 4-8 所示为太阳能热水器系统原理。太阳能热水器安装应根据厂家提供的技术资料，结合现场实际情况在专业技术人员的指导下进行安装、调试，其安装质量应符合有关工程施工质量验收规范的要求。

第六节 质量标准及质量验收记录

热水系统安装质量合格标准，其主控项目应全部符合规定，一般项目应有 80% 以上检查点符合规定。

一、室内热水管道及配件安装

1. 主控项目

① 热水供应系统安装完毕，管道保温之前应进行水压试验。试验压力应符合设计要求。当设计未注明时，热水供应系统水压试验压力应为系统顶点的工作压力加 0.1MPa，同时在系统顶点的试验压力不小于 0.3MPa。

检验方法：钢管或复合管道系统试验压力下 10min 内压力降不大于 0.02MPa，然后降至工作压力检查，压力应不降，且不渗不漏；塑料管道系统在试验压力下稳压 1h，压力降不得超过 0.05MPa，然后在工作压力 1.15 倍状态下稳压 2h，压力降不得超过 0.03MPa，连接处不得渗漏。

② 热水供应管道应尽量利用自然弯补偿热伸缩，直线段过长则应设置补偿器。补偿器形式、规格、位置应符合设计要求，并按有关规定进行预拉伸。

检验方法：对照设计图纸检查。

③ 热水供应系统竣工后必须进行冲洗。

检验方法：现场观察检查。

2. 一般项目

① 管道安装坡度应符合设计规定。

检验方法：水平尺、拉线尺量检查。

② 温度控制器及阀门应安装在便于观察和维护的位置。

检验方法：观察检查。

③ 热水供应管道和阀门安装的允许偏差应符合 GB 50242—2002 中表 4.2.8 的规定。

④ 热水供应系统管道应保温（浴室内明装管道除外），保温材料、厚度、保护壳等应符合设计规定。保温层厚度和平整度的允许偏差应符合 GB 50242—2002 中表 4.4.8 的规定。

二、辅助设备安装

1. 主控项目

① 在安装太阳能集热器玻璃前，应对集热排管和上、下集管做水压试验，试验压力为工作压力的 1.5 倍。

检验方法：试验压力下 10min 内压力不降，不渗不漏。

② 热交换器应以工作压力的 1.5 倍做水压试验。蒸汽部分不应低于蒸汽供汽压力加 0.3MPa；热水部分应不低于 0.4MPa。

检验方法：试验压力下 10min 内压力不降，不渗不漏。

③ 水泵就位前的基础混凝土强度、坐标、标高、尺寸和螺栓孔位置必须符合设计要求。

检验方法：对照图纸用仪器和尺量检查。

④ 水泵试运转的轴承温升必须符合设备说明书的规定。

检验方法：温度计实测检查。

⑤ 敞口水箱的满水试验和密闭水箱（罐）的水压试验必须符合设计与规范的规定。

检验方法：满水试验静置 24h，观察不渗不漏；水压试验在试验压力下 10min 压力不降，不渗不漏。

2. 一般项目

① 安装固定式太阳能热水器，朝向应为正南。如受条件限制时，其偏移角不得大于15°。集热器的倾角，对于春、夏、秋三个季节使用的，应采用当地纬度为倾角；若以夏季为主，可比当地纬度减少10°。

检验方法：观察和分度仪检查。

② 由集热器上、下集管接往热水箱的循环管道，应有不小于5‰的坡度。

检验方法：尺量检查。

③ 自然循环的热水箱底部与集热器上集管之间的距离为0.3～1.0m。

检验方法：尺量检查。

④ 制作吸热钢板凹槽时，其圆度应准确，间距应一致。安装集热排管时，应用卡箍和钢丝紧固在钢板凹槽内。

检验方法：尺量检查。

⑤ 太阳能热水器的最低处应安装泄水装置。

检验方法：观察检查。

⑥ 热水箱及上、下集管等循环管道均应保温。

检验方法：观察检查。

⑦ 凡以水作介质的太阳能热水器，在0℃以下地区使用，应采取防冻措施。

检验方法：观察检查。

⑧ 热水供应辅助设备安装的允许偏差应符合 GB 50242—2002中表4.4.7的规定。

⑨ 太阳能热水器安装的允许偏差应符合表4-3的规定。

表4-3　太阳能热水器安装的允许偏差和检验方法

项	目		允许偏差	检验方法
板式直管太阳能热水器	标高	中心线距地面/mm	±20	尺量
	固定安装朝向	最大偏移角	不大于15°	分度仪检查

三、质量记录

参见给水系统的有关章节内容。

第五章

卫生器具安装

建筑装饰装修工程中，卫生器具的安装主要有室内洗脸（手）盆、洗涤盒、浴盆、淋浴器、大便器、小便器、小便槽、大便冲洗槽、排水栓、地漏等。

第一节　施工前的准备工作

一、技术准备

① 认真审阅图纸资料，相关技术资料齐备。

② 对所要安装的卫生器具性能、技术要求已做了充分了解。

③ 根据卫生器具的性能、技术要求及设计图纸，对相关作业班组进行技术交底。

④ 明确提出施工范围和质量标准，并据此定出合理可行的施工周期。

⑤ 施工方案（或样板间）通过批准。

二、主要施工机具

套丝机、砂轮切割机、角磨机、冲击电钻、手电钻、管子钳、活动扳手、呆扳手、钢锯、手锤、錾子、剪刀、铲刀、旋具、锉刀、水平尺、角尺、钢卷尺、线坠等。

三、施工作业条件

① 所有与卫生器具连接的管道其试压、灌水试验已完毕，隐

蔽部分已做记录，并办理预验手续。

② 蹲式大便器应在其台阶砖筑前安装，浴盆安装应在土建完成防水层及保护层后进行。

③ 其余卫生洁具安装应待室内装修已基本完成后再进行安装。

④ 小便槽冲洗管、大便槽冲洗水箱待装修完后安装。

⑤ 根据设计要求，结合卫生洁具生产厂家的安装技术规定，确定好卫生器具的安装方案、位置、标高。

⑥ 卫生器具选型符合要求，确认合格，并已送到现场。

四、施工组织准备

① 采用有效的劳动组织，运用科学方法合理安排用工人员。

② 有样板间的应按样板间模式拟定经济上合理的施工方法和技术组织措施。

③ 未做样板间的，应认真进行技术经济比较，选用最优的方案。

④ 认真贯彻执行施工质量验收规范和施工工艺标准。

⑤ 做到文明施工，施工中注意轻拿轻放，摆放有序，注意成品保护，服从各相关部门的监督管理，提倡安全、节约、有效的施工方式，创优质、文明的生产服务。

第二节　与其他工种的配合

① 与卫生器具相连的器具排水管口应用旧布、包装纸、封口胶带封堵好，以免装修中杂质、污物坠入造成阻塞。与卫生器具相连接的冷、热水接口应临时用丝堵封堵（主要是暗埋管道），以免装修中损伤丝口或掉进杂物。待装修完后再进行卫生器具安装。

② 安装好的卫生器具应注意保护。在未交付使用前应用包装纸进行遮盖，防止粉刷、装修过程中将卫生器具弄脏。

③ 在已安装好的卫生器具上方进行其他工序施工时，为防重物坠落损伤卫生器具，应在卫生器具上方设有防重物坠落的保护措施。

④ 严禁将已安装好的卫生器具作为支撑点，踩、踏在上面进行施工。

⑤ 在已成形的墙、地面饰面层上钻孔，安装膨胀螺栓、挂钩时应注意保护墙、地面，以免造成划痕、裂纹甚至空壳现象。

⑥ 卫生间内进行回填时，回填物不允许任意抛甩，以免损伤卫生器具。

第三节　施工中应注意的问题

① 装修工程中所安装的地漏，大多为不锈钢型的地漏，此部分地漏大多不符合水封高度要求，因此在购买时一定要注意选用水封高度大于50mm的正规地漏或采取增设地漏排水管存水弯，以达到水封效果，避免室内卫生环境恶化。

② 安装卫生器具镀铬配件时不得使用管子钳，以免镀铬表面遭破坏而影响美观。应使用活动扳手，必要时还应加垫层保护。

③ 蹲便器冲洗管进水处绑扎皮碗时，不得使用铁丝，应使用专用喉箍紧固或使用14号铜丝分两道错开绑扎并拧紧，且冲洗管连接处周围应填干砂，以便检修。

④ 自带水封式蹲便器、小便器等卫生器具，其器具排水管不宜再安装S形或P形存水弯，以免影响排水效果。

⑤ 各种卫生设备与地面或墙体的连接应用金属固定件安装牢固。金属固定件应进行防腐处理。当墙体为多孔砖墙时，应凿孔填实水泥砂浆后再进行固定件安装。当墙体为轻质隔墙时，应在墙体内设后置埋件，后置埋件应与墙体连接牢固。

⑥ 各种卫生器具与台面、墙面、地面等接触部位均应采用硅酮胶或防水密封条密封。

⑦ 各种卫生器具安装的管道连接件应易于拆卸、维修。排水管道连接应采用有橡胶垫片排水栓。卫生器具与金属固定件的连接表面应安置铅质或橡胶垫片。各种卫生陶瓷类器具不得采用水泥砂浆窝嵌。

第四节　卫生器具安装

一、材料质量要求

① 进入现场的卫生器具、配件必须具有中文质量合格证明文件，规格、型号及性能检测报告应符合设计要求或国家技术标准。进场时应认真检查验收，并向监理部门报验。

② 包装应完好，表面无划痕及外力冲击破损。

③ 应具有完整的安装使用说明书。

④ 在运输、保管和施工过程中，应采取有效措施防止损坏或腐蚀。

二、施工顺序

三、安装技术

卫生器具安装应符合《建筑给水排水及采暖工程施工质量验收规范》（GB 50242—2002）、《住宅装饰装修工程施工规范》（GB 50327—2001）、《建筑工程施工质量验收统一标准》（GB 50300—2013）及相关技术规程的要求。

1. 一般规定

① 卫生器具的安装应采用预埋螺栓或膨胀螺栓安装固定。

② 卫生器具安装高度如设计无要求时，应符合表 5-1 的规定。

③ 卫生器具给水配件的安装高度，如设计无要求时，应符合表 5-2 的规定。

2. 安装准备

安装前应做好以下几点准备。

表 5-1　卫生器具的安装高度

项次	卫生器具名称		卫生器具安装高度/mm		备　注
			居住和公共建筑	幼儿园	
1	污水盆(池)	架空式	800	800	
		落地式	500	500	
2	洗涤盆(池)		800	800	
3	洗脸盆、洗手盆(有塞、无塞)		800	800	自地面至器具上边缘
4	盥洗槽		800	500	
5	浴盆		不大于 520		
6	蹲式大便器	高水箱	1800	1800	自台阶面至高水箱底
		低水箱	900	900	自台阶面至低水箱底
7	坐式大便器	高水箱	1800	1800	自台阶面至高水箱底
	低水箱	外露排水管式	510		
		虹吸喷射式	470	370	自台阶面至低水箱底
8	小便器	挂式	600	450	自地面至下边缘
9	小便槽		200	150	自地面至台阶面
10	大便冲洗水箱		不小于 2000		自台阶面至水箱底
11	妇女卫生盆		360		自地面至器具上边缘
12	化验盆		800		自地面至器具上边缘

① 开箱检查待安装的卫生器具是否完好无损，有无色差情况，相配套的给水配件、下水配件是否齐备。

② 操作面的杂物、卫生应清理干净，脚手架、支架等已全部拆除。

③ 预留的上、下水口子全部清理完全，墙地面上待安装的标高、坐标已放线画出标示。

④ 所有机具齐备完好，临时电源已接到位。

3. 卫生器具安装

(1) 洗脸(手)盆安装　安装要点如下所述。

① 洗脸(手)盆安装应在饰面装修已基本完成后进行，且进出水留口位置，标高正确。暗埋管子隐蔽验收合格。

② 洗脸(手)盆安装，应以脸盆中心及高度划出十字线，将固定支架用带防腐的金属固定件安装牢固。

③ 安装在多孔砖墙，轻质隔墙上时，应按第三节第⑤项规定，进行加固。

④ 洗脸（手）盆与排水栓连接处应用浸油石棉橡胶板密封。

⑤ 当设计无要求时，其安装高度应符合表5-1和表5-2的规定。

表 5-2　卫生器具给水配件的安装高度

项次	给水配件名称		配件中心距地面高度/mm	冷热水龙头距离/mm
1	架空式污水盆（池）水龙头		1000	—
2	落地式污水盆（池）水龙头		800	—
3	洗涤盆（池）水龙头		1000	150
4	住宅集中给水龙头		1000	—
5	洗手盆水龙头		1000	—
6	洗脸盆	水龙头（上配水）	1000	150
		水龙头（下配水）	800	150
		角阀（下配水）	450	—
7	盥洗槽	水龙头	1100	150
		冷热水管上下并行　其中热水龙头		
8	浴盆	水龙头（上配水）	670	150
9	淋浴器	截止阀	1150	95
		混合阀	1150	—
		沐浴喷头下沿	2100	—
10	蹲式大便器台阶面算起	高水箱角阀及截止阀	2040	
		低水箱角阀	250	
		手动式自闭冲洗阀	600	
		脚跳式自闭冲洗阀	150	
		拉管式冲洗阀（从地面算起）	1600	
		带防污助冲器阀门（从地面算起）	900	
11	坐式大便器	高水箱角阀及截止阀	2040	
		低水箱角阀	150	
12	大便槽冲洗水箱截止阀（从台阶面算起）		不小于2400	
13	立式小便器角阀		1130	
14	挂式小便器角阀及截止阀		1050	
15	小便槽多孔冲洗管		1100	
16	实验室化验水龙头		1000	
17	妇女卫生盆混合阀		360	

注：装设在幼儿园内的洗手盆、洗脸盆和盥洗槽水嘴中心离地面安装高度应为700mm，其他卫生器具给水配件的安装高度，应按卫生器具实际尺寸相应减少。

洗脸（手）盆主要有托架式安装、背挂式安装、立柱式安装及带面板的台上式和台下式安装。如图5-1所示为单柄4″（1″＝2.54cm，

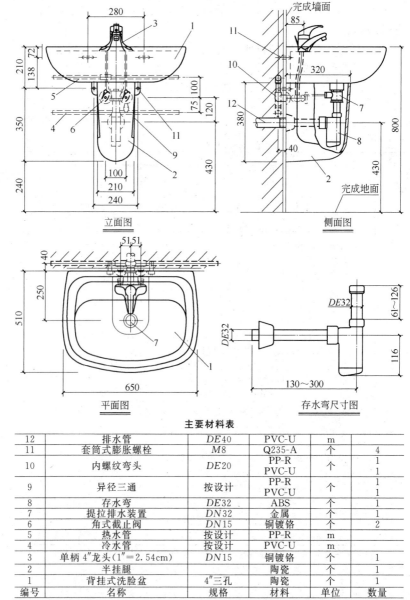

主要材料表

编号	名称	规格	材料	单位	数量
12	排水管	$DE40$	PVC-U	m	
11	套筒式膨胀螺栓	$M8$	Q235-A	个	4
10	内螺纹弯头	$DE20$	PP-R PVC-U	个	1 1
9	异径三通	按设计	PP-R PVC-U	个	1 1
8	存水弯	$DE32$	ABS	个	1
7	提拉排水装置	$DN32$	金属	个	1
6	角式截止阀	$DN15$	铜镀铬	个	2
5	热水管	按设计	PP-R	m	
4	冷水管	按设计	PVC-U	m	
3	单柄4″龙头(1″=2.54cm)	$DN15$	铜镀铬	个	1
2	半挂腿		陶瓷	个	1
1	背挂式洗脸盆	4″三孔	陶瓷	个	1
编号	名称	规格	材料	单位	数量

图 5-1　单柄4″龙头背挂式洗脸盆安装（1″=2.54cm）

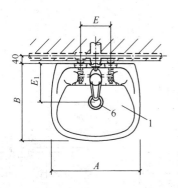

平面图

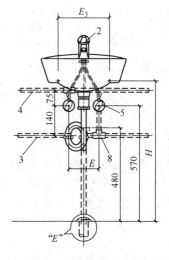

立面图

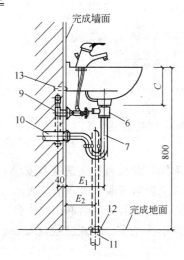

侧面图

背挂式洗脸盆（单孔）尺寸表/mm

生 产 厂	型号 尺寸	A	B	C	E	E₁	E₂	E₃	H
AMERICAN STANDARD 美标(中国)有限公司	CP-0480/S 乐陶背挂式洗脸盆	500	430	196	200	164	120	340	685
	CP-0931/S 乐陶二型背挂式洗脸盆	442	380	190		192	150	300	720
KOHLER 科勒(中国)投资有限公司	KC-8702 爱蒂雅背挂式洗脸盆	400	330	—	100	160	120	170	750

主要材料表

编号	名称	规格	材料	单位	数量
13	套筒式膨胀螺栓	$M8$	Q235-A	个	2
12	罩盖	$DN32$	铜镀铬	个	1
11	排水管	$DE50$	PVC-U	m	
10	排水管	$DE40$	PVC-U	m	
9	内螺纹弯头	$DE20$	PP-R / PVC-U	个	1 / 1
8	异径三通	按设计	PP-R / PVC-U	个	1 / 1
7	存水弯	$DN32$	配套	个	1
6	提拉排水装置	$DN32$	配套	个	1
5	角式截止阀	$DN15$	配套	个	2
4	热水管	按设计	PP-R	m	
3	冷水管	按设计	PVC-U	m	
2	单柄单孔龙头	$DN15$	配套	个	1
1	背挂式洗脸盆	单孔	陶瓷	个	1

罩盖
完成地面
混凝土楼板
$DN32S$形存水弯排水管
环氧胶泥嵌缝
$DE50$PVC-U管
止水翼环
C20细石混凝土
节点"E"

图 5-2 单柄单孔龙头背挂式洗脸盆安装

下同）龙头背挂式洗脸盆安装；如图 5-2 所示为单柄单孔龙头背挂式洗脸盆安装；如图 5-3 所示为单柄 4″龙头立柱式洗脸盆安装；如图 5-4 所示为单柄单孔龙头台上式洗脸盆安装；如图 5-5 所示为双柄单孔龙头台下式洗脸盆安装。

（2）浴盆安装 安装要点如下所述。

① 土建完成防水层及保护层后即可安装浴盆。同时暗埋给水管道隐蔽验收应合格。进出水留好位置，标高应正确。

② 浴盆应安装平稳，并且有一定坡度，坡向排水栓。

③ 浴盆的翻边和裙边待装饰收口嵌入瓷砖装饰面内后，将浴盆周边与墙面、地面的接缝处用硅酮胶密封。

④ 有饰面的浴盆，应留有通向浴盆排水口的检修门。

⑤ 当设计无要求时，其安装高度应符合表 5-1、表 5-2 的规定。普通浴盆尺寸见表 5-3。

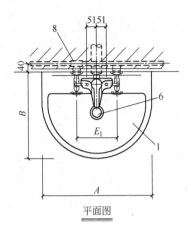

平面图

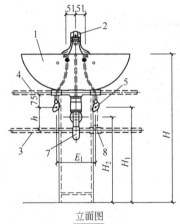

立面图

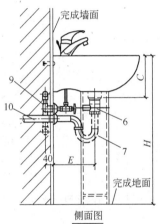

侧面图

立柱式洗脸盆（4″三孔）尺寸表/mm

生 产 厂	型号 尺寸	A	B	C	E	E₁	H	H₁	h	H₂
AMERICAN STANDARD 美标(中国)有限公司	CP-0510/4″燕嘉柱盆	600	500	200	200		830	600	75	490
	CP-0580/4″乐陶柱盆	500	430	218	167		810	580		490
	CP-0540/4″埃高柱盆	500	440	208	210	203	835	605	140	515
	CP-0585/4″伊丽斯柱盆	605	535	226	190		800	570		480
	CP-0590/4″金玛柱盆	620	500	210	220		840	610		520
TOTO 北京东陶有限公司 东陶机器(北京) 有限公司	LW850CFB/LW850FB	660	550	220	230	220	820	570	75	440
	LW237CFB/LW237FB	560	460	182	200	180		600		478
	LW239CFB/LW239FB	580	500	195	210	260				465
	LW220CFB/LW220FB	530	430	181	165	260				480

10	排水管	DE40	PVC-U	m	
9	内螺纹弯头	DE20	PP-R PVC-U	个	1 1
8	异径三通	按设计	PP-R PVC-U	个	1 1
7	存水弯	DN32	配套	个	1
6	提拉排水装置	DN32	配套	套	1
5	角式截止阀	DN15	配套	个	2
4	热水管	按设计	PP-R	m	
3	冷水管	按设计	PVC-U	m	
2	单柄4″龙头	DN15	配套	个	1
1	立柱式洗脸盆	单孔	陶瓷	个	1
编号	名称	规格	材料	单位	数量

图 5-3　单柄4″龙头立柱式洗脸盆安装 (1″＝2.54cm)

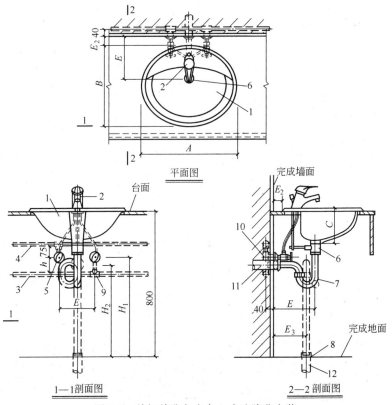

平面图

1—1剖面图　　　　　　　2—2剖面图

图 5-4　单柄单孔龙头台上式洗脸盆安装

台上式洗脸盆（单孔）尺寸表/mm

生产厂	型　号	A	B	C	E	E_1	E_2	E_3	H_1	H_2	h
AMERICAN STANDARD 美标(中国)有限公司	CP-0476/S 爱珂琳台上盆	518	440	188	226	203	51	170	570	520	100
	CP-0473/S 史丹福台上盆	480	400	185	211			160			
OTOT 北京东陶有限公司 东陶机器(北京)有限公司	LW521CB/TX01LBGC 台上盆	540	490	200	280	150	40	120	550	500	120
	LW501CB/TX01LBGC 台上盆	508	432	229	208			150		480	
	LW986CB/TX01LBGC 台上盆	662	482	225	250			90			
	LW851CB/TX01LBGC 台上盆	594	480	213	260			100		470	
KOHLER 科勒(中国)投资有限公司	KC-2096-1 班宁登台上盆	514	445	216	227	204		170	560	460	140
	KC-8708-1 蒙特诗都台上盆	482	482	203	210			150		480	120
重庆四维瓷业股份有限公司	12205 海伦台上盆	530	430	200	235	150	35	180	570	510	100
	12202A 海伦台上盆	515	438	190	225			170			

主要材料表

编　号	名　称	规　格	材　料	单　位	数　量
1	台上式洗脸盆	单孔	陶瓷	个	1
2	单柄单孔龙头	$DN15$	配套	个	1
3	冷水管	按设计	PVC-U	m	
4	热水管	按设计	PP-R	m	
5	角式截止阀	$DN15$	配套	个	2
6	提拉排水装置	$DN32$	配套	个	1
7	存水弯	$DN32$	配套	个	1
8	罩盖	$DN32$	配套	个	1
9	异径三通	按设计	PP-R PVC-U	个	1 1
10	内螺纹弯头	$DE20$	PP-R PVC-U	个	1 1
11	排水管	$DE40$	PVC-U	m	
12	排水管	$DE50$	PVC-U	m	

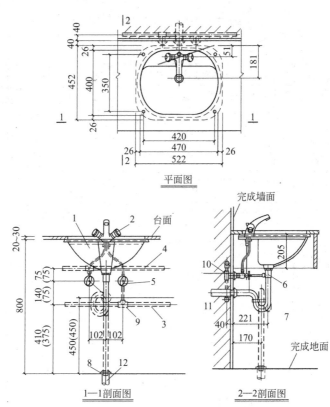

平面图

1—1剖面图　　　　2—2剖面图

图 5-5　双柄单孔龙头台下式洗脸盆安装

主要材料表

编　号	名　　称	规　格	材　料	单　位	数　量
1	台上式洗脸盆	单孔	陶瓷	个	1
2	单柄单孔龙头	DN15	配套	个	1
3	冷水管	按设计	PVC-U	m	
4	热水管	按设计	PP-R	m	
5	角式截止阀	DN15	配套	个	2
6	提拉排水装置	DN32	配套	个	1
7	存水弯	DN32	配套	个	1
8	罩盖	DN32	配套	个	1
9	异径三通	按设计	PP-R PVC-U	个	1 1
10	内螺纹弯头	DE20	PP-R PVC-U	个	1 1
11	排水管	DE40	PVC-U	m	
12	排水管	DE50	PVC-U	m	

如图 5-6 所示为单柄龙头普通浴盆安装。

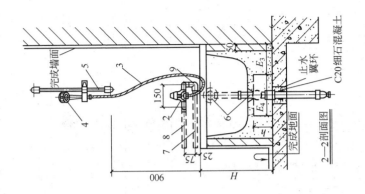

2—2剖面图

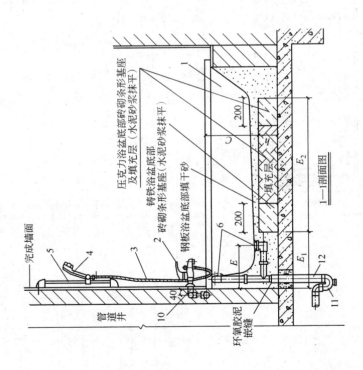

1—1剖面图

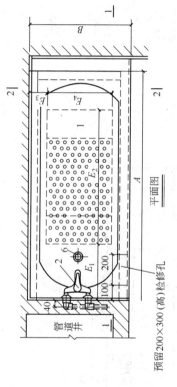

预留200×300（高）检修孔

平面图

图5-6 单柄龙头普通浴盆安装

主要材料表

编号	名称	规格	材料	单位	数量
1	普通浴盆		配套	个	1
2	单柄盆龙头	$DN15$	配套	个	
3	金属软管	$DN15$	配套	m	1.5
4	手提式花洒	$DN15$	配套	个	1
5	滑杆		配套	个	
6	排水配件	$DN40$ $DN32$	配套	套	1
7	冷水管	$DE20$	PVC-U	m	
8	热水管	$DE20$	PP-R	m	
9	90°弯头	$DE20$	PVC-U	个	1
10	内螺纹弯头	$DE20$	PP-R PVC-U	个	1 1
11	存水弯	$DE50$	PVC-U	个	1
12	排水管	$DE50$	PVC-U	m	

如图 5-7 所示为入墙式双柄龙头普通浴盆（同层排水）安装。

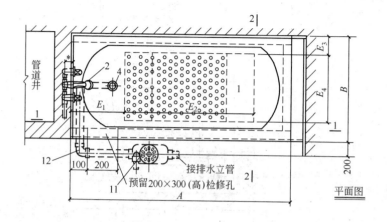

平面图

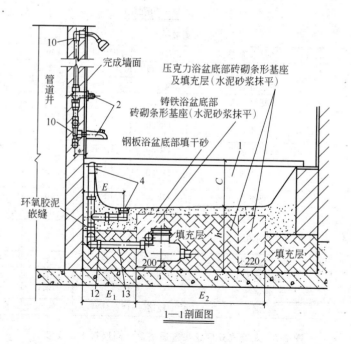

1—1剖面图

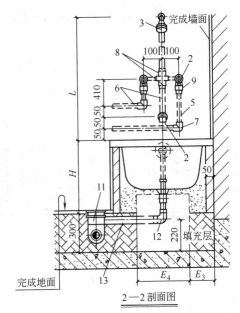

2—2剖面图

主要材料表

编号	名称	规格	材料	单位	数量
13	排水管	$DE50$	PVC-U	m	
12	90°弯头	$DE50$	PVC-U	个	2
11	多通道地漏	埋地式	ABS	个	1
10	内螺纹弯头	$DE20$	PP-R	个	2
9	外螺纹接头	$DE20$	PP-R PVC-U	个	1 1
8	内螺纹接头	$DE20$	PP-R	个	2
7	90°弯头	$DE20$	PP-R PVC-U	个	1 1
6	热水管	$DE20$	PP-R	m	
5	冷水管	$DE20$	PVC-U	m	
4	排水配件	$DN40$ $DN32$	配套	套	1
3	莲蓬头	$DN15$	配套	个	1
2	双柄浴盆龙头	$DN15$	配套	个	1
1	普通浴盆			个	1
编号	名称	规格	材料	单位	数量

图 5-7　入墙式双柄龙头普通浴盆（同层排水）安装

表5-3　普通浴盆尺寸/mm

生产厂	型号	A	B	C	E	楼板下排水							同层排水					
						H	L	h	E₁	E₂	E₃	E₄	H	L	E₁	E₂	E₃	E₄
AMERICAN STANDARD 美标(中国)有限公司	CT-1200 钢板浴盆	1200			265													
	CT-1400 钢板浴盆	1400																
	CT-1500 钢板浴盆	1500	700	55	280	520	1160						480	1460				
	CT-1600 钢板浴盆	1600																
	CT-1700 钢板浴盆	1700																
TOTO北京东陶有限公司 东陶机器(北京)有限公司	B500E 网板浴盆	1500	710	420														
	B700E 钢板浴盆	1700	830		310	550	1380						550	1380				
KOHLER 科勒(中国)投资有限公司	K-1510 欧格拉斯压克力浴盆	1524	762	432	216			108	260	980	165	430			408	260	980	165
	KC-8266 普拉路德铸铁浴盆	1500	500	435	294	565	970						565	1370	300			
	KC-8267 普拉路德铸铁浴盆																	
	KC-8268 普拉路德铸铁浴盆																	
	KC-8269 普拉路德铸铁浴盆																	
	KC-8262 科乐图特铸铁浴盆	1400																
	KC-8263 科乐图特铸铁浴盆	1400			240							100				340	800	125	450
	K-790 史帝平铸铁浴盆	1524	914	518	225	640	1360	116	280	870	207	500	518	1300	300	280	870	207
唐山惠达陶瓷(集团)股份有限公司	HD9701-1.20m 压克力浴盆	1210	730	370	190	480	1430	110	240	560			40	1430	240	560		440
	HD9702-1.36m 压克力浴盆	1340	430	440	200	560	1360		250	610	100		560	1360	250	610	130	470
	HD9703-1.50m 压克力浴盆	1480	740	390	240	510	1410	120	290	760			510	1410	290	760		480
	HD9704-1.70m 压克力浴盆	1700	850	410	200	380	1390		250	1000	110	630	530	1390	250	1000	145	560

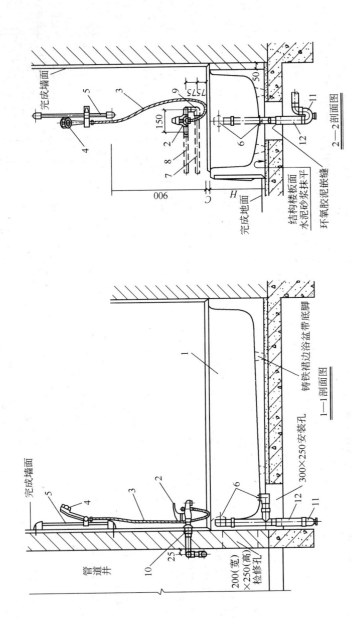

2—2剖面图

1—1剖面图

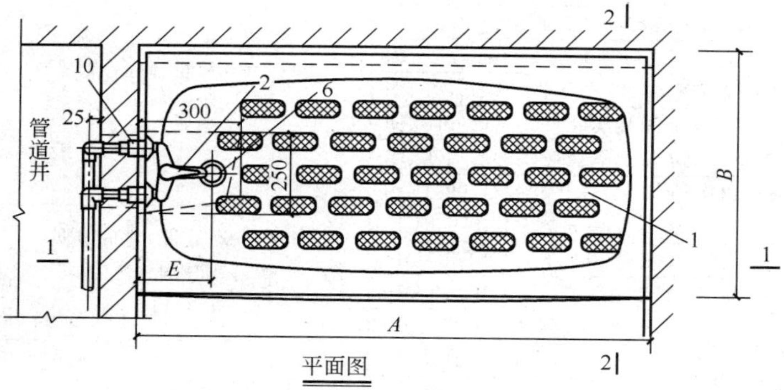

主要材料表

编号	名称	规格	材料	单位	数量
12	排水管	DE50	PVC-U	m	
11	存水弯	DE50	PVC-U	个	1
10	内螺纹接头	DE20	PP-R	个	1
		DE20	PVC-U	个	1
9	90°弯头	DE20	PP-R	个	1
			PVC-U		2
8	热水管	DE20	PP-R	m	
7	冷水管	DE20	PVC-U	m	
6	排水配件	DN40	配套	套	1
		DN32			
5	滑杆		配套	个	1
4	手提式花洒	DN15	配套	个	1
3	金属软管	DN15	配套	m	1.5
2	单柄浴盆龙头	DN15	配套	个	1
1	裙边浴盆			个	1

平面图

图 5-8　单柄龙头裙边浴盆安装

裙边浴盆尺寸表/mm

生产厂	型号	A	B	H	C	E	L	排水配件 DN
AMERICAN STANDARD 美标（中国）有限公司	CT-0135.137（右）/CT-0137.133（左）沙琳钢板钢裙边浴盆	1524	762	381	24	220	1420	40
	CT-0135IWO/CT-0137IWO沙琳钢板钢裙边浴盆	1524	762	381	24	220	1420	
	CT-2361.002（右）/CT-2360.002左剑桥一号钢板钢裙边浴盆		813	451			1350	
	CT-2461.002（右）/CT-2460.002左豪华剑桥钢板钢裙边浴盆	1520	760	360	—	210	1460	
	CT-2550（右）/CT-2551（左）铸铁裙边浴盆		686	381	24	260	1420	
	CT-0119.054（右）/CT-0121.054（左）麦肯兰钢板钢裙边浴盆	1372						
	CT-0110.048（右）/CT-0112.048（左）希尔钢板钢裙边浴盆	1219				280		
TOTO 北京东陶有限公司 东陶机器（北京）有限公司	FBY1415R/LP铸铁裙边浴盆	1367	762	365		200	1450	
	FBY1515R/LP铸铁裙边浴盆	1517			10		1410	
	FBY1525R/LP铸铁裙边浴盆		813	415				
	FBY1715R/LP铸铁裙边浴盆	1670						
KOHLER 科勒（中国）投资有限公司	KC-1250/1/2/3-JB马赛尔维克力裙边浴盆	1524	737	381	25	232	1400	
	KC-505/506-JB曼德特铸铁裙边浴盆		813	413		216	1440	
	KC-715/716-JC维利治铸铁裙边浴盆		768	356	—			
	KC-1219-JA欧格拉斯压克力裙边浴盆（拆卸或裙边）	1524						
	KC-8272欧格拉斯压克力裙边浴盆	1400	813	470	38	221	1320	
	KC-1242-JA玛丽珀莎压克力裙边浴盆	1524 914						
	KC-745/746-JB希富铸铁裙边浴盆	1372	768	356		216	1440	
重庆四维陶瓷业（集团）股份有限公司	ST-150钢板裙边浴盆	1524	762	420	—	220	1460	
唐山惠达陶瓷股份有限公司	HD9802-1.70m压克力裙边浴盆	1680	790	605		290	1375	32

注：1. 表中美标两种规格，右裙边（右）、左裙边（左），适用于订货时加以说明。美标（中国）投资公司生产的CT-0135IWO/CT-0137IWO沙琳钢板钢裙边浴盆。
2. 表中美标（中国）投资公司生产的CT-0135IWO/CT-0137IWO沙琳钢板搪瓷管裙边浴盆，该款式附内置式排水器，即溢水改为溢流槽型式，不需再配溢水管，排水直接从排水口位置接出。
3. 表中铸铁裙边浴盆均带有底脚。

如图 5-8 所示为单柄龙头裙边浴盆安装。

如图 5-9 所示为双柄淋浴龙头方形淋浴房安装。

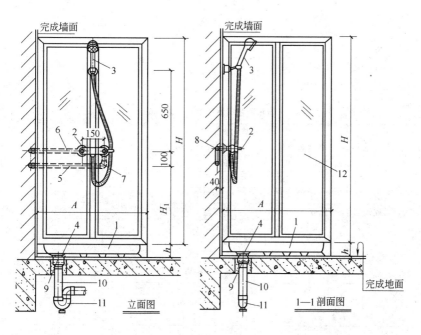

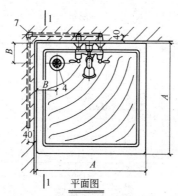

图 5-9 双柄淋浴龙头方形淋浴房安装

方形淋浴盆尺寸表/mm

生 产 厂	方形淋浴盆					
	型　号	A	B	h	排水栓	H_1
AMERICAN STANDARD 美标(中国)有限公司	CP-8701	700	140	85	$DN50$	965
	CP-8751	750		90		960
	DP-8801	800		110		940
TOTO 北京东陶有限公司 东陶机器(北京)有限公司	SPW00B		130	115	$DN40$	935

转角两移门淋浴房尺寸表/mm

生产厂家	方形转角移门淋浴房		A	H
	全透钢化玻璃	压花钢化玻璃		
上海商成 实业公司	RS8701.175-G	RS8701.175-G1	700	1750
	RS8701.185-G	RS8701.185-G1		1850
	RS8751.175-G	RS8751.175-G1	750	1750
	RS8751.185-G	RS8751.185-G1		1850
	RS8801.175-G	RS8801.175-G1	800	1750
	RS8801.185-G	RS8801.185-G1		1850

主要材料表

编　号	名　称	规　格	材　料	单　位	数　量
1	方形淋浴盆	见表	陶瓷	个	1
2	双柄淋浴龙头	$DN15$	配套	个	1
3	手提式花洒		配套	个	1
4	排水栓	$DN40$ $DN50$	配套	个	1
5	冷水管	$DE20$	PVC-U	m	
6	热水管	$DE20$	PP-R	m	
7	90°弯头	$DE20$	PP-R PVC-U	个	2 1
8	内螺纹接头	$DE20$	PP-R PVC-U	个	1 1
9	转换接头	$DE50\times50$ $DE50\times40$	PVC-U	个	1
10	排水管	$DE50$	PVC-U	m	
11	存水弯	$DE50$	PVC-U	个	1
12	淋浴房	见表		个	1

（3）小便器安装　安装要点如下所述。

①小便器给水管多为暗装，用延时冲洗阀或红外感应冲洗阀与小便器连接，因此其出水中心应对准小便器进出口中心。

② 暗埋管子隐蔽验收应合格，预留进出水口位置，标高正确。

③ 在墙面上画出小便器安装中心线，根据设计高度确定位置，划出十字线，将固定支架用带防腐的金属固定件安装牢固。

④ 安装在多孔砖墙、轻质隔墙上时，应按第三节第⑤项规定进行加固（落地式小便器除外）。

⑤ 当设计无要求时，其安装高度应符合表 5-1、表 5-2 的规定。

如图 5-10 所示为自闭式冲洗阀斗式小便器安装；如图 5-11 所示为自闭式冲洗阀壁挂式小便器安装；如图 5-12 所示为感应式冲洗阀壁挂式小便器安装；如图 5-13 所示为自闭式冲洗阀落地式小便器安装。

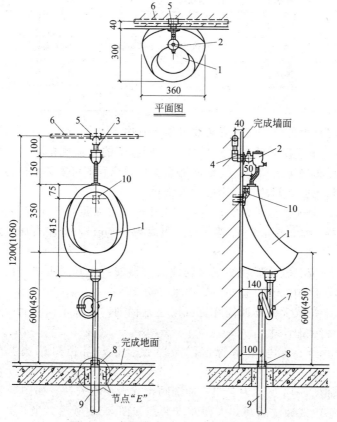

图 5-10　自闭式冲洗阀斗式小便器安装

主要材料表

编号	名　　称	规　格	材　料	单　位	数　量
1	斗式小便器		陶瓷	个	1
2	自闭式冲洗阀	DN15	铜镀铬	个	1
3	冷水管	DE20	PVC-U	m	
4	内螺纹弯头	DE20	PVC-U	个	1
5	异径三通	按设计	PVC-U	个	1
6	冷水管	按设计	PVC-U	m	
7	存水弯	DN32	铜镀铬	个	1
8	罩盖	DN32	铜镀铬	个	1
9	排水管	DE50	PVC-U	m	
10	挂钩		配套	个	1

（4）大便器安装　安装要点如下所述。

① 坐式便器的下水口尺寸应按所选定的便器规格型号及卫生间设计布局正确留口，待地面饰面工程完成后即可安装坐便器。坐便器与地面之间的接缝用硅酮胶密封。

② 蹲式便器单独安装应根据卫生间设计布局，确定安装位置。其便器下水口中心距后墙装饰面距离为 640mm，且左右居中水平安装。

③ 带有轻质隔断的成排蹲式大便器安装，其对中之间的距离不应小于 900mm，且左右居中水平安装。

④ 蹲式大便器四周在打混凝土地面前，应抹填白灰膏，然后两侧用砖挤牢固。

⑤ 所有暗埋给水管道隐蔽验收合格，且留口标高、位置正确。

如图 5-14 所示为自闭式冲洗阀蹲式大便器安装；如图 5-15 所示为感应式冲洗阀蹲式大便器安装；如图 5-16 所示为坐箱式坐便器安装；如图 5-17 所示为自闭式冲洗阀坐便器安装。

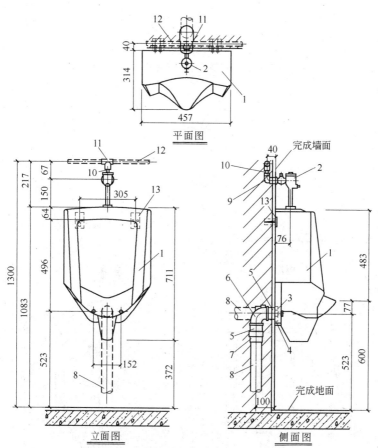

平面图

立面图

侧面图

图5-11　自闭式冲洗阀壁挂式小便器安装

主要材料表

编　号	名　　称	规　格	材　料	单　位	数　量
1	壁挂式小便器		陶瓷	个	1
2	自闭式冲洗阀	DN15	配套	个	1
3	橡胶止水环	DN50	配套	个	1
4	排水法兰盘	DN50	配套	个	1
5	外螺纹短管	DN50	金属管	m	
6	弯头	DN50	金属	个	1
7	转换接头	DE50×50	PVC-U	个	1
8	排水管	DE50	PVC-U	m	
9	内螺纹接头	DE20	PVC-U	个	1
10	冷水管	按设计	PVC-U	m	
11	异径三通	按设计	PVC-U	个	1
12	冷水管	按设计	PVC-U	m	
13	挂钩		PVC-U	个	2

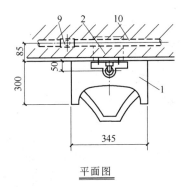

平面图

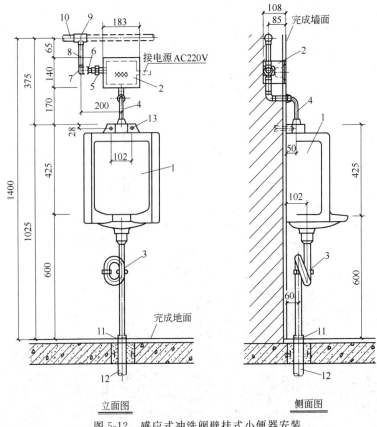

立面图   侧面图

图 5-12 感应式冲洗阀壁挂式小便器安装

主要材料表

编号	名 称	规 格	材 料	单 位	数 量
1	壁挂式小便器		陶瓷	个	1
2	感应式冲洗阀	DN15	配套	个	1
3	橡胶止水环	DN50	配套	个	1
4	排水法兰盘	DN50	配套	个	1
5	外螺纹短管	DN50	金属管	m	
6	弯头	DN50	金属	个	1
7	转换接头	DE50×50	PVC-U	个	1
8	排水管	DN50	PVC-U	m	
9	冷水管	DE20	PVC-U	m	
10	内螺纹弯头	DE20	PVC-U	个	1
11	异径三通	按设计	PVC-U	个	1
12	挂钩		配套	个	2

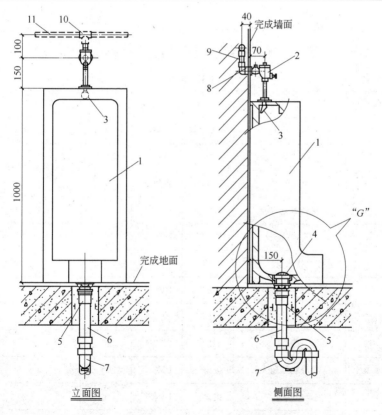

立面图   侧面图

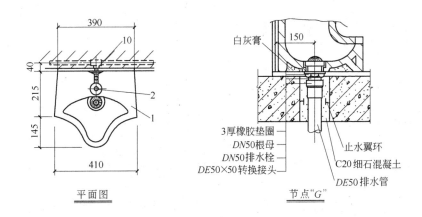

平面图

节点"G"

白灰膏 150

3厚橡胶垫圈
DN50根母
DN50排水栓
DE50×50转换接头

止水翼环
C20细石混凝土
DE50排水管

图 5-13　自闭式冲洗阀落地式小便器安装

主要材料表

编　号	名　　称	规　格	材　料	单　位	数　量
1	落地式小便器	不带水封	陶瓷	个	1
2	自闭式冲洗阀	DN15	铜镀铬	个	1
3	喷水鸭嘴	DN50	铜镀铬	个	1
4	花篮罩排水栓	DN50	铜镀铬	个	1
5	转换接头	DE50×50	PVC-U	个	1
6	排水管	DE50	PVC-U	m	
7	S形存水弯	DE50	PVC-U	个	1
8	内螺纹弯头	DE20	PVC-U	个	1
9	冷水管	DE20	PVC-U	m	
10	异径三通	按设计	PVC-U	个	1
11	冷水管	按设计	PVC-U	m	

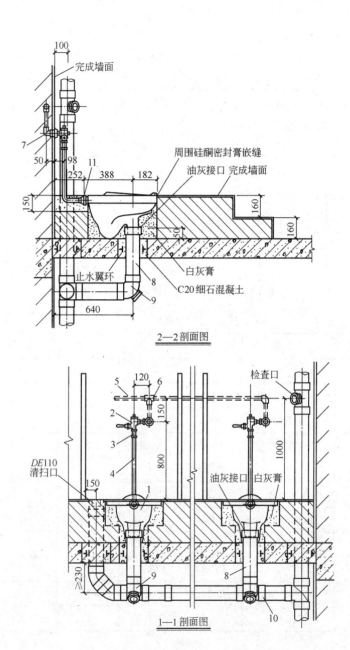

100

完成墙面

周围硅酮密封膏嵌缝

油灰接口 完成墙面

7

50 98

11

252 388 182

150

160

160

50

止水翼环

白灰膏

8

C20细石混凝土

9

640

2—2 剖面图

检查口

5 120 6

150

2

3

1000

DE110
清扫口

4

800

150

油灰接口 白灰膏

≥230

1

9

8

10

1—1 剖面图

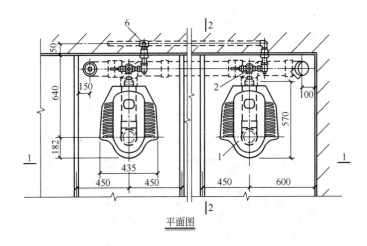

平面图

图 5-14　自闭式冲洗阀蹲式大便器安装

主要材料表

编号	名　称	规　格	材　料	单　位	数　量
1	蹲式大便器	带水封	陶瓷	个	1
2	自闭式冲洗阀	$DN25$	配套	个	1
3	防污器	$DN32$	配套	个	1
4	冲洗弯管	$DN32$	配套	根	1
5	冷水管	按设计	PVC-U	m	
6	异径三通	按设计	PVC-U	个	1
7	内螺纹弯头	$DE32$	PVC-U	个	1
8	排水管	$DE110$	PVC-U	m	
9	90°弯头	$DE110$	PVC-U	个	1
10	90°顺水三通	按设计	PVC-U	个	1
11	胶皮碗	按设计	PVC-U	个	1

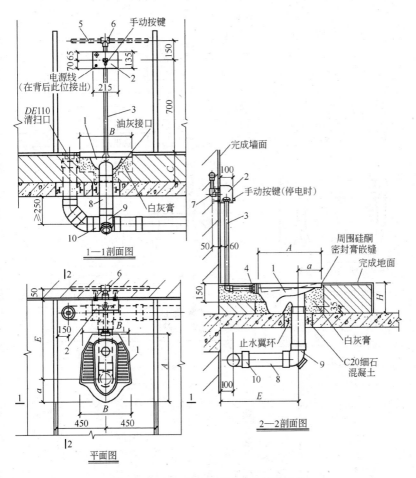

图 5-15　感应式冲洗阀蹲式大便器安装

蹲便器尺寸表/mm

尺寸 型号	A_1	a	B_1	B	C	H	E
HD18#蹲便器	530	185	430	410	230	230	560
HD19#蹲便器	600	215	435	435	270	270	600

主要材料表

编 号	名 称	规 格	材 料	单 位	数 量
1	蹲式大便器	带水封	陶瓷	个	1
2	感应式冲洗阀	DN25		个	1
3	冲洗弯管	DN32	不锈钢管	根	1
4	锁紧螺母		铝合金	个	1
5	冷水管	按设计	PVC-U	个	1
6	异径三通	按设计	PVC-U	m	1
7	内螺纹弯头	DE32	PVC-U	个	1
8	排水管	DE110	PVC-U	m	
9	90°弯头	DE110	PVC-U	个	1
10	90°顺水三通	按设计	PVC-U	m	

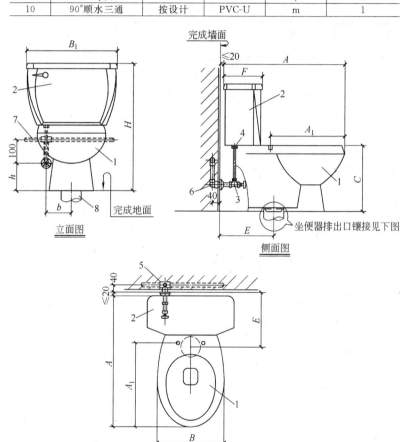

立面图

侧面图

坐便器排出口镶接见下图

平面图

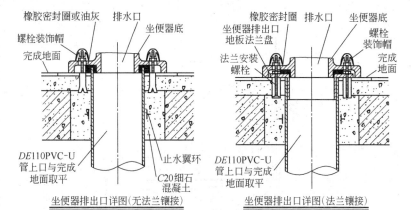

坐便器排出口详图(无法兰镶接)　坐便器排出口详图(法兰镶接)

图 5-16　坐箱式坐便器安装

主要材料表

编号	名　称	规　格	材　料	单　位	数　量
1	坐便器	节水型	陶瓷	个	1
2	坐箱式低水箱		陶瓷	个	1
3	角式截止阀	$DN15$	配套	个	1
4	进水阀配件	$DN15$	配套	套	1
5	异径三通	按设计	PVC-U	个	1
6	内螺纹弯头	$DE20$	PVC-U	个	1
7	冷水管	按设计	PVC-U	m	
8	排水管	$DE110$	PVC-U	m	

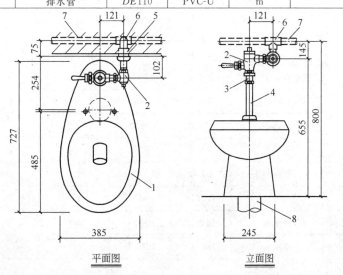

平面图　　　　　　　　立面图

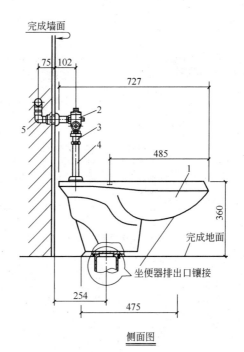

完成墙面

75 102

727

485

1

360

完成地面

坐便器排出口镶接

254

475

侧面图

图 5-17 自闭式冲洗阀坐便器安装

主要材料表

编 号	名 称	规 格	材 料	单 位	数 量
1	冲水阀式坐便器	节水型	陶瓷	个	1
2	自闭式冲洗阀	DN25	配套	个	1
3	防污器	DN32	配套	个	1
4	冲洗管	DN32	配套	根	1
5	内螺纹弯头	DE32	PVC-U	个	1
6	异径三通	按设计	PVC-U	个	1
7	冷水管	按设计	PVC-U	m	
8	排水管	DE110	PVC-U	m	

坐箱式坐便器尺寸表

生产厂家	型号	A	A₁	B	B₁	C	E	F	H	b	h	结构形式	冲水量 L/次
TOTO 北京东陶有限公司 东陶机器(北京)有限公司	CW720RB/SW710B 坐便器	750	470	356	420		376	195	815	140		虹吸冲落式	9
	CW704B/SW706B 坐便器	713	—	360	494	370	305	182	720	150	180	虹吸式	6
	CW703B/SW706B 坐便器	663	—	355	330	370	200	223	880	255	585	虹吸式	6
	CW770B/SW771B 坐便器	734	440										
AMERICAN STANDARD 美标(中国)有限公司	CP-2539 凯帝三号坐便器	672	424		510	364	400	221	710			喷射虹吸式	9
	CP-2164 凯帝二号坐便器	692	420	381	467	370	305	222	756	150		虹吸式	6
	CP-2157 康德坐便器	655	435	375	380	375	420	175	760	130		冲落式	9
	CP-2540 埃高坐便器	640	426	345		384	220		750	125		冲落式	6
	CP-255B 康普乐坐便器	686	427	362	470	375	305	222	752			喷射虹吸冲落式	9
	CP-2858 康普乐加长坐便器	710	468	360		395		220	745	140		冲落虹吸式	9
	CP-2859 康普乐加长坐便器								746				
	CP-2547 埃高坐便器	662	432	352	380	384	400	175	750	125		冲落式	6～9
唐山惠达陶瓷(集团)股份有限公司	HD11# A 坐便器						305					喷射虹吸式	9
	HD11# B 坐便器	750	480	380	440	385	410	195	775	130	150		
	HD11# C 坐便器						480						
	HD6# A 分体坐便器	680	430	350	435	395	165		790	105		冲幕式	6
	HD15# A 分体坐便器	690					220						
	HD15# D 分体坐便器	715	425	355	390	375	290	215	755				
	HD15# E 分体坐便器						380						
	HD303A 分体坐便器	710	435	360	460	365	305	225	750	110		喷射虹吸式	9
	HD303B 分体坐便器						410						
	HD2# A 分体坐便器	680	430	350	390	370	300	195	730				9
	HD2# B 分体坐便器						370						6
	HD2# C 分体坐便器						220						6

4. 卫生器具给水配件安装

（1）浴盆给水配件安装

① 混合水嘴安装。将冷、热水口清理干净，把混合水嘴转向对丝抹铅油、缠生料带，带好护口盘，用专用扳手分别拧入冷、热水预留口内。校好尺寸、找平、找正，装饰护口盘紧贴墙面，然后将混合小嘴对正转向对丝，加垫后拧紧锁母找平、找正。用扳手拧至松紧适度即可。

② 浴盆淋浴喷头安装。浴盆淋浴喷头有手提式软管喷头和入墙式固定喷头。手提式软管喷头可放在滑杆上调整其高度，而入墙式固定喷头的高度不可调整，一般距地 1800mm 左右，安装时应垂直于水龙头中心线。

（2）洗脸盆水嘴安装 将水嘴根母、锁母卸下，在水嘴根部套上浸油橡胶垫片，插入脸盆给水孔眼，下面再套上垫圈，带上母根后，用手找正水嘴，用扳手将锁母紧至松紧适度。目前市面上出售的各种给水配件品种繁多，安装时应详细阅读安装技术说明，在其说明指导下进行安装。

5. 通水试验、满水试验

卫生洁具安完后进行通水试验前应检查地漏是否畅通，各分户阀门是否关好，然后按层段分房间逐一进行通水试验，以免漏水使装修工程受损。

满水试验应检查各连接件不渗、不漏。

填写卫生器具通水、满水试验记录。

第五节　质量标准及质量记录

一、卫生器具安装

1. 主控项目

① 排水栓和地漏的安装应平正、牢固，低于排水表面，周边无渗漏。地漏水封高度不得小于 50mm。

检验方法：试水观察检查。

② 卫生器具交工前应做满水和通水试验。

检验方法：满水后各连接件不渗不漏；通水试验给、排水畅通。

2. 一般项目

① 卫生器具安装的允许偏差应符合表 5-4 的规定。

表 5-4 卫生器具安装的允许偏差和检验方法

项次	项 目		允许偏差/mm	检 验 方 法
1	坐标	单独器具	10	拉线、吊线和尺量检查
		成排器具	5	
2	标高	单独器具	±15	
		成排器具	±10	
3	器具水平度		2	用水平尺和尺量检查
4	器具垂直度		3	吊线和尺量检查

② 有饰面的浴盆，应留有通向浴盆排水口的检修门。

检验方法：观察检查。

③ 小便槽冲洗管，应采用镀锌钢管或硬质塑料管。冲洗孔应斜向下方安装，冲洗水流同墙面成 45°。镀锌钢管钻孔后应进行二次镀锌。

检验方法：观察检查。

④ 卫生器具的支、托架必须防腐良好、安装平整、牢固，与器具接触紧密、平稳。

检验方法：观察和手扳检查。

二、卫生器具给水配件安装

1. 主控项目

卫生器具给水配件应完好无损伤，接口严密，启闭部分灵活。

检验方法：观察及手扳检查。

2. 一般项目

① 卫生器具给水配件安装标高的允许偏差应符合表 5-5 的规定。

表 5-5　卫生器具给水配件安装标高的允许偏差和检验方法

项次	项　　目	允许偏差/mm	检验方法
1	大便器高、低水箱角阀及截止阀	±10	尺量检查
2	水嘴	±10	
3	淋浴器喷头下沿	±15	
4	浴盆软管淋浴器挂钩	±20	

② 浴盆软管淋浴器挂钩的高度，如设计无要求，应距地面 1.8m。

检验方法：尺量检查。

三、卫生器具排水管道安装

1. 主控项目

① 与排水横管连接的各卫生器具的受水口和立管均应采取妥善可靠的固定措施；管道与楼板的接合部位应采取牢固可靠的防渗、防漏措施。

检验方法：观察及手扳检查。

② 连接卫生器具的排水管道接口应紧密不漏，其固定支架、管卡等支撑位置应正确、牢固，与管道的接触应平整。

检验方法：观察及通水检查。

2. 一般项目

① 卫生器具排水管道安装的允许偏差应符合表 5-6 的规定。

表 5-6　卫生器具排水管道安装的允许偏差和检验方法

项次	检 查 项 目		允许偏差/mm	检验方法
1	横管弯曲度	每 1m 长	2	用水平尺量检查
		横管长度≤10m,全长	<8	
		横管长度>10m,全长	10	
2	卫生器具的排水管口及横支管的纵横坐标	单独器具	10	用尺量检查
		单独器具	5	
3	卫生器具的接口标高	单独器具	±10	用水平尺和尺量检查
		单独器具	±5	

② 连接卫生器具的排水管管径和最小坡度，如设计无要求时，

应符合表 5-7 的规定。

检验方法：用水平尺和尺量检查。

表 5-7　连接卫生器具的排水管管径和最小坡度

项次	卫生器具名称		排水管管径/mm	管道最小坡度/‰
1	污水盆(池)		50	25
2	单、双格洗涤盆(池)		50	25
3	洗手盆、洗脸盆		32～50	20
4	浴盆		50	20
5	淋浴器		50	20
6	大便器	高、低水箱	100	12
		自闭式冲洗阀	100	12
		拉管式冲洗阀	100	12
7	小便器	手动、自闭式冲洗阀	40～50	20
		自动冲洗水箱	40～50	20
8	化验盆(无塞)		40～50	25
9	净身器		40～50	20
10	饮水器		20～50	10～20
11	家用洗衣机		50(软管为 30)	

四、质量记录

参见给水排水安装有关章节内容。

下 篇
电气安装

第六章
室内电气施工图

第一节　施工图的组成

在现代建筑装饰装修工程中，都要安装许多电气设施，如照明灯具、电源插座、开关、电视、电话、信息、消防控制装置、各种动力装置、控制设备及防雷装置等。每一项电气工程或设施，都需要经过专门设计表达在图纸上，这些有关的图纸就是电气施工图。

电气施工图所表达的内容有两个，一是供电、配电线路的规格与敷设方式；二是各类电气设备及配件的选型、规格及安装方式。而导线，各种电气设备及配件等本身，在图纸中多数不是用其投影，而是用国际规定的图例、符号及文字表示，标绘在按比例绘制的建筑物各种投影图中（系统图除外），这是电气施工图的一个特点。

根据电气工程的规模不同，反映该项工程的电气施工图的种类和数量各不相同，但是，一般一项工程的电气施工图可由以下几部分组成。

一、首页

首页内容包括电气工程图纸目录、图例、设备明细表、设计说明。图例一般是列出本套图纸涉及的一些特殊图例。设备明细表只列出该项电气工程的一些主要电气设备的名称、型号、规格和数量等。设计说明主要阐述该电气工程设计的依据，基本指导思想与原则，图纸中未能表明的工程特点、安装方法、工艺要求，特殊设备的使用方法及其他使用与维护注意事项等。

二、电气系统图

电气系统图不是投影图，而是用图例的符号表示整个工程或其中某一项目的供电方式和电能输送的关系，并可表示某一装置各主要组成部分的关系。

三、平面图

平面图是表现各种电气设备与线路平面布置的图纸，是进行电气安装的重要依据。在图中画出各种设备线路的走向、型号、数量、敷设位置及方法，配电箱、开关等设备位置的布置。

平面图包括外电总平面图和各专业平面图。对建筑装饰装修工程来说，主要以室内电气专业平面图为主，它分为动力平面图、照明平面图、变电所平面图、防雷与接地平面图等。这种平面图由于采用较大的缩小比例，因此不能表现电气设备的具体位置，只能反映设备之间的相对位置。

四、电路图（接线图）

电路图是表现某一具体设备或系统的电气工作原理的图纸，一般多用在二次回路中用以指导系统的接线、调试、安装使用与维护。如水泵电气控制原理图、风机电气控制原理图等。

五、设备布置图

设备布置图是表现各种电气设备的平面与空间的位置，安装方式及其引线关系的图纸，通常由平面图、立面图、断面图、剖面图及各种构件详图组成。如装修工程中一些特殊光源位置的安装，就必须结合装饰装修平、立、剖面的相互关系和空间位置，才能确定安装方式，达到设计意图。其次高、低压配电室，通常也有设备布置详图。

六、大样图

大样图是表示电气工程中某一分项或某一部件的具体安装要求

和做法的图纸，一般有国家标准图的可选用标准图，无标准图的由设计部门另行设计。

本章主要介绍室内电气平面图及系统图的图示内容及施工图识读方法。

第二节　施工图识读

一、电气工程图中的图例符号及文字符号

在电气工程图中，元件、设备、装置、线路及安装方法等，都是借用图形符号和文字来表达。阅读电气工程图，首先要了解和熟悉这些符号和形式、内容，含义以及它们之间的相互关系。

1. 图例符号

在建筑装饰装修工程中，电气工程施工图中常用的电器图形符号见表 6-1。

表 6-1　电气工程施工图中常用的电器图例

图　　例	名　　称	说　　明
	接地一般符号	
	交流配电线路	三根导线
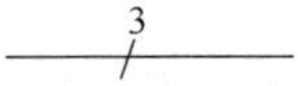	交流配电线路	三根导线
	交流配电线路	中性线
 PE	交流配电线路	保护接地线
	交流配电线路	具有中性线和保护线的三相线
	交流配电线路	保护线
	引向符号	向上配线

图　例	名　称	说　明
↗●	引向符号	向下配线
↗	引向符号	垂直通过配线
——E——	接地线	
≡̇ E	接地装置	带接地极
配电柜图例	配电柜、箱、台	AP 动力配电箱 APE 应急电力配电箱 AL 照明配电箱 ALE 应急照明配电箱
▭	电气箱(柜)	AC 控制箱 AT 电源自动切换箱 AX 插座箱 AW 电度表箱
⊗	投光灯一般符号	
⊗⇉	聚光灯	
⊗↗	泛光灯	
⊠	自带电源的事 故照明灯具	
◑	壁灯	
⬤	吸顶灯(天棚灯)	
M⋈	电磁阀	
钥匙开关图例	钥匙开关	
Ⓜ⋈	电动阀	

图 例	名 称	说 明
	插座、一般符号	1P——单相照装插座 3P——三相明装插座 1C——单相暗装插座 3C——三相暗装插座
	带保护接点插座	
	带保护板的插座	
	带单极开 关的插座	
	开关一般符号	C——暗装开关 EX——防暴开关 EN——密闭开关
	带指示灯的开关	
	单极限时开关	
	单极拉线开关	
	双控单极开关	
	可调光开关	
	荧光灯一般符号	EX——防暴灯 EN——密闭灯
	三管荧光灯	
	双管荧光灯	
	灯具一般符号	

图　　例	名　　称	说　　明
	负荷开关(负荷隔离开关)	
	熔断器式开关	
	熔断器式 负荷开关	
	电铃	
	蜂鸣器	
	报警器	
	断路器	
	风机盘管	
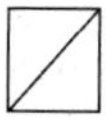	窗式空调器	

2. 文字符号

电气工程图中的文字符号是用来标明系统图和原理图中设备、装置、元（部）件及线路的名称、性能、作用、位置和安装方式的。

建筑装饰装修工程中电气工程图的常用文字符号有以下两种。

（1）配电线路的标注　线路的标注方式为：

$$ab-c(d \times e+f \times g)i-jh$$

a——线缆编号； f——PE、N 线芯数；

b——型号（不需要可省略）； g——线芯截面，mm^2；

c——线缆根数； i——线缆敷设方式；

d——电缆线芯数； j——线缆敷设部位；

e——线芯截面，mm^2； h——线缆敷设安装高度，m。

上述字母无内容则省略该部分。

表达线路敷设方式的标注有以下几种。

SC——穿焊接钢管敷设； M——用钢索敷设；

MT——穿电线管敷设；   KPC——穿聚氯乙烯塑料波

PC——穿硬塑料管敷设；   纹电线管敷设；

FPC——穿阻燃半硬聚氯乙 CP——穿金属软管敷设；

   烯管敷设；   DB——直接埋设；

CT——电缆桥架敷设；   TC——电缆沟敷设；

MR——金属线槽敷设；   CE——混凝土排管敷设。

PR——塑料线槽敷设；

表达线路敷设部位的标注有以下几种。

AB——沿或跨梁（屋架） WC——暗敷设在墙内；

   敷设；   CE——沿天棚或顶板面敷设；

BC——暗敷在梁内；   CC——暗敷在屋面或顶板内；

AC——沿或跨柱敷设；   SCE——吊顶内敷设；

CLC——暗敷在柱内；   FC——地板或地面下敷设。

WS——沿墙面敷设；

  例如，在施工图中，某配电线路上有这样的写法：5. BV-(3×10+1×6) CT-SCE。5 表明第五回路，BV 是铜芯胶质导线，3 根 10mm^2 加 1 根 6mm^2 截面导线，CT 为电缆桥架内敷设，SCE 是吊顶内安装。

  (2) 照明灯具的标注

$$a-b\,\frac{c\times d\times L}{e}\,f$$

a——灯具数量； c——每盏照明灯具的灯泡数；

b——型号或编号（无则省略）； d——灯泡安装容量；

e——灯泡安装高度，m， f——安装方式；

"——"表示吸顶安装； L——光源种类。

灯具安装方式的标注有以下几种。

SW——线吊式自在器线吊式；   CR——顶棚内安装；

CS——链吊式；   WR——墙壁内安装；

DS——管吊式；   S——支架上安装；

W——壁装式；   CL——柱上安装；

C——吸顶式；   HM——座装。

R——嵌入式；

例如，$4\text{-}BYS80\dfrac{2\times40\times FL}{3.5}CS$，表示4盏BYS-80型灯具，灯管为2根40W荧光灯管，灯具为链吊安装，安装高度距地3.5m。

二、电气施工图识读

电气工程一般是指某一工程的供、配电工程，根据工程的内容和施工范围划分，主要有以下项目。

（1）内线工程 主要为室内动力、照明线路的安装敷设，建筑装饰装修工程中的电气施工大多数为此部分工作。

（2）外线工程 室外电源供电线路，包括架空电力线路和电缆电力线路，此部分大多为电力部门施工，建筑装饰装修工程电气施工中较少接触。

（3）动力及照明工程 包括风机、水泵、照明灯具、开关、插座、配电箱及其他电气装置的安装，其施工内容就是对设备进行安装。建筑装饰装修工程中的电气设备安装就包括以上这些内容。

（4）变配电及变电工程 此部分在建筑装饰装修工程中可不作介绍。

（5）弱电工程 包括电话、广播、闭路电视、安全报警、计算机网络等系统的弱电信号线路和设备。在建筑装饰装修工程中着重介绍弱电线路的管线敷设。

（6）防雷接地工程 包括建筑物和电气装置的防雷设施，各种电气设备的保护接地、工作接地及防静电接地装置的安装和施工。

建筑装饰装修工程电气施工，主要着重于室内动力照明线路的敷设和电气设备的安装，因而在识读电气施工图时，应将电气系统图与平面电气布置图对照阅读，其识图要点如下。

① 弄清主干线回路、支干线回路的来龙去脉、安装方法、敷设方式、导线规格型号。

② 认真阅读各种箱、盘、柜的配电图，弄清箱内电气设备配置、回路数、回路编号。

③ 熟悉施工图中各种电气符号、代号的意义及标注方法，各种电气设备的安装方式、标高、坐标及设计要求。

④ 结合有关施工规范、技术规程及标准图册，认真归纳整理，做好相关要点记录摘要。

电气施工图的识读，是一个循序渐进的过程，可以先从简单一点的电气图开始，逐步到复杂的电气图，并结合实际施工过程，这样才能收到较好的效果。

第三节　施工图审图与图纸会审

电气设计图是施工的主要依据，施工前应认真熟悉图纸和相关技术资料，弄清设计意图和对施工的各项技术质量要求，弄清各个部位的尺寸及相关的标高、位置。在此基础上与其他的有关专业工种进行图纸会审。

只有通过图纸会审，才能找出设计上和各施工工种间存在的问题，减少施工图纸中的差错，并加以解决。

一、审图要点

① 正确掌握电气施工图的原理，准确地识别各种图形、代号的表示方法及意义，弄清它们之间的相互关系。

② 对电气设备的安装，应详细了解其安装说明书、各项技术参数、施工方法、技术要求和施工质量验收标准。

③ 对电源的引入，配电方式，导线型号规格，通过哪些电气设备，分配到哪些用电系统等应详细对照电气系统图、平面图逐一

认真审图。对比较复杂的电气控制线路图，要先弄懂系统原理接线图，了解系统内由哪些设备组成，有多少回路，每个回路的作用原理，各个电气元件和设备的安装位置，电线、电缆的敷设方式等。同时，还要反复熟悉施工图说明书，逐条逐句领会设计意图。

④ 电气管线敷设与土建、装修、管道之间有无矛盾，彼此间距与敷设方式能否满足有关规范要求。

⑤ 现有的施工能力和技术水平能否满足设计要求，如采用新技术、新材料、新工艺，在施工技术上有无困难。

二、施工图会审

图纸会审由建设单位统一组织设计、安装、装饰装修，土建及其他有关施工单位共同参加。图纸会审的目的，主要是解决各专业在审图中发现的问题，并协调安装、装修、土建等诸多专业之间的相互配合问题，以达到消除隐患、使设计更合理、施工配合更顺利、经济效益得以显著提高和保证提高施工质量。

图纸会审要点如下所述。

① 设计图纸是否符合国家有关经济、技术政策，是否经济合理、方便安装施工和使用。

② 设计上有无影响安全施工的因素。

③ 设计是否符合施工企业技术装备条件。

④ 电气设备安装与建筑结构、装饰装修之间有无重大矛盾。

⑤ 电气安装与各专业之间、安装工序之间是否需要协调，有无颠倒施工程序的地方。

⑥ 图纸和安装说明书等技术资料是否齐全、清楚，各个部位的尺寸、标高、坐标等有无差错。

图纸会审应以"图纸会审纪要"的形式，正式行文并加章参加单位公章，作为与设计图纸同时使用的技术文件。如在"图纸会审纪要"内不能充分说明修改后的方案时，设计单位应另出修订变更图纸。

在施工过程中，如有施工图与实际不符之处，或由于其他原因需对施工图做局部修改时，则应执行设计变更签证制度。设计变更应由施工单位填写相关技术问题签证单，经建设单位、监理部门或设计单位同意后，方可进行施工。

第七章

室内布线

室内布线安装工程必须严格按规程规范施工，其安装质量必须符合设计要求，符合国家施工标准及验收规范。

第一节　施工前的准备工作

① 认真细致地核对安装图、原理图，弄清设计内容和设计意图，明确各种设备和材料，核对电气管线布置是否正确、合理，有无遗漏。

② 了解装饰装修效果图、立面图和大样详图，明确电气工程与其配合的相关工作内容。确定安装标高、位置，安装方式及电气管线的合理走向和布置方法。

③ 凡属图纸中存在的问题或与实际施工现场情况不符时，应及时与设计部门或建设单位联系，以便及时修改或补充设计。

④ 熟悉和工程有关的其他技术资料，如电气安装工程技术规程、施工验收规范、质量检验评定标准、各种产品、设备说明书等。

⑤ 编制施工方案和施工图预算及施工预算。

⑥ 所需机具、仪器仪表及其他专用工具齐备完好。

⑦ 施工用水、用电已落实到位，各种待安装的设备、材料已到达施工现场并已向有关部门报验。

⑧ 施工安全措施完善，施工作业面无其他挡道或影响施工的因素。

施工前的准备工作做得是否充分，将直接影响工程能否顺利进行，影响进度和质量，因此必须重视并认真做好。

第二节　与其他工种的配合

电气施工与土建、装修及其他工程的配合是电气施工中至关重要的环节，做好相互配合对于工程进度、质量等都有直接影响。一般有如下一些内容。

① 根据施工图要求，配合土建，装修在墙体、楼地面、吊顶内将暗埋电气管路、接线盒、开关插座盒预埋敷设好。

② 预埋固定大型灯具、电器、配电箱（盘）的吊架、支架及支座。

③ 预留和预埋过墙管、穿楼板套管及其他孔洞。

④ 配合其他专业，调整风口、喷淋头、探测器等的位置，尽量不占据灯具灯盘的位置，使灯具的安装排列有序、美观、整齐。

⑤ 检查对安装有影响的建筑部分的模板、脚手架，废料是否拆除，建筑物的门、通道等尺寸是否满足电气设备搬运与安装要求。

⑥ 电气装置安装后，投入运行前应结束下列工作。

a. 装修工作应结束，将电气装置、设备上的灰尘、污垢清除干净。

b. 变配电所或配电室及电气室竖井内的调试校验工作已结束，临时性设施应拆除，更换为永久性设施（门、窗、梯子、护栏等）。

c. 其他相关专业的安装调试已结束，并做好投入运行的配合准备。

第三节　施工中应注意的问题

根据电气施工的特点，施工中应遵照规范要求制定合理的施工程序及安全措施。只有严格按照操作规程精心施工，才能保证工程进度和质量，避免发生事故和造成不必要的损失。

① 不准违背操作规程进行施工。

② 临时用电应符合《建设工程施工现场供用电安全规范》（GB 50194—2014）的要求。

③ 一般情况下不带电作业。使用仪表或试电笔检查确认无电后方可进行工作，并应在相应的开关或配电柜上挂上告示牌；若必须带电作业时，则必须做好安全措施并按操作顺序进行操作。

④ 注重防火安全，电气防火应符合《住宅装饰装修工程施工规范》（GB 50327—2001）中有关规定要求。

⑤ 养成文明施工的良好习惯，工程完工和下班时，应对施工现场进行清扫整理，做到工完场清。

⑥ 认真做好隐蔽工程验收记录，设计修改变更签证以及设备，材料进场后的验收，报验工作。

第四节　金属管配线

将绝缘导线穿在金属管内的敷设方式，称为金属管配线。室内建筑装修工程中，常用的金属电线管有钢管、扣压式薄壁钢管（KBG 管）、可绕金属电线管等。金属电线管布线的主要优点是安全可靠，能防止灰尘、潮气、蒸汽及腐蚀性气体的侵蚀；能防止机械损伤；能防止因线路短路而发生的火灾。其适用于动力和照明线路的明、暗敷设及吊顶内和护墙板内的敷设。

一、材料质量要求

1. 钢管的要求

① 壁厚，焊缝均匀规则，无劈裂、沙眼、棱刺和凹扁现象。除镀锌钢管外，其他管材的内外壁需预先除锈防腐处理，埋入混凝土内外壁可不刷防锈漆，但应进行除锈处理。镀锌管或刷过防腐漆的钢管表层完整，无剥落现象。

② 所用铁质接线盒、开关盒、灯位盒厚度达到要求，均需镀锌，且镀锌后无剥落，无变形脱焊，敲落孔完整无缺，接地孔面板装置孔齐全。

③ 所用胀管螺栓、螺母、垫圈、管子连接管件、锁母（护口）

等均应采用镀锌件。

④ 所使用的管材、配件应有相应的质量检验证书及合格证。

2. 扣压式薄壁钢管和可挠金属电线管的要求

① 所使用的管材、附件应符合国家现行技术标准的有关规定，并应有合格证。对可挠金属电线管还应具有当地消防部门出示的阻燃证明。

② 所使用的管卡、支架、吊杆连接件及盒、箱等附件，均应镀锌或涂防锈漆。

③ 管材及附件的规格型号应符合设计要求，并相互配套。

二、主要施工机具

液压煨管器、开孔器、套丝板、套管机、电锤、电钻、台钻、钢锯、扳手、锉刀、电焊机、气焊气割工具、可挠电线管专用切割刀、手板弯管器、扣压钳、砂轮切割机、角磨机、台虎钳、钳桌、龙门钳、手锤、射钉枪、卷尺、皮尺、线坠、角尺、水平尺、绝缘摇表、万用电表。

三、施工顺序

金属管配线是室内配线工程中较为复杂的一项工程。通常有明配和暗配两种。明配是将管线敷设于墙壁梁、柱等表面明露处，施工时要求横平竖直、整齐美观、固定牢靠，且固定点间距均匀。暗配是将管线敷设在墙内、地坪内、楼板内或天棚内等处，施工时要求管路短、弯曲少，以便更换导线。其一般施工顺序为施工准备、配管安装、管内穿线。其施工流程如下。

1. 暗配管

施工准备 → 预制加工 → 确定箱、盒位置并安装

→ 进出管路及暗管敷设 → 安装调整及扫管 → 管内穿线

2. 明配管

施工准备 → 预制加工 → 确定箱、盒位置并安装

→ 管线支吊架安装 → 进出管路及明管敷设 → 安装调整 → 管内穿线

四、配管一般规定

① 敷设在多尘或潮湿场所的电线保护管，管口及其各连接处均应密封。

② 线路暗配时，电线保护管宜沿最近的路线敷设，并应减少弯曲。埋入建筑物、构筑物内的电线保护管，与建筑物、构筑物表面的距离不应小于 15mm。

③ 进入落地式配电箱的电线保护管，排列应整齐，管口宜高出配电箱基础面 50～80mm。

④ 电线保护管不宜穿过设备或建筑物、构筑物的基础，当必须穿过时，应采取保护措施。

⑤ 电线保护管的弯曲处，不应有折皱、凹陷和裂缝，且弯扁程度不应大于管外径的 10%。

⑥ 电线保护管的弯曲半径应符合下列规定。

a. 当线路明配时，弯曲半径不宜小于管外径的 6 倍；当两个接线盒间只有一个弯曲时，其弯曲半径不宜小于管外径的 4 倍。

b. 当线路暗配时，弯曲半径不应小于管外径的 6 倍，当埋设于地下或混凝土内时，其弯曲半径不应小于管外径的 10 倍。

⑦ 当电线保护管遇下列情况之一时，中间应增设接线盒或拉线盒，且接线盒或拉线盒的位置应便于穿线。

a. 管长度不超过 30m，无弯曲。

b. 管长度每超过 20m，有一个弯曲。

c. 管长度每超过 15m，有两个弯曲。

d. 管长度每超过 8m，有三个弯曲。

⑧ 垂直敷设的电线保护管遇下列情况之一时，应增设固定导线用的拉线盒。

a. 管内导线截面为 50mm^2 及以下，长度每超过 30m。

b. 管内导线截面为 70～95mm^2，长度每超过 20m。

c. 管内导线截面为 120～240mm^2，长度每超过 18m。

⑨ 水平或垂直敷设的明配电线保护管，其水平或垂直安装的允许偏差为 1.5‰，全长偏差不应大于管内径 1/2。

⑩ 在 TN-S、TN-C-S 系统中，当金属电线保护管、金属盒（箱）、塑料电线保护管、塑料盒（箱）混合使用时，金属电线保护管和金属盒（箱）必须与接地线（PE 线）有可靠的电气连接。

五、钢管敷设要求

钢管不应有拆扁和裂缝，管内应无铁屑及毛刺，切断口应平整，管口应光滑。

潮湿场所和直埋于地下的电线保护管，应采用厚壁钢管或防液型可挠金属电线保护管；干燥场所的电线保护管宜采用薄壁钢管或可挠金属电线保护管。

钢管的连接应符合下列要求。

① 采用螺纹连接时，管端螺纹长度不应小于管接头长度的 1/2，连接后，其螺纹宜外露 2～3 扣。螺纹表面应光滑，无缺损。

② 采用套管连接时，套管长度宜为管外径的 1.5～3 倍，管与管的对口处应位于套管的中心。

③ 镀锌钢管和薄壁钢管应采用螺纹连接或套管扣压连接，不应采用熔焊连接。

④ 钢管连接处的管内表面应平整、光滑。

⑤ 钢管与盒（箱）或设备的连接应符合下列要求。

a. 暗配的黑色钢管与盒（箱）连接可采用焊接连接，管口宜高出盒（箱）内壁 3～5mm，且焊后应补涂防腐漆；明配钢管或暗配的镀锌钢管与盒（箱）连接应采用锁紧螺母或护圈帽固定，用锁紧螺母固定的管端螺纹宜外露锁紧螺母 2～3 扣。

b. 当钢管与设备直接连接时，应将钢管敷设到设备的接线盒内。

c. 当钢管与设备间接连接时，对室内干燥场所，钢管端部宜增设电线保护软管或可挠金属电线保护管后引入设备的接线盒内，且钢管管口应包扎紧密；对室外或室内潮湿场地，钢管端部应增设防水弯头，导线应加套保护软管，经弯成滴水弧状后再引入设备的接线盒。

d. 与设备连接的钢管管口与地面的距离宜大于 200mm。

⑥ 钢管的接地连接应符合下列要求。

a. 当黑色钢管采用螺纹连接时，连接处的两端应焊接跨接接地线或采用专用接地卡跨接。

b. 镀锌钢管或可挠金属电线保护管的跨接接地线宜采用专用接地线卡跨接，不应采用熔焊连接。

⑦ 安装电器的部位应设置接线盒。

⑧ 明配钢管应排列整齐，固定点间距应均匀，钢管管卡间的最大距离应符合表 7-1 的规定，管卡与终端、弯头中点、电气器具或盒（箱）边缘的距离宜为 150～500mm。

表 7-1　钢管管卡间的最大距离

敷设方式	钢管种类	钢管直径/mm			
		15～20	25～32	40～50	65 以上
吊架、支架或沿墙敷设	厚壁钢管	管卡间最大距离/m			
		1.5	2.0	2.5	3.5
	薄壁钢管	1.0	1.5	2.0	—

六、金属软管敷设要求

① 钢管与电气设备，器具间的电线保护管宜采用金属软管或可挠金属电线保护管。金属软管的长度不宜大于 2m。

② 金属软管应敷设在不易受机械损伤的干燥场所，且不应直埋于地下或混凝土中。当在潮湿等特殊场所使用金属软管时，应采用带有非金属护套且附配套连接器件的防液型金属软管，其护套应经过阻燃处理。

③ 金属软管不应退绞、松散，中间不应有接头，与设备、器具连接时，应采用专用接头，连接处应密封可靠，防液型金属软管的连接处应密封良好。

④ 金属软管的安装应符合下列要求。

a. 弯曲半径不应小于软管外径的 6 倍。

b. 固定点间距不应大于 1m，管卡与终端、弯头中点距离宜为 300mm。

c. 与嵌入式灯具或类似器具连接的金属软管，其末端的固定管卡，宜安装在自灯具、器具边缘起沿软管长度的1m处。

⑤ 金属软管应可靠接地，且不得作为电气设备的接地导体。

七、操作技术要领

1. 管子弯曲

钢管的弯曲有冷煨弯和热煨弯两种，装饰施工中的电气煨管大多用冷煨弯方式。冷煨一般采用手扳煨管器或液压煨管器。一般管径为25mm及其以下时，用手扳煨管器进行煨管。先将管子插入煨管器，使弯管器套在管子需要弯曲的部位（即起弯点），用脚踩住管子。扳动弯管器手柄，渐渐用力，弯的时候，注意逐点向后移动弯管器，重复前次动作，直到弯曲部分的后端，使管子弯成所需要的弯曲半径和弯曲角度，管径大于25mm时，可使用液压弯管器，将管子放入配套的模具内，然后扳动煨管器，煨出所需角度。

2. 切管

用钢锯、割管器、无齿锯、砂轮切割机进行切管，将需切断的管子长度测量准确，放入钳具内卡牢固，断口处应平齐不歪斜，将管口上的毛刺用半圆锉处理光滑，再将管内的铁屑涮干净。

3. 套丝

采用套管机、套丝板，根据管子尺寸选择相对应的扳牙，将管子用台虎钳或压力钳固定，再把绞扳套在管端，先慢慢用力，套上扣后再均匀用力，套好后及时用毛刷涂抹机油，保证丝扣完整不断扣、乱扣。用套管机套丝时，应注意检查油泵泵油是否正常，要做到随套随泵油冷却，管径在20mm及其以下时，应分二次套成；管径在25mm及其以上，应多套洗一次。

4. 接地跨接线

钢管与钢管之间采用螺纹连接时，为了使管路系统接地良好、可靠，要在管箍两端焊接用圆钢或扁钢制作的跨接接地线，或采用专用接地线卡跨接。跨接地线两端焊接面不小于该跨接线截面的6倍。焊缝均匀牢固，焊接处要清除药皮、焊渣后刷防腐漆。跨接地线的规格可参见表7-2。

表 7-2 跨接地线规格表/mm

管径	圆钢	扁钢	管径	圆钢	扁钢
15~25	$\phi 5$	—	50~70	$\phi 10$	25×3
32~40	$\phi 6$	—	≥$\phi 70$	$\phi 8×2$	25×3×2

镀锌钢管，KBG 管或可挠金属电线保护管，应用专用接地线连接，不可采用焊接连接地线。

八、线管敷设

线管敷设，又称为配管。配管工作一般从配电箱开始，逐段配至用电设备处，有时也可从用电设备端开始，逐段配至配电箱处。

1. 暗配管施工

暗配管施工多用在混凝土建筑物及室内装饰装修工程内，其施工方法有以下几种。

（1）随墙（砌体）配管 砖墙，空心砖墙配合砌墙安管时，管子应放在墙中心，管口向上者要堵好。向上引管到吊顶时，管上端应煨成 90°弯进入吊顶内。进入开关，插座盒的地方，应先稳好盒子后，再加短管接入。如果是在砖墙上留槽或开槽，其管子在槽内的固定方法是：先在砖缝里打入木楔，再在木楔上钉钉子，用铁丝将管子绑在钉子上，再将钉子打入，使管子充分嵌入槽内。

（2）在混凝土楼板垫层内配管

① 在垫层内敷设。用这种方式配管时，对接线盒、灯位盒需在浇灌混凝土之前放置木桩，以便留出盒子的位置。当混凝土硬化后再把木桩拆下，然后进行配管，管路每隔 1m 左右用铁丝绑扎牢，如有吊扇，花灯或重量超过 3kg 的灯具应焊好预埋吊杆。

② 在预制板内配管。在预制板内配管的方法与上述方法相似，但接线盒的位置要在楼板上定位凿孔，配管时不要搞断钢筋。

（3）在现场浇筑混凝土构件时埋入金属管、接线盒、灯位盒。此种方法需根据电气设计要求，随土建结构施工进程同步进行，在建筑电气安装工程中常见，而在建筑装饰装修电气安装中接触不多。

2. 明配管施工

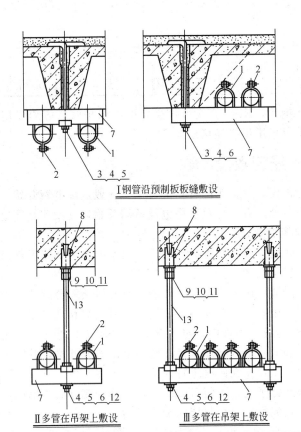

I 钢管沿预制板板缝敷设

II 多管在吊架上敷设　　　III 多管在吊架上敷设

编号	名　称	型号及规格	单位	数　量		
				I	II	III
1	钢管或电线管	见工程设计图	m			
2	U形槽管卡	与管子配合	套	2	2	4
3	吊具	$\phi 8$	个	1		
4	螺母	$M8$	个	1	1	2
5	垫板		块	1	1	2
6	垫圈	8	个	1	1	2
7	U形槽钢		段	1	1	1
8	膨胀螺栓	$M6$　$L=65$	个		1	2
9	连接螺母	$M6$	个		1	2
10	连接螺母	$M6$	个		1	2
11	垫圈	6	个		1	2
12	螺母	$M8$	个		1	2
13	吊具	$\phi 8$	根		1	2

图 7-1　沿楼板下吊装电线钢管

钢管明敷设常用于多尘、潮湿场所的工业与民用建筑内的动力和照明线路。明配管应排列整齐，固定点间距均匀。可沿建筑物表面水平或垂直安装，安装要求横平竖直。建筑装饰装修工程中，电气明管敷设大多在吊顶内安装，安装时在楼顶板划出吊架定位线，将管线支吊架安装好后，再进行线管安装。一般吊架有单管、双管或多管吊架，如图7-1所示。

灯位盒、开关盒、配电箱等的位置应根据设计要求正确布置。吊顶内的电线管不允许绑在龙骨吊筋上或直接放在吊顶骨架上。

明管沿墙敷设进入盒（箱）内时，要适当将管子煨成双弯（乙字弯），如图7-2所示，不能使管子斜插到盒（箱）内。

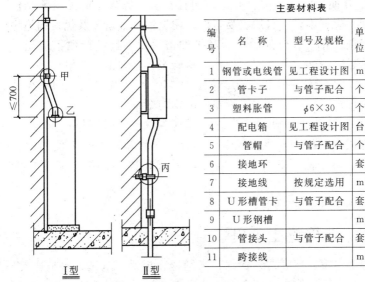

主要材料表

编号	名　称	型号及规格	单位	数量 I	数量 II
1	钢管或电线管	见工程设计图	m		
2	管卡子	与管子配合	个	2	1
3	塑料胀管	$\phi 6 \times 30$	个	4	3
4	配电箱	见工程设计图	台	1	1
5	管帽	与管子配合	个	1	2
6	接地环		套	1	1
7	接地线	按规定选用	m		
8	U形槽管卡	与管子配合	套		1
9	U形钢槽		套		1
10	管接头	与管子配合	套		1
11	跨接线		m		

图7-2 明管进入配电箱（盒）安装

注：1. 方案I适用于落地式配电装置电线或电缆穿管明敷引入。

2. 方案II适用于挂墙式配电装置电线穿管明敷引入。

在护墙板内敷设，其连接、弯度、走向等可参照暗管敷设要求进行施工。

室内建筑装饰装修中，由于有大量吊顶和轻质隔板墙，因此，在电气布管施工中，应按设计图，先弹线确定灯具、插座、开关及配电箱位置，并随吊顶、隔墙龙骨进行配管，固定底盒、箱子。

第五节　硬质塑料管配线

在室内建筑装饰装修工程中，采用硬质塑料管配线越来越广泛。采用塑料管配线，配管方便，节省钢材，可浇筑于混凝土内，也可明装于室内及吊顶等场所，适用于室内或有酸、碱等腐蚀物质的场所照明配管敷设安装。

一、材料质量要求

① 凡使用的管材均应通过检测且符合国家规定的无增塑刚性塑料管，应有难燃、自熄、易弯曲、耐腐蚀、重量轻及优良的绝缘性等特点。并具有较强的抗压和抗冲击强度。且氧指数不应低于27％的阻燃指标，并应有定期检定检验报告单和出厂合格证。

② 管子内外壁光滑、无凸棱、凹陷、针孔及气泡，内外径的尺寸应符合国家统一标准，管壁厚度均匀一致。

③ 所用阻燃型塑料管附件及明配阻燃型塑料制品，如开关盒、灯线盒、插座盒、接线盒、端接头、管箍等，必须使用配套的阻燃塑料制品。其外观应整齐，预留孔齐全，无劈裂等损坏现象。

④ 使用专用胶黏剂。

二、主要施工工具

弯管弹簧、剪管器、钢锯、半圆锉、扳手、电锤、手枪电钻、台钻、台虎钳、钳桌、开孔器、热风机、电炉子、手锤、錾子、电焊机、射钉枪、卷尺、皮尺、角尺、水平尺，绝缘电阻摇表、万用电表等。

三、施工顺序

参阅金属管配管有关章节内容。

四、配管一般规定

塑料管配管规定除可参阅金属管配管有关章节内容外，还应注意以下几点。

① 硬塑料管及配件的敷设、安装和煨弯制作，均应在原材料的允许环境温度下进行，其温度不宜低于－15℃。

② 硬塑料管配线工程中宜采用相应的塑料制品及附件。

③ 硬塑料管不宜在 45℃ 以上的场所和易受机械冲击、摩擦等场所敷设。

五、硬质塑料管（PVC 管）的弯曲

（1）冷弯管法　适用于 DN25 及以下的小管径管材。将弹簧插入管内需弯曲处，两手握紧管材两头，缓慢使其弯曲，考虑管材的回弹，在实际弯曲时应比所需弯度小 15°左右；待回弹后，检查管材弯度，若不符合要求，直至弯曲到符合要求为止，最后逆时针方向扭转弹簧，将其抽出。当管材较长时，可将弹簧两端系上绳子或铁丝，一边拉、一边放松，将弹簧拉出。

（2）热弯管法　适用于 DN32 以上管径的管材。先将管材需弯曲处进行加热，加热可采用热风机、电热器或浸入 100～120℃ 液体中（严禁将管材接触明火）。若有弹簧，可先将弹簧插入管内，等管材变软后，立即将管材固定在定型器上，逐步弯成所需弯度，待管材冷却定型后，抽出弹簧即可。

六、管子敷设

1. 明管安装

① 塑料管管卡固定沿墙明装，如图 7-3 所示。

② 塑料管沿楼板下明装（吊装），如图 7-4 所示。

③ 塑料管楼板内引至吊顶安装，如图 7-5 所示。

④ 塑料管与配电箱安装，如图 7-6 所示。

⑤ 塑料管与开关、插座、花灯进线安装，如图 7-7 所示。

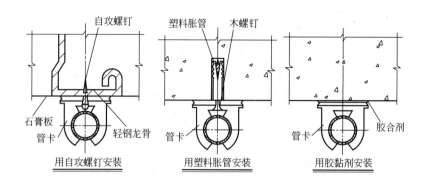

用自攻螺钉安装　　用塑料胀管安装　　用胶黏剂安装

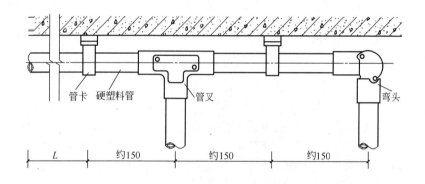

硬塑料管用吊架、支架或沿墙敷设时管材固定点间最大间距

管径/mm	DN20 及以下	DN25～DN40	DN50 及以上
固定点间距/m	1.0	1.5	2.0

注：1. 管卡固定方式根据施工现场具体条件定亦可采用管夹固定，做法同管卡。

2. 胶黏剂采用环氧树脂胶。

3. 塑料胀管根据管径大小选用。

图 7-3　塑料管管卡固定沿墙明装

主要材料表

编号	名 称	型号及规格	单位	数量
1	硬塑料管	见工程设计图	m	
2	U形槽管卡	与管子配合	套	8
3	管卡	与管子配合	套	2
4	吊具	$\phi 8$	个	1
5	螺母	M8	个	11
6	垫板		块	4
7	垫圈	8	个	7
8	U形槽钢		段	3
9	支架	$L30 \times 4 \sim 40 \times 4$	段	1
10	半圆头螺钉	$M4 \times 16$	个	3
11	螺母	M4	个	3
12	垫圈	4	个	3
13	胀锚螺母	$M8 \times 65$	个	3
14	连接螺母	M8	个	3
15	吊具	$\phi 8$	个	3
16	吊具	$\phi 8$	个	2

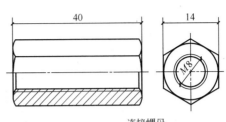

连接螺母

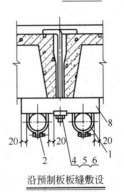

沿预制板板缝敷设

多管在吊架上敷设

多管在吊架上敷设

多管在吊架上敷设

图 7-4 塑料管沿楼板下明装（吊装）

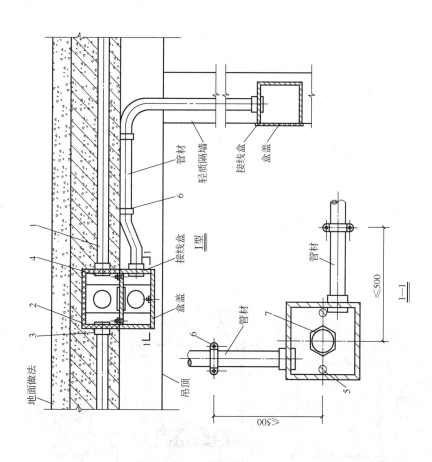

地面做法

管材

轻质隔墙

接线盒

盒盖

I型

接线盒

盒盖

1L

吊顶

1

4

2

3

6

管材

5

7

≤500

≤500

1—1

图 7-5 塑料管楼板内引至吊顶安装

主要材料表

编号	名　　称	型号及规格
1	硬塑料管	见工程设计图
2	塑料接线盒	见工程设计图
3	入盒接头	与管子配合
4	入盒锁扣	与管子配合
5	半圆头螺钉	M5×20
6	管卡	与管子配合
7	六角螺母	与入盒锁扣配合
8	金属软管入盒接头	与管子配合
9	金属软管入盒锁扣	与管子配合

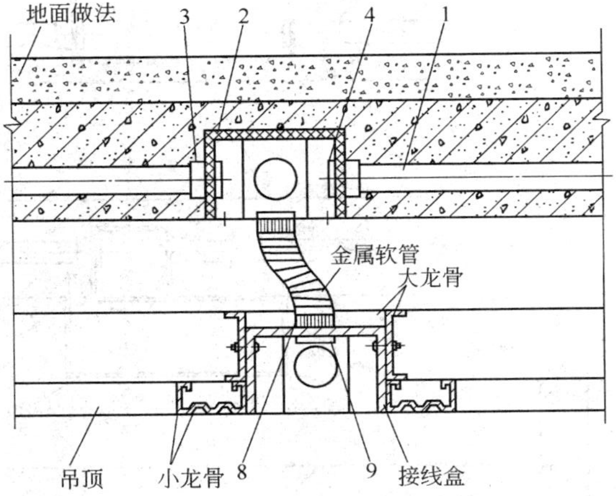

注：1. 由塑料接线盒进入另一接线盒时入盒锁扣按需要截取，并向切口进行倒角。
　　 2. 六角螺母为 PVC 普通螺母。

第七章　室内布线　▶▶　**187**

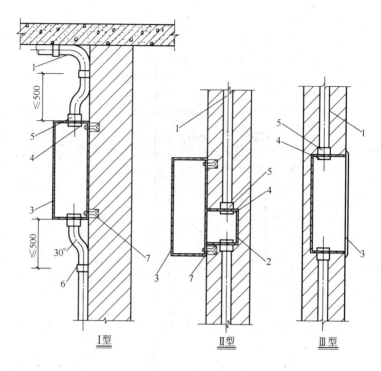

主要材料表

编号	名称	型号及规格	单位	数量
1	硬塑料管	见工程设计图	m	
2	接线盒	见工程设计图	套	1
3	配电箱	见工程设计图	台	3
4	入盒锁扣	与管子配合	个	6
5	入盒接头	与管子配合	个	6
6	管卡	与管子配合	个	3
7	圆钢	$\phi 10$ $L \approx 100$	根	8

注：本图适用于塑料制配电箱，如换成铁制配电箱增加相应接地螺栓。

图 7-6　塑料管与配电箱安装

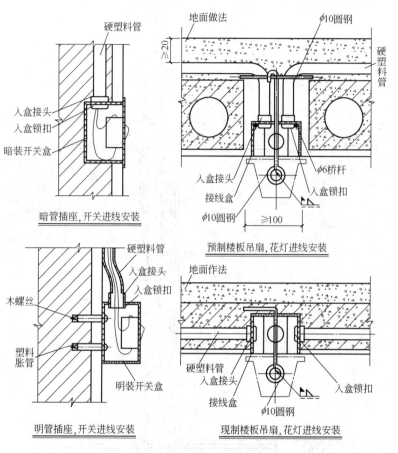

图 7-7　塑料管与开关、插座、花灯进线安装

2. 暗管安装

① 塑料管在墙体及楼板内暗敷，如图 7-8 所示。

② 塑料管地坪内引至隔墙敷设，如图 7-9 所示。

③ 塑料管暗敷引出地面做法，如图 7-10 所示。

④ 塑料管水平暗敷设，如图 7-11 所示。

⑤ 塑料管在墙内敷设，如图 7-12 所示。

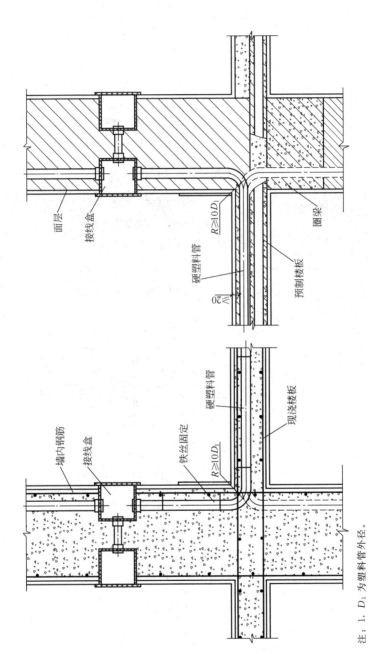

图 7-8　塑料管在墙体及楼板内暗敷

注：1. D_1 为塑料管外径。

2. 管路穿过圈梁时，需土建预埋套管或预留孔。

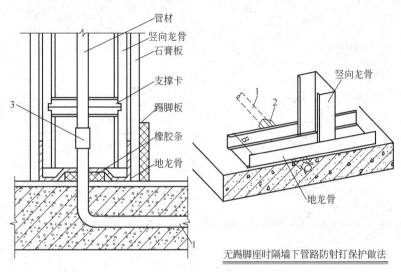

管材
竖向龙骨
石膏板
支撑卡
3
踢脚板
橡胶条
地龙骨

竖向龙骨

地龙骨

无踢脚座时隔墙下管路防射钉保护做法

隔墙内管线引上敷设

主要材料表

编号	名　　称	型号及规格	单位	数量
1	硬塑料管	见工程设计图	m	
2	保护角钢	$L \times 505$　$L = B + 100$	根	1
3	接头		个	1

注：将硬塑料管套入过渡接头内，并用专用胶水（PVC 胶水）粘牢，隔墙内管材伸入过渡接头另一头，采用螺纹连接。

图 7-9　塑料管地坪内引至隔墙敷设

小管径硬质塑料管可使用剪管器，大管径需使用钢锯断管，断口后将管口处理平整、光滑，采用插入法连接，连接处的结合面应涂专用胶黏剂，接口应牢固紧密。其余施工要点可参见金属管配线有关章节内容。

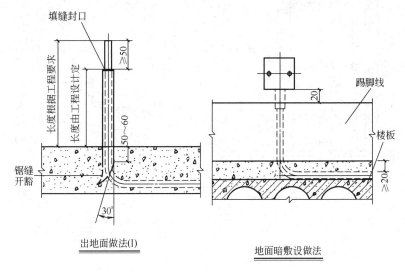

图 7-10 塑料管暗敷引出地面做法

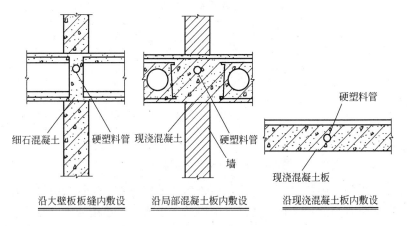

图 7-11 塑料管水平暗敷设

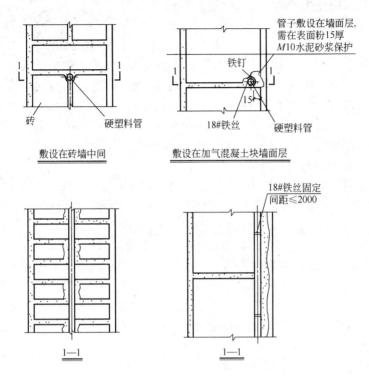

图 7-12　塑料管在墙内敷设

第六节　管 内 穿 线

配管完成后，可进行管内穿线的准备工作，其主要有以下内容。

1. 选择导线

导线选择应根据设计图规定进行选配。相线、中性线（零线）及保护接地线（PE 线）的颜色应加以区分，符合规范要求。

2. 清扫管路

清除管内的杂物，灰尘和湿气，可将布条两端牢固绑扎在带线铁丝上，用人力反复拉线，从管的一端拉向另一端，以将管内杂物及泥水除尽为目的。

3. 穿带线铁丝

带线铁丝也叫引线，引线一般采用 $\phi1.2$ 的铁丝或钢丝，引线一端绕一个小圆头（不封死），将其向着穿线方向，将钢丝或铁丝穿入管内，边穿边将钢丝或铁丝理顺直。如果不能一次穿过，可从另一端以同样方法将钢丝或铁丝穿入，在估计两根引线已达到相交距离时，用转力动引线，使两根引线在管内相互绞接在一起，钩紧后，再抽出一端，将管路穿通。

4. 管内穿绝缘导线

引线钢丝或铁丝穿完后，即可进行管内穿绝缘导线的工作。穿线前应根据设计图纸认真核对所穿绝缘导线的规格、型号是否有误，并用相对应电压等级的绝缘电阻摇表进行通断及绝缘测试。穿线时，为减小导线与管壁的摩擦力，可在导线上抹少量的滑石粉以润滑。穿线时两端工人应配合协调，一人在一端往管内送线，另一个人在另一端用力拉线，两人动作须一致。为不致使导线在管内曲折，放线时应将导线置于放线架或放线车上，边穿边放边理顺直。不可随意丢放在地上。这样容易将地面上的灰尘，杂物带入线管，并且也容易打绞曲折。

穿线时应注意以下几点。

① 同一交流回路的导线必须穿于同一管内。

② 不同回路，不同电压，交流与直流导线不得穿入同一管内。

③ 管内电线不得有接头。

5. 导线连接（接头）

导线相互连接（接头）时，应具备以下几个条件。

① 接头后不能增加电阻值。

② 不能破坏或降低绝缘强度。

③ 受力导线不能降低原机械强度。

④ 连接处应加焊（锡焊）后用绝缘胶带缠包好。

如图 7-13～图 7-19 所示为照明线路中单芯铜导线的几种连接方法。

连接要领如下。

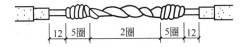

图 7-13　直接连接法示意

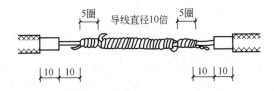

图 7-14　缠绕卷法示意

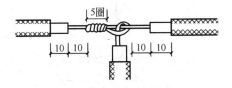

图 7-15　分线打结连接做法示意

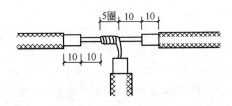

图 7-16　小截面分线连接做法示意

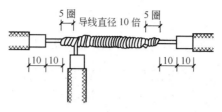

图 7-17　缠卷做法示意

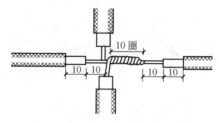

图 7-18　十字分支导线一侧连接做法示意

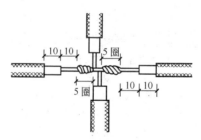

图 7-19　十字分支导线两侧连接做法示意

单芯铜导线的直线连接。

① 绞接法。将两线互相交叉，用双手同时把两芯线互绞两圈后，将两个线芯在另一个线芯上缠绕 5 圈，剪掉余头，如图 7-13 所示。该连接方式适用于 BV-4mm² 及以下的单芯线连接。

② 缠绕卷法。将两线相合并，加辅助线后（也可不加辅助线）用绑线在合并部位中间向两端缠绕，其长度为导线直径的 10 倍，然后将两线芯端头折回，在此向外单独缠绕 5 圈，与辅助线捻绞

2 圈，将余线剪掉，如图 7-14 所示。该连接方式适用于 BV-6mm²
及以上的单芯线的直接连接。

单芯铜导线的分支连接。

① 绞接法。用分支线路的导线向主干线上交叉打一个圈节，
防止其脱落，然后缠绕 5 圈，剪去余线，如图 7-15 所示。该方法
适用于 BV-4mm² 以下的单芯线，对小截面分线的连接做法如图 7-
16 所示。

② 缠卷法。将分支线弯成 90°紧靠干线，用绑线从合并中间部
位向两端缠绕，其公卷的长度为导线直径的 10 倍，单圈缠绕 5 圈
后剪下余线，如图 7-17 所示。该连接方式适用于 BV-6mm² 及以
上的单芯线的分支连接。

③ 十字分支导线连接法。其做法如图 7-18、图 7-19 所示。

第七节　线槽配线

线槽配线就是将导线放入线槽内的一种配线方式。在建筑装饰
装修工程中，常采用线槽配线。用于配线的线槽按材质分可分为金
属线槽和塑料线槽。按敷设方式分，又可分为明敷设与暗敷设
两种。

一、材料质量要求

（1）塑料线槽　PVC 塑料线槽由难燃型硬聚氯乙烯工程塑料挤
压成型，包括槽底、槽盖及附件。线槽内外应光滑无棱刺，无扭曲，
翘边等变形现象；氧指数不低于 27%；敷设场所的环境温度不低于
－15℃，并有定期检验质量证明和产品合格证。规格、型号符合设
计要求。

（2）金属线槽　应采用经过镀锌处理的定型产品，其型号、规
格应符合设计要求。线槽内外应光滑无棱刺，无扭曲，翘边等现
象，所采用的螺栓、螺母、垫圈、弹簧垫等紧固件都应采用镀锌标
准件。现场制作的金属支架、钢体件等应除锈，刷防锈底漆一道，
油漆两道。有产品出产合格证及质量检验报告。

二、主要施工机具

手电钻、冲击电钻，氧气割设备，砂轮切割机，角磨机，电焊机，钢锯，台钻，开孔器，活动扳手，常用电工工具，手锤，卷尺，线坠，角尺，绝缘电阻摇表，万用电表。

三、施工顺序

塑料线槽，金属线槽的施工顺序如下。

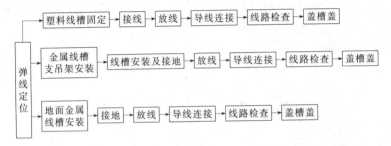

四、线槽配线的一般规定

① 线槽安装应保证外形平直。金属线槽宜敷设在干燥和不易受损的场所。敷线前应清理槽内杂物。

② 塑料线槽的截取宜采用钢锯切割，金属线槽的截取宜采用砂轮切割机切割，切割后去除毛刺。

③ 地面线槽施工时应与土建施工密切配合，浇灌混凝土前将线槽调整平直，并使线槽的分线盒、出线口顶标高达到设计要求，然后固定，避免浇灌混凝土时偏移。

④ 为避免浇灌混凝土时砂浆进入地面线槽内应采取防水密封处理，使地面线槽系统（线槽、分线盒、出线口、中间接头）具有密封性。

⑤ 线槽底板接口与盖板接口应相互错开，其错开距离不应小于 20cm。

⑥ 金属线槽吊装支架安装间距，直线段一般为 1500～2000mm，在线槽始端，末端 200mm 处及线槽走向改变或转角处

应加装吊装支架。

⑦ 除地面线槽外，在同一线槽内不同供电回路或不同控制回路的导线宜每隔 500mm 分别绑扎成束，并加标记或编号以便检修。

⑧ 沿墙垂直安装的线槽宜每隔 1.0～1.2m 用线卡将导线、电缆束固定于线槽或线槽接线盒上，以免由于导线电缆自垂使接线端受力。

⑨ 金属线槽的外壳仅作承载用，不得作为保护地（PE 线）用，但应用 6mm² 编织铜带跨接作等电位连接。

⑩ 线槽内的导线或电缆不得有接头，接头应在接线箱内及分线盒内或出线口内进行。

⑪ 金属线槽的连接不应在穿越楼板或墙壁处进行。

⑫ 地面线槽的强电回路宜加装漏电保护，强弱电回路应分槽敷设，分线盒内使用隔板使两种线路置于不同空间内，不得直接接触。地面线槽支架安装间距在现浇层内一般 1500mm，垫层内 1000mm，末端 200mm 处及线槽走向改变或转角处应加装支架。

⑬ 线槽通过墙壁或楼板处应按防火规范要求，采用防火绝缘堵料将线槽内和线槽四周空隙封堵。

⑭ 地面线槽不宜通过不同的防火分区及伸缩缝。

⑮ PVC 型料线槽允许容纳电线、电话线、电话电缆及同轴电缆的数量见表 7-3。

⑯ 金属线槽（GXC 系列）允许容纳电线、电话线、电话电缆及同轴电缆数量见表 7-4。

五、线槽安装

1. 塑料线槽安装

塑料线槽一般为沿墙明敷设，根据安装方式不同，分为无附件安装和有附件安装。

塑料线槽无附件安装方式如图 7-20 所示，塑料线槽有附件安装如图 7-21 所示，塑料线槽接线箱安装如图 7-22 所示，塑料线槽接线盒安装如图 7-23 所示，塑料线槽灯头盒安装如图 7-24 所示。

表7-3 塑料线槽允许容纳电线、电话线、电缆及同轴电缆数量表

PVC系列塑料线槽型号	线槽内横截面积/mm²	电线型号	单芯绝缘电线芯线标称截面积/mm²（允许容纳电线根数）														RVB型或PVS型 2×0.3(mm²)电话线	HYV型 2×0.5 电话电缆	同轴电缆	
			1.0	1.5	2.5	4.0	6.0	10	16	25	35	50	70	95	120	150	电话线对数或同轴电缆根数		SYV-75-5-1	SYV-75-9
PVC-25	200	BV BLV	8	5	4	3	2										6 对	1 条 5 对	2 条	
		BX BLX	3	2	2	2														
		BXF BLXF	4	4	3	2														
PVC-40	800	BV BLV	30	19	15	11	9	5	3	2							22 对	3 条 15 对 或 1 条 50 对	8 条	3 条
		BX BLX	10	9	8	6	5	3	2	2										
		BXF BLXF	17	15	12	9	6	4	3	2										
PVC-60	1200	BV BLV	75	47	36	29	22	12	8	6	4	3	2				33 对	2 条 40 对 或 1 条 100 对		
		BX BLX	25	22	19	15	13	8	6	4	3	2	2							
		BXF BLXF	42	33	31	24	16	11	7	5	4	3	2							
PVC-80	3200	BV BLV	120	74	58	46	36	19	13	9	7	5	4	3	2		88 对	2 条 150 对 或 1 条 200 对		
		BX BLX	40	36	30	25	21	12	9	6	5	4	3	2	2					
		BXF BLXF	67	58	49	38	26	17	11	8	6	4	3	3						
PVC-100	4000	BV BLV	151	93	73	57	44	24	17	11	9	6	5	3	3	3	110 对	1 条 200 对 或 1 条 300 对		
		BX BLX	50	44	38	31	26	15	12	8	7	5	4	3	3	2				
		BXF BLXF	83	73	62	47	32	21	14	10	7	5	4	3						
PVC-120	4800	BV BLV	180	112	87	69	53	28	20	13	10	7	6	4	4	3	132 对	2 条 200 对 或 1 条 400 对		
		BX BLX	60	53	46	37	31	18	14	10	8	6	5	4		2				
		BXF BLXF	100	87	74	56	38	25	16	12	9	7	5	4						

注：1. 表中电线总截面积占线槽内横截面积的20%；电话线、电话电缆及同轴电缆总截面积占线槽内横截面积的33%。
2. 其他线槽内允许容纳的电线、电话线及同轴电缆数量可参考本表。

表7-4 GXC系列金属线槽允许容纳电线、电话线、电话电缆及同轴电缆数量表

GXC系列塑料线槽型号	线槽内横截面积/mm²	电线型号	1.0	1.5	2.5	4.0	6.0	10	16	25	35	50	70	95	120	150	RVB型或PVS型 2×0.3(mm²) 电话线	HYV型 2×0.5 电话电缆条数	SYV-75-5-1	SYV-75-9
			允许容纳电线根数。电话线对数。可容纳电话电缆或同轴电缆。同轴电缆																	
GXC-30	槽口向上 1130	BV BLV	42	26	21	16	13	7	5	3							23 对	1 条 50 对	8 条	3 条
		BX BLX	14	13	11	9	7	4	3											
		BXF BLXF	24	21	17	13	9	6	4	3										
	槽口向上 1030	BV BLV	25	16	13	10	8	4	3	2							—	—	—	—
		BX BLX	8	8	7	5	4	2	2											
		BXF BLXF	14	13	10	8	5	4	2	2										
GXC-40	槽口向上 1920	BV BLV	72	45	35	27	21	11	8	5	4	3	2				40 对	1 条 100 对 或 2 条 50 对	14 条	5 条
		BX BLX	24	21	18	15	12	7	6	5	4	3	2							
		BXF BLXF	40	35	30	23	15	10	7	5	3	2	2							
	槽口向下 1490	BV BLV	43	27	21	15	13	7	4	4	3	2					—	—	—	—
		BX BLX	14	13	11	9	7	4	2	2										
		BXF BLXF	24	21	18	14	9	6	4	3	2									
GXC-45	槽口向上 1760	BV BLV	66	41	32	25	19	10	7	5	3	2					36 对	1 条 100 对 或 2 条 50 对	14 条	5 条
		BX BLX	22	20	17	14	11	7	5	4	3	2								
		BXF BLXF	37	32	27	21	14	9	6	4										
	槽口向下 1634	BV BLV	40	25	20	15	11	6	4	3							—	—	—	—
		BX BLX	13	12	12	8	7	4	3	2										
		BXF BLXF	22	16	16	13	8	5	4											
GXC-65	槽口向上 7250	BV BLV	274	169	132	104	80	43	30	20	16	11	9	6	5		150 对	3 条 150 对 或 2 条 300 对 或 1 条 400 对		
		BX BLX	91	81	69	56	47	28	21	15	12	9	7	6	5	4				
		BXF BLXF	151	132	112	85	58	38	25	18	13	10	8	6	6					
	槽口向下 7180	BV BLV	164	101	79	62	48	26	18	12	10	7	5	4	3		—	—	—	—
		BX BLX	55	49	41	34	28	17	13	9	7	8	5	4	3	2				
		BXF BLXF	91	79	67	51	35	23	15	7	8	6	5	4	5	4				

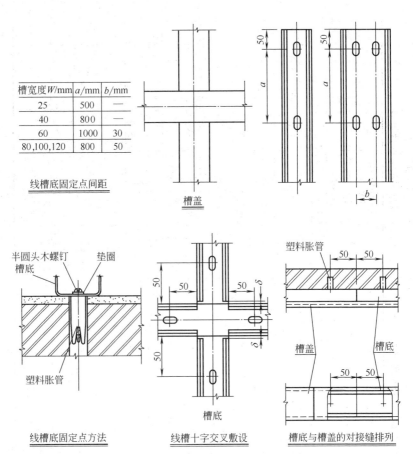

槽宽度 W/mm	a/mm	b/mm
25	500	—
40	800	—
60	1000	30
80,100,120	800	50

线槽底固定点间距

槽盖

线槽底固定点方法

线槽十字交叉敷设

槽底与槽盖的对接缝排列

图 7-20　塑料线槽无附件安装

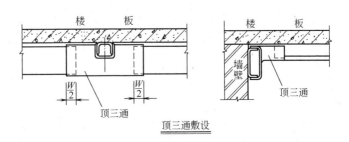

顶三通敷设

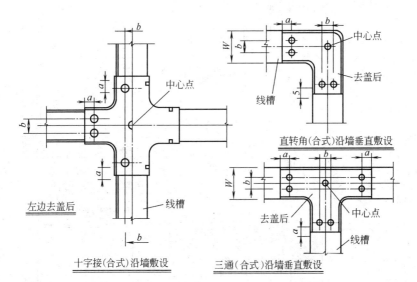

线槽宽	a/mm	b/mm	固定点数量			固定点位置
W/mm			十字接	三通	直转角	
25			1	1	1	在中心点
40	20		4	3	2	在中心线
60	30		4	3	2	
100	40	50	9	7	5	1处在中心点

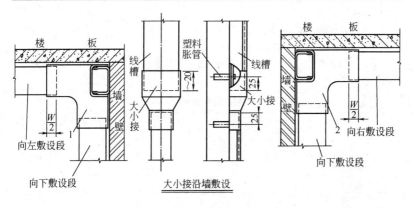

图 7-21 塑料线槽有附件安装

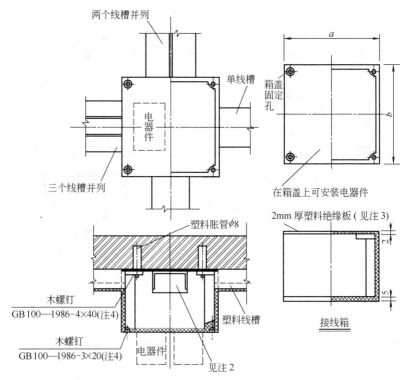

注：1. 应按线槽宽度。线槽并列的条数和在箱盖上安装电器件的外形尺寸决定接线箱的规格。

2. 接线箱壁的孔施工时需按线槽尺寸切割。

3. 仅 PVC 系列线槽有此塑料绝缘板。

4. 接线箱一式、二式及三式为木螺钉固定，接线箱 C116-1，C116-2 的固定螺钉随产品配套供应。

接线箱外形尺寸

型 号	a/mm	b/mm	适用线槽
110HM60	110	110	PVC 系列
200HM60	200	200	
300HM60	300	300	
C116-1	80	80	FS 系列
C116-2	140	140	

图 7-22　塑料线槽接线箱安装

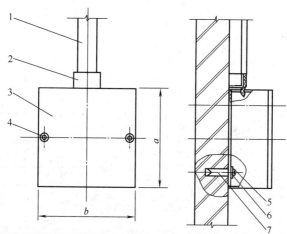

编号	名称	型号及规格	单位	数量
1	线槽		个	
2	接线盒插口	与线槽配套	个	1
3	接线盒及盒盖		个	1
4	木螺钉	GB 100—1986-3×20	个	2
5	木螺钉	GB 100—1986-5×40	个	2
6	垫圈	GB 95—1985-5	个	2
7	塑料胀管	$\phi 8$	个	2

图 7-23　塑料线槽接线盒安装

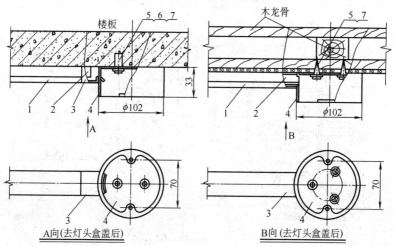

编号	名　称	型号及规格	单位	数量
1	塑料线槽盖	见工程设计		
2	塑料线槽底			
3	接线盒插口	与线槽配套	个	1
4	灯头盒		套	1
5	木螺钉	GB 100—1986-5×40	个	3
6	塑料胀管	φ8	个	3
7	垫圈	GB 95—1985-5	个	3

图 7-24　塑料线槽灯头盒安装

2. 金属线槽安装

金属线槽安装有明装和暗装。明敷设时可沿墙用塑料胀管配8×35半圆头木螺钉的方式进行固定安装，也可以采用托臂支撑或用扁钢，角钢支架支撑以及用吊装悬吊安装和沿墙垂直安装，如图7-25～图7-30所示。地面内暗装金属线槽，遇有线路交叉，分支或弯曲转向时，必须安装分线盒，线槽端部与配管连接时，应使用线槽与管过渡的接头，如图7-31～图7-34所示。

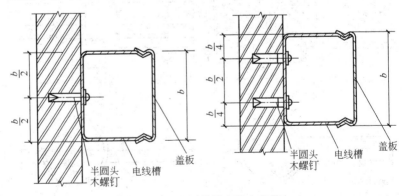

图 7-25　金属线槽在墙上安装

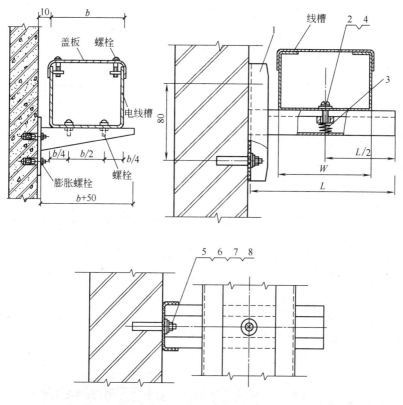

去线槽槽盖后

编号	名称	型号及规格	单位	数量
1	悬臂架	产品代号 107	个	1
2	螺钉	GB 818-$M6\times12$	个	1
3	弹簧螺母垫	生产厂产品	个	1
4	垫圈	GB 95	个	1
5	胀锚螺栓	$M8$	个	2
6	螺母	GB 6170-$M8$	个	2
7	垫圈	GB 93-8	个	2
8	垫圈	GB 95-8	个	2

图 7-26　金属线槽托臂支撑安装

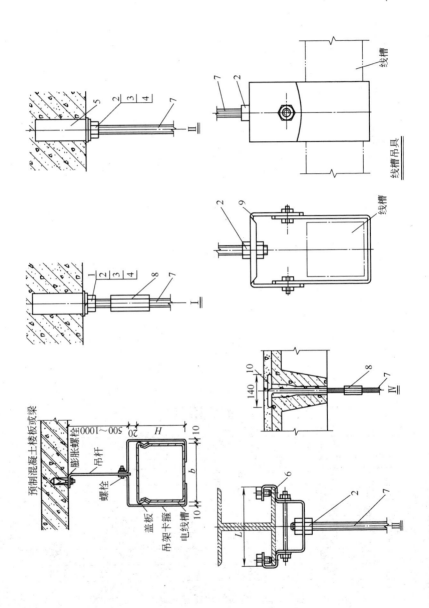

线槽吊具

线槽

编号	名 称	型号及规格	单位	数 量				
				I	II	III	IV	V
1	胀锚螺栓	M8	个	1				
2	螺母	GB 6170-M8	个	3	3	4	2	2
3	垫圈	GB 93	个	1	1			
4	垫圈	GB 95	个	1	1			
5	膨胀螺母	产品代号 614 M8	个		1			
6	吊卡具	产品代号 627	套			1		
7	吊杆	产品代号 616 M8	根	1	1	1	1	1
8	长螺母	产品代号 618	个	1				1
9	线槽吊具	产品代号 223	套	1	1	1	1	1
10	T形螺栓	φ8 圆钢	个				1	

图 7-27 金属线槽吊装方式

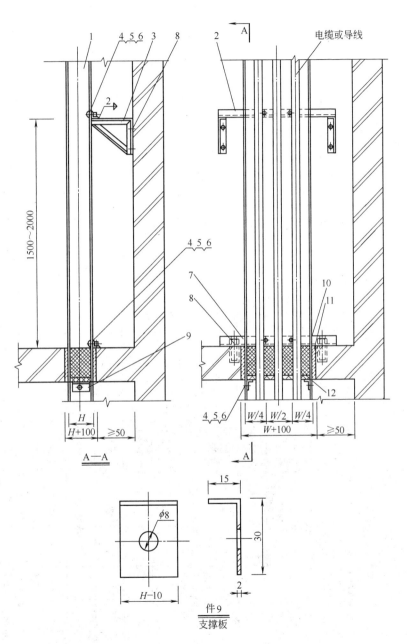

件9
支撑板

编号	名称	型号及规格	单位	数量	编号	名称	型号及规格	单位	数量
1	金属线槽	见工程设计			7	角钢支架	角钢L50×5	根	1
2	横梁	角钢L40×4	根	1	8	胀锚螺栓	M8×10	个	6
3	支架	角钢L40×4	个	2	9	支撑板	钢板厚2	块	2
4	螺钉	GB 818-M6×12	个	4	10	防火堵料	DFD-Ⅲ(A)		
5	螺母	GB 6170-M6	个	4	11	防火堵料	SFD-Ⅱ		
6	垫圈	GB 95-6	个	4	12	耐火隔板	见工程设计		

图 7-28　金属线槽沿墙垂直安装

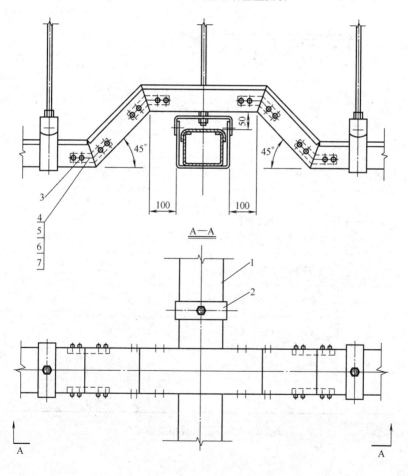

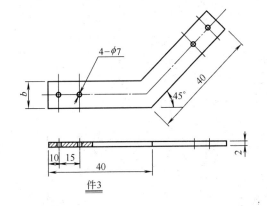

W/mm	b/mm
80	40
100	40
150	50
200	60

注：W 表示线槽宽。

件3

编号	名称	型号及规格	单位	数量	备 注
1	线槽	见工程设计			
2	线槽吊具				与线槽配套
3	连接板	Q235-A 镀锌	个	8	
4	螺钉	GB 818-$M6\times14$	个	32	
5	螺母	GB 6170-$M6$	个	32	
6	垫圈	GB 95	个	32	
7	垫圈	GB 93	个	32	

图 7-29　吊装金属线槽交错安装

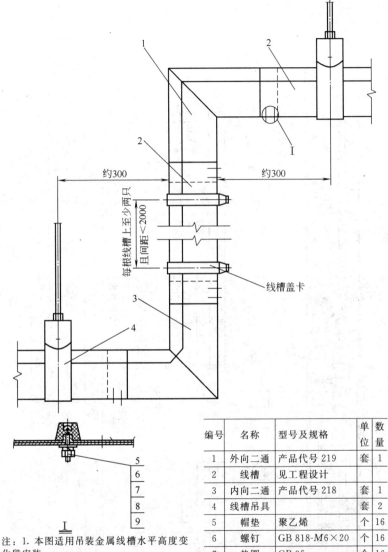

编号	名称	型号及规格	单位	数量
1	外向二通	产品代号 219	套	1
2	线槽	见工程设计		
3	内向二通	产品代号 218	套	1
4	线槽吊具		套	2
5	帽垫	聚乙烯	个	16
6	螺钉	GB 818-M6×20	个	16
7	垫圈	GB 95	个	16
8	垫圈	GB 93	个	16
9	螺母	GB 6170-M6	个	16

注：1. 本图适用吊装金属线槽水平高度变化段安装。
2. 编号 5～9 随线槽配套供应。
3. 线槽连接处应平整，并避免紧固件突出损伤导线。

图 7-30　吊装金属线槽垂直安装

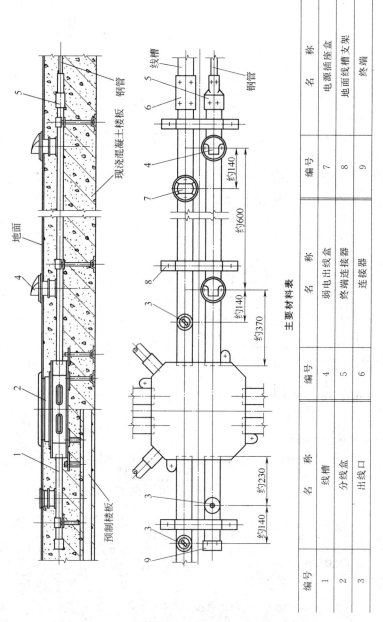

主要材料表

编号	名　称	编号	名　称	编号	名　称
1	线槽	4	弱电出线盒	7	电源插座盒
2	分线盒	5	终端连接器	8	地面线槽支架
3	出线口	6	连接器	9	终端

图 7-31　地面线槽暗敷

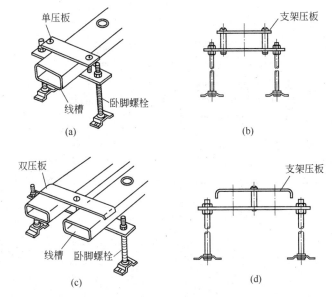

（a）　　　　　　　　　　　　　（b）

（c）　　　　　　　　　　　　　（d）

图 7-32　地面内线槽支架安装

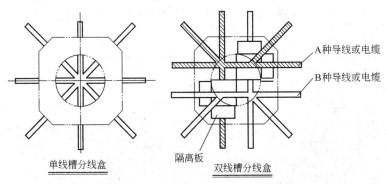

单线槽分线盒　　　　　　　　　双线槽分线盒

注：1. 分线盒用于线槽交叉或直角转弯处。

2. 双线槽分线盒及三线槽分线盒内设隔离板，防止分线盒内各类导线相互接触，隔离板可以从分线盒内取出便于维修。

图 7-33　地面线槽分线盒配线方法

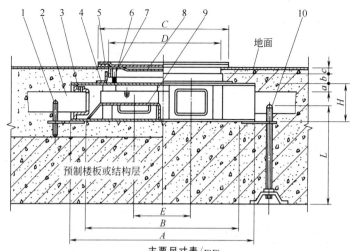

主要尺寸表/mm

型　　号	A	B	C	D	E	H	a	b	c
D×C50-1	128	88	$\phi128$	$\phi108$	—	42	8	14	0～10
D×C50-2	240	200	$\phi172$	$\phi150$	72	42	8	14	0～10
D×C50-3	270	310	$\phi254$	$\phi211$	72	42	8	14	0～10
D×C50-4	138	98	$\phi172$	$\phi108$	—	42	8	14	0～10
D×C50-5	260	220	$\phi172$	$\phi150$	82	42	8	14	0～10
D×C50-6	340	300	$\phi254$	$\phi211$	82	42	8	14	0～10

注：1. 分线盒的地面标识器（编号7）外露地面，适用于水磨石地面及瓷砖地面；若分线盒不装地面标识器，则盒盖（编号8）上表面与地面处于同一水平线上，适用于地面铺设地毯。

2. 标识器盒盖高低调节范围内0～10mm。

3. 编号10调节螺栓$L=$楼板厚度－30，适用于地面线槽分线，盒在现浇钢筋混凝土楼板内安装。

主要材料表

序号	名　　称	型号及规格	单位	数量	页次	备　　注
1	A型调节螺栓	M8　$L=60$	个	4		
2	线槽	见工程设计			66	不与编号10同用
3	线槽接口盒		个	8		
4	挡圈		个	1		
5	密封圈	橡胶制	个	1		
6	盖升降螺母		个	3		
7	标识器		个	1		
8	标识器盖		个	1		
9	隔离板		套	1		双槽及三槽用
10	B型调节螺栓	M8　$L=$楼板厚度－30	个	4		不与编号1同用

图7-34　地面线槽分线盒安装

金属线槽安装完后，经过清扫后即可敷设导线，线槽内导线的规格和数量应符合设计要求；当设计无规定时，包括绝缘层在内的导线总截面积不应大于线槽截面的60%。强、弱电线路应分槽敷设；同一回路的所有相线和中性线以及设备的接地线，应敷设在同一金属线槽内，以避免因电磁感应而使周围金属发热；同一路径无防干扰要求的线路，可敷设于同一金属线槽内。

第八节　电缆桥架配线

电缆桥架是用于敷设电缆的一种主要材料构架，建筑装饰装修工程中常用的桥架有梯级桥架、托盘桥架和槽式桥架。电缆从低压配电室或控制室，通过桥架敷设到各用电设备，其安装方式灵活，可安装于电气竖井，吊顶内及管廊设备间。目前许多设计、施工中大多有电缆桥架，其发展速度较快，产品形式也多种多样，施工中可根据设计要求选定。如图7-35～图7-37所示。

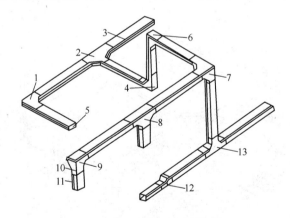

图 7-35　槽式桥架空间布置示意
1—水平弯通；2—水平三通；3—直线段桥架；4—垂直下弯通；
5—终端板；6—垂直上弯通；7—上角垂直三通；8—上边垂直三通；
9—垂直右上弯通；10—连接螺栓；11—扣锁；
12—异径接头；13—下边垂直三通

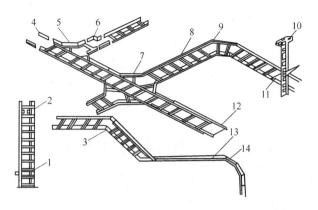

图 7-36 梯级桥架空间布置示意

1，11—托臂；2—固定压板；3—弯结板；4—直接板；5—梯级式水平三通；
6—变宽板；7—梯级式水平四通；8—梯级式直通桥架；9—梯级式水平弯通；
10—工字钢立柱；12—直通护罩；
13—连接螺栓；14—梯级式垂直转动弯通

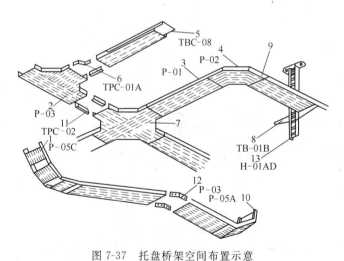

图 7-37 托盘桥架空间布置示意

1—绞接板；2—水平三通；3—直通桥架；4—水平弯通；5—盖板；
6—变宽板；7—水平四通；8—托臂；9—连接螺栓；10—上弯通；
11—直接板；12—弯接板；13—工字钢立柱

一、材料质量要求

① 电缆桥架的型号、规格应符合国家现行技术标准的规定及设计要求。

② 电缆桥架出厂应具有出厂检验报告及产品合格证。

③ 桥架内外应平整光滑，无变形扭曲现象，无毛刺，色泽均匀一致，金属桥架应做有防腐处理，阻燃桥架应具有消防部门出具的阻燃证明。

④ 所采用的螺栓、螺母、垫圈、弹簧垫等紧固件均应采用镀锌件，现场制作的支吊架，钢件构架等应除锈，刷防锈底漆两遍，调和漆两遍。

二、主要施工机具

手枪电钻，冲击电钻，砂轮切割机、角磨机、台钻、金属板裁剪机、电焊机、气割设备、钳桌、台虎钳、手锤、活动扳手、钢卷尺、钢角尺、线坠、水平尺等，绝缘摇表、万用电表。

三、施工顺序

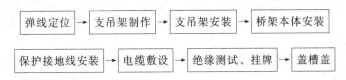

四、桥架安装一般规定

① 电缆桥架的连接件及其他附件应齐全、配套。

② 安装于不上人吊顶内的桥架，应设检修孔。

③ 桥架经过建筑物的变形缝（伸缩缝、沉降缝）时，应断开100mm 左右，其保护接地线和电缆应留有补偿余量。

④ 托盘桥架，梯级桥架水平安装时距地高度不宜低于 2.4m，槽形桥架可降低到 2.2m，但槽盖板需另加装保护接地线。

⑤ 托盘桥架，梯级桥架垂直敷设时不应低于 1.8m，低于此高

度的应加盖板保护，但敷设在电气专用房间（如配电室电气竖井，电缆隧道）内的除外。

⑥ 敷设在竖井、吊顶、通道、夹层及设备层的桥架应符合有关防火要求。

⑦ 电缆桥架多层敷设时，为了便于散热和安装维护，其空间应留有一定的距离。控制电缆间应不小于 0.3m，电力电缆间应不小于 0.4m，弱电电缆与电力电缆间应不小于 0.5m（有屏蔽盖板，可减少到 0.3m），桥架上部距顶棚或其他障碍物应不小于 0.3m。

⑧ 电缆桥架水平敷设时，其支吊架间距为 1.5～3m。垂直敷设时，其固点距不大于 2m，但在水平敷设首端、末端及拐弯处需进行加固。

⑨ 在电缆桥架上敷设电缆时，电缆在桥架内横断面的填充率，电力电缆不大于 40%，控制电缆不大于 50%。

⑩ 电缆桥架内的电缆应在首端，尾端，转变及每隔 50m 处挂牌，标注其编号，规格、型号、起止点盘号等。

五、桥架安装

电缆桥架安装时除应遵循其安装的一般规定外还应注意以下几点。

① 直线段连接应采用连接板，用垫圈、弹簧垫圈、螺母紧固，接缝处应严密平齐。

② 桥架交叉，转弯，丁字连接，十字连接时，应采用单通、二通、三通、四通或平面三通、平面四通等进行变通连接，转弯部位应采用立上弯头和立下弯头。

③ 桥架与箱，柜等接口处，进出线口均应采用抱脚连接，并用螺钉坚固，末端应加装封堵。

④ 桥架组装时，应先做干线，再做分支线。遇有坡度的建筑物表面，桥架应随其坡度变化。

电缆桥架常用的几种安装方式如图 7-38～图 7-40 所示。

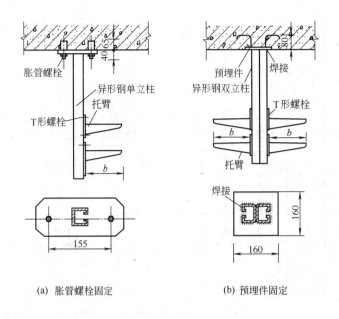

(a) 胀管螺栓固定   (b) 预埋件固定

图 7-38 电缆桥架板下水平吊装

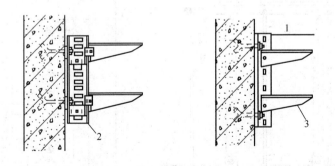

图 7-39 电缆桥架沿墙水平安装

1—异型钢立柱；2—工字钢立柱；3—托臂

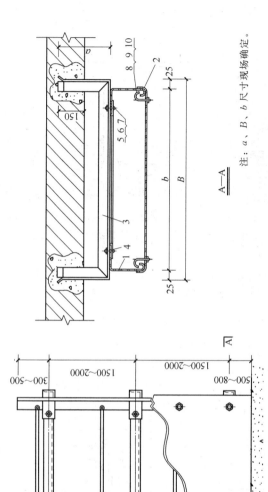

注：a、B、b 尺寸现场确定。

A—A

编号	名称	型号及规格	单位	数量
6	螺母	M6~M10	个	6
7	垫圈	6~10	个	12
8	带钩螺栓	M6×50	个	
9	螺母	M6	个	
10	垫圈	6	个	

编号	名称	型号及规格	单位	数量
1	梯架	由工程设计决定	m	
2	通用盖板	由工程设计决定	m	
3	支架	ZJ4型	套	3
4	压板		块	6
5	半圆头方径螺栓	M6~10×30	个	6

图7-40 电缆桥架沿墙垂直安装

第九节 电气竖井内配线

竖井内配线，适用于多层和高层建筑物内，强电及弱电垂直干线的敷设，可采用钢管，金属线槽、电缆，桥架及封闭式母线等配线方式。

一、竖井内配线一般规定

① 电气竖井内线缆与设备设计选型及安装敷设应遵照国家现行标准、规范、规程及具体工程设计要求。

② 支架、隔板等部件的固定宜采用胀锚螺栓和塑料胀管作为紧固方案。

③ 混凝土墙板构造中可预埋件时，宜采用各种支架焊接在预埋件上作为固定方案。

④ 现场加工制作金属支架及支撑钢构件若无特殊要求应除锈，刷防锈漆一道，油漆一道。

⑤ 为防止电气竖井内电缆可能着火会从而导致严重事故，应有适当的阻火分隔和封堵。可采用防火堵料，填料或阻火包、耐火隔板等。

⑥ 电气竖井内宜在配电箱，端子箱等箱体前留有不小于0.8m的操作维护距离。

⑦ 强电与弱电线路应分别布置在竖井两侧或采取隔离措施，以防止强电对弱电的干扰。

⑧ 电气竖井不得有可燃性管道、上下水管道、热力管道及通风管道等通过。

⑨ 电气竖井内应敷设有专用接地干线和接地端子。

⑩ 电气竖井内应设有照明灯及220V，10A单相三孔检修插座，超过100m的高层建筑电气竖井内应设火灾自动报警系统。

二、电气竖井内配线安装

① 电气竖井内电缆沿墙配线垂直安装做法如图7-41所示。

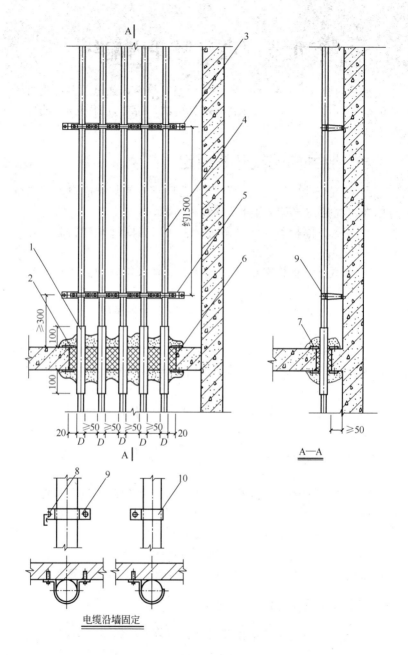

电缆沿墙固定

序号	名称	型号规格	单位	数量	备注
1	保护管	见工程设计	根	5	
2	防火隔板	钢板厚4	块	2	
3	胀锚螺栓	$M6 \times 60$	套	4	
4	电缆	见工程设计			
5	支架	扁钢 40×4	个	2	
6	防火堵料				分两次填堵
7	胀锚螺栓	$M10 \times 80$	套	8	
8	塑料胀管	$\phi 6 \times 30$	套		
9	管卡子	与电缆配合	个		
10	单边管卡子	与电缆配合	个		

图 7-41　电气竖井内电缆沿墙配线垂直安装做法

② 电气竖井内电缆桥架配线垂直安装做法如图 7-42 所示。

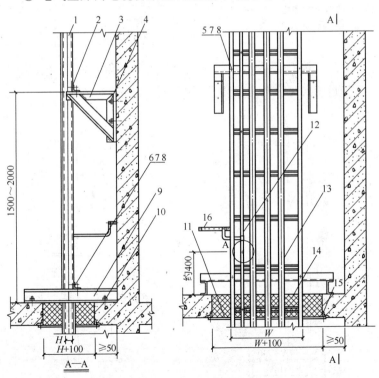

序号	名称	型号规格	单位	数量
1	电缆桥架	见工程设计		
2	支架	$L50\times50\times5$	个	2
3	支架	$L50\times50\times5$	个	2
4	胀锚螺栓	$M10\times80$	套	4
5	固定螺栓	$M8\times35$	个	4
6	螺栓	$M8\times40$	个	4
7	螺母	$M8$	个	8
8	垫圈	8	个	8
9	槽钢支架	⊏10	根	2
10	胀锚螺栓	$M10\times80$	套	4
11	防火隔板	钢板厚4	块	1
12	接地干线	见工程设计		
13	电缆	见工程设计		
14	防火堵料			
15	固定角钢	$L40\times40\times4$		
16	接地端子板	见工程设计	套	

A放大图

注：1. 电缆采用塑料电缆卡子固定。
2. 接地干线用螺钉固定。

图 7-42　电气竖井内电缆桥架配线垂直安装做法

③ 封闭式母线垂直安装做法如图 7-43、图 7-44 所示。

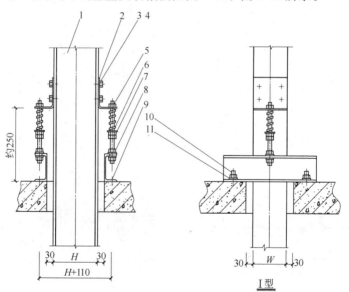

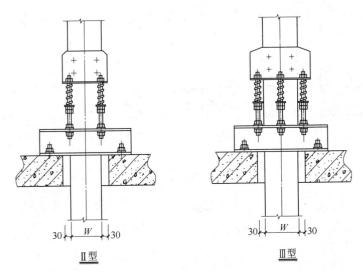

Ⅱ型		Ⅲ型

注：1. 封闭式母线穿楼板垂直安装通常采用图中Ⅰ型、Ⅱ型、Ⅲ型三种安装方式。

　　　　Ⅰ型适用额定电流：250～1250A

　　　　Ⅱ型适用额定电流：1600～2000A

　　　　Ⅲ型适用额定电流：2500～4000A

　　2. 具体工程中应结合所选用产品规格和生产厂家提供的资料采用其中一种安装形式。

　　3. 图中 H 为封闭母线高度，W 为封闭母线宽度。

序号	名　称	型号规格	单位	数量		
				Ⅰ	Ⅱ	Ⅲ
1	封闭式母线	见工程设计				
2	支件		个	2	2	2
3	螺钉		个	8	8	8
4	螺母		个	8	8	8
5	螺栓	M16×200	个	2	4	6
6	弹簧		个	2	4	6
7	垫圈	16	个	6	12	18
8	螺母	M16	个	8	16	24
9	槽钢支架	[10	根	2	2	2
10	胀锚螺栓	M10×80	套	4	4	4
11	弹簧垫圈	10	个	4	4	4

图 7-43　封闭式母线垂直安装做法

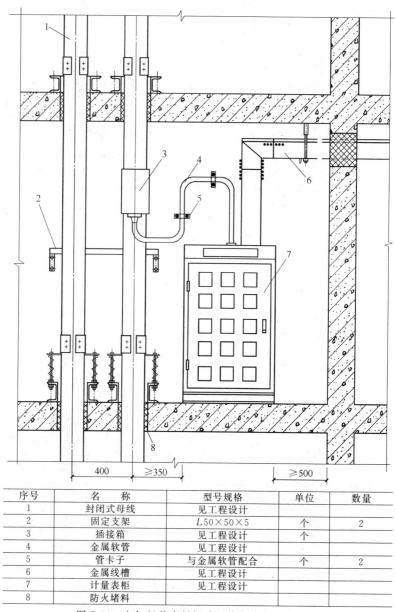

序号	名　　称	型号规格	单位	数量
1	封闭式母线	见工程设计		
2	固定支架	$L50 \times 50 \times 5$	个	2
3	插接箱	见工程设计	个	
4	金属软管	见工程设计		
5	管卡子	与金属软管配合	个	2
6	金属线槽	见工程设计		
7	计量表柜	见工程设计		
8	防火堵料			

图 7-44　电气竖井内封闭式母线与表柜安装做法

④ 电气竖井内预分支电力电缆安装做法如图 7-45 所示。

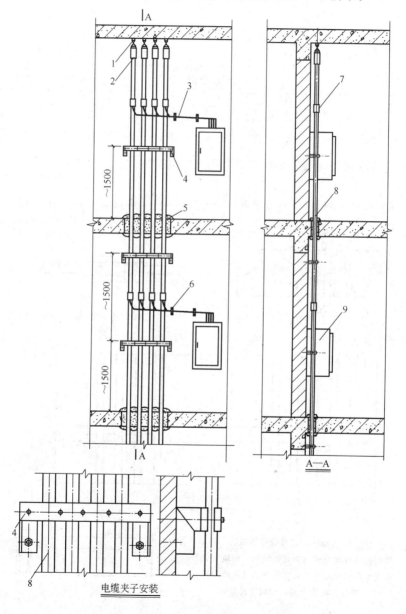

电缆夹子安装

序号	名　称	型号规格	单位	数量
1	吊钩	土建预埋	个	4
2	吊具		个	4
3	分支电缆	见工程设计		
4	电缆夹子			
5	防火封堵			
6	管卡子	与电缆配合	个	4
7	分支接头	见工程设计		
8	主干电缆	见工程设计		
9	配电(照明)箱	见工程设计		

图 7-45　电气竖井内预分支电力电缆安装做法

⑤ 电缆、接地干线穿竖井防火封堵安装做法如图 7-46 所示。

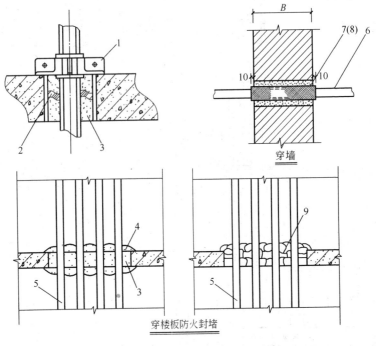

穿墙

穿楼板防火封堵

注：1. 接地线穿过外墙或楼板后，其套管管口需用沥青麻丝或建筑密封膏堵死，内墙套管管口可根据实际情况处理，套管的纵向缝隙应焊接。

2. 穿过外墙的套管，应向室外倾斜。

方套管

序号	名 称	型号规格	单位	数量
1	支持夹具			
2	矿棉或玻璃纤维			
3	防火堵料			
4	防火堵料			
5	电缆	见工程设计		
6	接地线	见工程设计		
7	方套管	$\sigma=1\text{mm}$	根	
8	圆套管	尺寸见表格	根	
9	阻火包			

套管尺寸表

接地线规格/mm	圆套管公称直径/mm	方套管尺寸/mm
圆钢 $<\phi 10$	20	—
扁钢 $\leqslant 25\times 4$	32	$(b+10)\times 15$
扁钢 $\leqslant 40\times 4$	50	$(b+10)\times 15$

图 7-46 电缆、接地干线穿竖井防火封堵安装做法

第十节 质量标准及记录

一、电线导管、电缆导管和线槽敷设

1. 主控项目

① 金属的导管和线槽必须接地（PE）或接零（PEN）可靠，并符合下列规定。

a. 镀锌的钢导管、可挠性导管和金属线槽不得熔焊跨接接地线，以专用接地卡跨接的两卡间连线为铜芯软导线，截面积不小于 4mm^2。

b. 当非镀锌钢导管采用螺纹连接时，连接处的两端焊跨接接地线；当镀锌钢导管采用螺纹连接时，连接处的两端用专用接地卡固定跨接接地线。

c. 金属线槽不作设备的接地导体，当设计无要求时，金属线槽间全长不少于 2 处与接地（PE）或接零（PEN）干线连接。

d. 非镀锌金属线槽间连接板的两端跨接铜芯接地线，镀锌线槽间连接板的两端不跨接接地线，但连接板两端应有不少于 2 个防松螺帽或防松垫圈的连接固定螺栓。

② 金属导管严禁对口熔焊连接；镀锌和壁厚小于等于 2mm 的

钢导管不得套管熔焊连接。

③ 防爆导管不应采用倒扣连接；当连接有困难时，应采用防爆活接头，其接合面应严密。

④ 当绝缘导管在砌体上剔槽埋设时，应采用强度等级不小于 M10 的水泥砂浆抹面保护，保护层厚度大于 15mm。

2. 一般项目

① 室外埋地敷设的电缆导管，埋深不应小于 0.7m；壁厚小于等于 2mm 的钢电线导管不应埋设于室外土壤内。

② 室外导管的管口应设置在盒、箱内。在落地式配电箱内的管口，箱底无封板的，管口应高出基础面 50～80mm。所有管口在穿入电线、电缆后应做密封处理。由箱式变电所或落地式配电箱引向建筑物的导管，建筑物一侧的导管管口应设在建筑物内。

③ 电缆导管的弯曲半径不应小于电缆最小允许弯曲半径。电缆最小允许弯曲半径应符合规范表 7-7 的规定。

④ 金属导管内外壁应防腐处理；埋设于混凝土内的导管内壁应防腐处理，外壁可不防腐处理。

⑤ 室内进入落地式柜、台、箱、盘内的导管管口，应高出柜、台、箱、盘的基础在 50～80mm。

⑥ 暗配的导管，埋设深度与建筑物、构筑物表面的距离不应小于 15mm；明配的导管应排列整齐，固定点间距均匀，安装牢固；在终端、弯头中点或柜、台、箱、盘等边缘的距离 150～500mm 范围内设有管卡，中间直线段管卡间的最大距离应符合表 7-5 的规定。

表 7-5　管卡间最大距离

敷设方式	导管种类	导管直径/mm				
		15～20	25～32	32～40	50～65	65 以上
		管卡间最大距离/m				
支架或沿墙明敷	壁厚＞2mm 刚性钢导管	1.5	2.0	2.5	2.5	3.5
	壁厚≤2mm 刚性钢导管	1.0	1.5	2.0	—	—
	刚性绝缘导管	1.0	1.5	1.5	2.0	2.0

⑦ 线槽应安装牢固，无扭曲变形，紧固件的螺母应在线槽

外侧。

⑧ 防爆导管敷设应符合下列规定。

a. 导管间及与灯具、开关、线盒等的螺纹连接处紧密牢固，除设计有特殊要求外，连接处不跨接接地线，在螺纹上涂以电力复合酯或导电性防锈酯。

b. 安装牢固顺直，镀锌层锈蚀或剥落处做防腐处理。

⑨ 绝缘导管敷设应符合下列规定。

a. 管口平整光滑；管与管、管与盒（箱）等器件采用插入法连接时，连接处结合面涂专用胶黏剂，接口牢固密封。

b. 直埋于地下或楼板内的刚性绝缘导管，在穿出地面或楼板易受机械损伤的一段，采取保护措施。

c. 当设计无要求时，埋设在墙内或混凝土内的绝缘导管，采用中型以上的导管。

d. 沿建筑物、构筑物表面和支架上敷设的刚性绝缘导管，按设计要求装设温度补偿装置。

⑩ 金属、非金属柔性导管敷设应符合下列规定。

a. 刚性导管经柔性导管与电气设备、器具连接，柔性导管的长度在动力工程中不大于 0.8m，在照明工程中不大于 1.2m。

b. 可挠金属管或其他柔性导管与刚性导管或电气设备、器具间的连接采用专用接头；复合型可挠金属管或其他柔性导管的连接处密封良好，防液覆盖层完整无损。

c. 可挠性金属导管和金属柔性导管不能做接地（PE）或接零（PEN）的接续导体。

⑪ 导管和线槽，在建筑物变形缝处，应设补偿装置。

二、电线、电缆穿管和线槽敷线

1. 主控项目

① 三相或单相的交流单芯电缆，不得单独穿于钢导管内。

② 不同回路、不同电压等级和交流与直流的电线，不应穿于同一导管内；同一交流回路的电线应穿于同一金属导管内，且管内电线不得有接头。

③ 爆炸危险环境照明的电线和电缆额定电压不得低于 750V，且电线必须穿于钢导管内。

2. 一般项目

① 电线、电缆穿管前，应清除管内杂物和积水。管口应有保护措施，不进入接线盒（箱）的垂直管口穿入电线、电缆后，管口应密封。

② 当采用多相供电时，同一建筑物、构筑物的电线绝缘层颜色选择应一致，即保护地线（PE 线）应是黄绿相间色，零线用淡蓝色；相线用：A 相——黄色，B 相——绿色，C 相——红色。

③ 线槽敷线应符合下列规定。

a. 电线在线槽内有一定余量，不得有接头。电线按回路编号分段绑扎，绑扎点间距不应大于 2m。

b. 同一回路的相线和零线，敷设于同一金属线槽内。

c. 同一电源的不同回路无抗干扰要求的线路可敷设于同一线槽内，敷设于同一线槽内有抗干扰要求的线路用隔板隔离，或采用屏蔽电线且屏蔽护套一端接地。

三、电缆头制作、接线和线路绝缘测试

1. 主控项目

① 高压电力电缆直流耐压试验必须按本规范的规定交接试验合格。

② 低压电线和电缆，线间和线对地间的绝缘电阻值必须大于 $0.5M\Omega$。

③ 铠装电力电缆头的接地线应采用铜绞线或镀锡铜编织线，截面积不应小于表 7-6 的规定。

表 7-6　电缆芯线和接地线截面积/mm²

电缆芯线截面积	接地线截面积
120 及以下	16
150 及以上	25

注：电缆芯线截面积在 16mm² 及以下，接地线截面积与电缆芯线截面积相等。

④ 电线、电缆接线必须准确，并联运行电线或电缆的型号、规格、长度、相位应一致。

2. 一般项目

① 芯线与电器设备的连接应符合下列规定。

a. 截面积在 $10mm^2$ 及以下的单股铜芯线和单股铝芯线直接与设备、器具的端子连接。

b. 截面积在 $2.5mm^2$ 及以下的多股铜芯线拧紧搪锡或接续端子后与设备、器具的端子连接。

c. 截面积大于 $2.5mm^2$ 的多股铜芯线，除设备自带插接式端子外，接续端子后与设备或器具的端子连接；多股铜芯线与插接式端子连接前，端部拧紧搪锡。

d. 多股铝芯线接续端子后与设备、器具的端子连接。

e. 每个设备和器具的端子接线不多于 2 根电线。

② 电线、电缆的芯线连接金具（连接管和端子），规格应与芯线的规格适配，且不得采用开口端子。

③ 电线、电缆的回路标记应清晰，编号准确。

四、电缆桥架安装和桥架内电缆敷设

1. 主控项目

① 金属电缆桥架及其支架和引入或引出的金属电缆导管必须接地（PE）或接零（PEN）可靠，且必须符合下列规定。

a. 金属电缆桥架及其支架全长应不少于 2 处与接地（PE）或接零（PEN）干线相连接。

b. 非镀锌电缆桥架间连接板的两端跨接铜芯接地线，接地线最小允许截面积不小于 $4mm^2$。

c. 镀锌电缆桥架间连接板的两端不跨接地线，但连接板两端应有不少于 2 个防松螺帽或防松垫圈的连接固定螺栓。

② 电缆敷设严禁有绞拧、铠装压扁、护层断裂和表面严重划伤等缺陷。

2. 一般项目

① 电缆桥架安装应符合下列规定。

a. 直线段钢制电缆桥架长度超过 30m、铝合金或玻璃钢制电缆桥架长度超过 15m 设有伸缩节；电缆桥架跨越建筑物变形缝处设置补偿装置。

b. 电缆桥架转弯处的弯曲半径，不小于桥架内电缆最小允许弯曲半径，电缆最小允许弯曲半径见表 7-7。

c. 当设计无要求时，电缆桥架水平安装的支架间距为 1.5～3m；垂直安装的支架间距不大于 2m。

d. 桥架与支架间螺栓、桥架连接螺栓固定坚固无遗漏，螺母位于桥架外侧；当铝合金桥架与钢支架固定时，有相互间绝缘的防电化腐蚀措施。

e. 电缆桥架敷设在易燃易爆气体管道和热力管道的下方，当设计无要求时，与管道的最小净距，符合表 7-8 的规定。

表 7-7　电缆最小允许弯曲半径

序号	电 缆 种 类	最小允许弯曲半径
1	无铅包钢铠护套的橡皮绝缘电力电缆	10D
2	有钢铠护套的橡皮绝缘电力电缆	20D
3	聚氯乙烯绝缘电力电缆	10D
4	交联聚氯乙烯绝缘电力电缆	15D
5	多芯控制电缆	10D

注：D 为电缆外径。

表 7-8　电缆桥架与管道的最小净距/m

管 道 类 别		平行净距	交叉净距
一般工艺管道		0.4	0.3
易燃易爆气体管道		0.5	0.5
热力管道	有保温层	0.5	0.3
	无保温层	1.0	0.5

f. 敷设在竖井内和穿越不同防火区的桥架，按设计要求位置，有防火隔堵措施。

g. 支架与预埋件焊接固定时，焊缝饱满；膨胀螺栓固定时，选用螺栓适配，连接坚固，防松零件齐全。

② 桥架内电缆敷设应符合下列规定。

a. 大于 45°倾斜敷设的电缆每隔 2m 处设固定点。

b. 电缆出入电缆沟、竖井、建筑物、柜（盘）、台处以及管子管口处等做密封处理。

c. 电缆敷设排列整齐，水平敷设的电缆，首尾两端、转弯两侧及每隔5～10m处设固定点；敷设于垂直桥架内的电缆固定点间距，不大于表7-9的规定。

表7-9　电缆固定点的间距/mm

电缆种类		固定点的间距
电力电缆	全塑型	1000
	除全塑型外的电缆	1500
控制电缆		1000

③ 电缆的首端、末端和分支处应设标志牌。

五、电缆沟内和电缆竖井内电缆敷设

1. 主控项目

① 金属电缆支架、电缆导管必须接地（PE）或接零（PEN）可靠。

② 电缆敷设严禁有绞拧、铠装压扁、护层断裂和表面严重划伤等缺陷。

2. 一般项目

① 电缆支架安装应符合下列规定。

a. 当设计无要求时，电缆支架最上层至竖井顶部或楼板的距离不小于150～200mm；电缆支架最下层至沟底或地面的距离不小于50～100mm。

b. 当设计无要求时，电缆支架层间最小允许距离符合表7-10的规定。

表7-10　电缆支架层间最小允许距离/mm

电缆种类	支架层间最小距离
控制电缆	120
10kV及以下电力电缆	150～200

c. 支架与预埋件焊接固定时，焊缝饱满；用膨胀螺栓固定时，

选用螺栓适配，连接坚固，防松零件齐全。

② 电缆在支架上敷设，转弯处的最小允许弯曲半径应符合规范表 7-7 的规定。

③ 电缆敷设固定应符合下列规定。

a. 垂直敷设或大于 45°倾斜敷设的电缆在每个支架上固定。

b. 交流单芯电缆或分相后的每相电缆固定用的夹具和支架，不形成闭合铁磁回路。

c. 电缆排列整齐，少交叉；当设计无要求时，电缆支持点间距，不大于表 7-11 的规定。

表 7-11　电缆支持点间距/mm

电缆种类		敷设方式	
		水平	垂直
电力电缆	全塑型	400	1000
	除全塑型外的电缆	800	1500
控制电缆		800	1000

d. 当设计无要求时，电缆与管道的最小净距，应符合规范表 7-8 的规定，且敷设在易燃易爆气体管道和热力管道的下方。

e. 敷设电缆的电缆沟和竖井，按设计要求位置，有防火隔堵措施。

④ 电缆的首端、末端和分支处应设标志牌。

六、质量记录

① 各种电气材料，设备的出厂合格证、检验报告。

② 安装自检记录，隐蔽工程记录。

③ 工序交接记录。

④ 电气绝缘测试记录。

⑤ 检验批质量验收记录。

附：检验批质量验收记录表

建筑电气工程验收资料

1. 施工图及设计变更记录

2. 主要设备、器具、材料合格证及进场复验报告

3. 隐蔽工程验收记录

4. 电气设备交接试验记录

5. 接地电阻、绝缘电阻测试记录

6. 空载试运行和负荷试运行记录

7. 调试记录

8. 建筑照明通电试运行记录

9. 各检验批验收记录

10. 其他必要的文件和记录

建筑电气安装工程分部（子分部）工程与分项工程相关表

序号	名　　称	01 室外电气安装工程	02 变配电室安装工程	03 供电干线安装工程	04 电气动力安装工程	05 电气照明安装工程	06 备用和不间断电源安装工程	07 防雷及接地装置安装工程
	子分部工程 分项工程							
1	架空线路及杆上电气设备安装 060101	●						
2	变压器、箱式变电所安装 060102,060201	●	●					
3	成套配电柜、控制柜(屏、台)和动力、照明配电箱(盘)安装(Ⅰ)060103,060202,060601(Ⅱ)060401,(Ⅲ)060501	●	●		●	●	●	
4	低压电动机、电加热器及电动执行机构检查接线 060402				●			
5	柴油发电机组安装 060602						●	
6	不间断电源安装 060603						●	
7	低压电气动力设备试验和试运行 060403				●			
8	裸母线、封闭母线、插接式母线安装 060203,060301,060604		●	●			●	
9	电缆沟内和电缆竖井内电缆敷设 060302,060404			●	●			
10	电缆桥架安装和桥架内电缆敷设 060204,060303		●	●				

序号	分项工程 名 称	01 室外电气安装工程	02 变配电室安装工程	03 供电干线安装工程	04 电气动力安装工程	05 电气照明安装工程	06 备用和不间断电源安装工程	07 防雷及接地装置安装工程
11	电线导管、电缆导管和线槽敷设（Ⅰ）060304,060405,060502,060605（Ⅱ）060104	●		●	●	●	●	
12	电线、电缆穿管和线槽敷线 060105,060305,060406,060503,060606	●		●	●	●	●	
13	槽板配线 060504					●		
14	钢索配线 060505					●		
15	电缆头制作、接线和线路绝缘测试 060106,060205,060306,060407,060506,060607	●	●	●	●	●	●	
16	普通灯具安装 060507					●		
17	专用灯具安装 060508					●		
18	建筑物景观照明灯、航空障碍标志灯和庭院灯安装 060107,060509	●				●		
19	开关、插座、风扇安装 060408,060510				●	●		
20	建筑物照明通电试运行 060108,060511	●				●		
21	接地装置安装 060109,060206,060608,060701	●	●				●	●
22	避雷引下线和变配电室接地干线敷设（Ⅰ）060702,（Ⅱ）060207		●					●
23	接闪器安装 06074							●
24	建筑物等电位联结 060703							●

电缆桥架安装和桥架内电缆敷设检验批质量验收记录表

(引自 GB 50303—2002)

060302□□
060404□□

单位(子单位) 工程名称					
分部(子分部) 工程名称				验收部位	
施工单位				项目经理	
分包单位				分包项目经理	
施工执行标准 名称及编号					

施工质量验收规范规定			施工单位检查评定记录	监理(建设) 单位验收记录
主控 项目	1	金属电缆桥架、支架和引入、引出的金属导管的接地或接零	第12.1.1条	
	2	电缆敷设检查	第12.1.2条	
一般 项目	1	电缆桥架检查	第12.1.1条	
	2	桥架内电缆敷设和固定	第12.2.2条	
	3	电缆的首端、末端和分支处的标志牌	第12.1.3条	

	专业工长 (施工员)		施工班组长	
施工单位检查 评定结果				
	项目专业质量检查员:		年　月　日	
监理(建设)单位 验收结论				
	监理工程师: (建设单位项目专业技术负责人)		年　月　日	

说　　明

060302
060404

主控项目

1. 金属电缆桥架及其支架和引入或引出的金属电缆导管必须接地（PE）或接零（PEN）可靠，且必须符合下列规定。

① 金属电缆桥架及其支架全长应不少于 2 处与接地（PE）或接零（PEN）干线相连接。

② 非镀锌电缆桥架间连接板的两端跨接铜芯接地线，接地线最小允许截面积不小于 4mm²。

③ 镀锌电缆桥架间连接板的两端不跨接接地线，但连接板两端不少于 2 个有防松螺母或防松垫圈的连接固定螺栓。

2. 电缆敷设严禁有绞拧、铠装压扁、护层断裂和表面严重划伤等缺陷。

一般项目

1. 电缆桥架安装应符合下列规定

① 直线段钢制电缆桥架长度超过 30m、铝合金或玻璃制电缆桥架长度超过 15m 设有伸缩节；电缆桥架跨越建筑物变形缝处设置补偿装置。

② 电缆桥架弯处的弯曲半径，不小于桥架内电缆最小允许弯曲半径，电缆最小允许弯曲半径见 GB 50303—2002 中表 12.2.1-1。

③ 当设计无要求时，电缆桥架水平安装的支架间距为 1.5～3m；垂直安装的支架间距不大于 2m。

④ 桥架与支架间螺栓、桥架连接板螺栓固定坚固无

242　　◀◀　下篇　电气安装

遗漏，螺母位于桥架外侧；当铝合金桥架与钢支架固定时，有相互间绝缘的防电化腐措施。

⑤ 电缆桥架敷设在易燃易爆气体管道和热力管道的一方，当设计无要求时，与管道的最小净距，符合 GB 50303—2002 中表 12.2.1-2 的规定。

⑥ 敷设在竖井内和穿越不同防火区的桥架，按设计要求位置，有防火隔堵措施。

⑦ 支架与预埋件焊接固定时，焊缝饱满；膨胀螺栓固定时，选用螺栓适配，螺栓坚固，防松零件齐全。

2. 桥架内电缆敷设应符合下列规定

① 大于 45°倾斜敷设的电缆每隔 2m 处设固定点。

② 电缆出入电缆沟、竖井、建筑物、柜（盘）、台处以及管子管口处等做密封处理。

③ 电缆敷设排列整齐，水平敷设的电缆，着尾两端、转弯两侧及每隔 5~10m 处设固定点；敷设于垂直桥架内的电缆固定点间距，不大于 GB 50303—2002 中表 12.2.2 的规定。

3. 电缆的首端、末端和分支处应设标志牌。

检查数量

主控项目

① 与接地干线连接处，全数检查，其余抽查 20%，若少于 5 处，则全数检查。

② 抽查全长的 10%。

一般项目抽查 10%，若少于 5 处，则全数检查。

检验方法

见 GB 50303—2002 中第 28.0.7 条。

判定

应检数量全部符合规范规定判为合格。

电缆沟内和电缆竖井内电缆敷设检验批质量验收记录表

（引自 GB 50303—2002）

060204□□
060303□□

单位(子单位) 工程名称				
分部(子分部) 工程名称			验收部位	
施工单位			项目经理	
分包单位			分包项目经理	
施工执行标准 名称及编号				

施工质量验收规范规定			施工单位检查评定记录	监理(建设) 单位验收记录
主控 项目	1	金属电缆桥架、电线 导管的接地或接零	第13.1.1条	
	2	电缆敷设检查	第13.1.2条	
一般 项目	1	电缆桥架检查	第13.2.1条	
	2	电缆的弯曲半径	第13.2.2条	
	3	电缆的敷设固定防 火措施	第13.2.3条	
	4	电缆的首端、末端和 分支处的标志牌	第13.2.4条	

施工单位检查 评定结果	专业工长 (施工员)		施工班组长	
	项目专业质量检查员：			年　月　日

监理(建设)单位 验收结论				
	监理工程师： (建设单位项目专业技术负责人)			年　月　日

说　　明

主控项目

1. 金属电缆支架、电缆导管必须接地（PE）或接零（PEN）可靠。

2. 电缆敷设严禁有绞拧、铠装压扁、护支断裂和表面严重划伤等缺陷。

一般项目

1. 电缆支架安装应符合下列规定。

① 当设计无要求时，电缆支架最上层至竖井顶部或楼板的距离不小于150～200mm；电缆支架最下层至沟底或地面的距离不小于 50～100mm。

② 当设计无要求时，电缆支架层间最小允许距离符合 GB 50303—2002 中表 13.2.1 的规定。

③ 支架与预埋件焊接固定时，焊缝饱满；用膨胀螺栓固定时，选用螺栓适配，螺栓坚固，防松零件齐全。

2. 电缆在支架上敷设，转弯处的最小允许弯曲半径应符合规范（GB 50303—2011）中表 12.2.1-1 的规定。

3. 电缆敷设固定应符合下列规定。

① 垂直敷设或大于 45°倾斜敷设的电缆在每个架上固定。

② 交流单芯电缆或分相后的每相电缆固定用的夹具和支架，不形成闭合铁磁回路。

③ 电缆排列整齐，少交叉；当设计无要求时，电缆支持点间距，不大于 GB 50303—2002 中表 13.2.3 的规定。

④ 当设计无要求时，电缆与管道的最小净距，符合 GB 50303—2002 中表 12.2.1-2 的规定，且敷设在易燃易爆气体管道和热力管道的下方。

⑤ 敷设电缆的电缆沟和竖井，按设计要求位置，有防火隔堵措施。

4. 电缆的首端、末端和分支处应设标志牌。

检查数量

主控项目抽查 20%，若少于 10 处，则全数检查。

一般项目抽查 10%，若少于 5 处，则全数检查。

检验方法

见 GB 50303—2002 中第 28.0.7 条。

判定

应检数量全部符合规范规定判为合格。

电线导管、电缆导管和线槽敷设检验批质量验收记录表

(引自 GB 50303—2002)

（Ⅰ）室内

060304□□
060405□□
060502□□
060605□□

单位(子单位)工程名称			
分部(子分部)工程名称		验收部位	
施工单位		项目经理	
分包单位		分包项目经理	
施工执行标准名称及编号			

施工质量验收规范规定			施工单位检查评定记录	监理(建设)单位验收记录
主控项目	1	金属导管、金属线槽的接地或接零	第14.1.1条	
	2	金属导管的连接	第14.1.2条	
	3	防爆导管的连接	第14.1.3条	
	4	绝缘导管的弯曲半径	第14.1.4条	
一般项目	1	电缆导管的弯曲半径	第14.2.3条	
	2	金属导管的防腐	第14.2.4条	
	3	柜、台、箱、盘内导管管口高度	第14.2.5条	
	4	暗配管的埋设深度,明配管的固定	第14.2.6条	
	5	线槽固定及外观检查	第14.2.7条	
	6	防爆导管的连接、接地、固定和防腐	第14.2.8条	
	7	绝缘导管的连接和保护	第14.2.9条	
	8	柔性导管的长度、连接和接地	第14.2.10条	
	9	导管和线槽在建筑物变形缝处的处理	第14.2.11条	

施工单位检查评定结果	专业工长(施工员)		施工班组长	
	项目专业质量检查员：			年 月 日

监理(建设)单位验收结论	监理工程师：			
	(建设单位项目专业技术负责人)			年 月 日

说　　明
（Ⅰ）室内

060304
060405
060502
060605

主控项目

1. 金属的导管和线槽必须接地（PE）或接零（PEN）可靠，并符合下列规定。

① 镀锌的钢导管、可挠性导管和金属线槽不得熔焊跨接接地线，以专用接地卡跨接的两卡间连线为铜芯软导线，截面积不小于 $4mm^2$。

② 当非镀锌导管采用螺纹连接时，连接处的两端焊接接地线；当镀锌钢导管采用螺纹连接时，连接处的两端用专用接地卡固定跨接接地线。

③ 金属线槽不作设备的接地导体，当设计无要求时，金属线槽全长不少于2处与接地（PE）或接零（PEN）干线连接。

④ 非镀锌金属线槽间连接板的两端跨接铜芯接地线，镀锌线槽间连接板的两端不跨接接地线，但连接板两端不少于2个有防松螺帽或防松垫圈的连接固定螺栓。

2. 金属导管严禁对口熔焊连接；镀锌和壁厚小于等于 2mm 的钢导管不得套管熔焊连接。

3. 防爆导管不应采用倒扣连接；当连接有困难时，应采用防爆活接头，其接合面应严密。

4. 当绝缘导管在砌体上剔槽埋设时，应采用强度等级不小于 M10 的水泥砂浆抹面保护，保护层厚度大

248　◀◀　下篇　电气安装

于 15mm。

一般项目

1. 电缆导管的弯曲半径不应小于电缆最小允许弯曲半径，电缆最小允许弯曲半径符合 GB 50303—2002 中表 12.2.1-1 的规定。

2. 金属导管内外壁应做防腐处理；埋设于混凝土的导管内壁应防腐处理外壁可不做防腐处理。

3. 室内进入落地式柜、台、箱、盘内的导管管口，应高出柜、台、箱、盘的基础面50～80mm。

4. 暗配的导管，埋设深度与建筑物、构筑物表面的距离不应小于15mm；明配的导管应排列整齐，固定点间距均匀，安装牢固；在终端、弯头中点或柜、台、箱、盘等边缘的距离150～500mm 范围内设置管卡，中间直线段管卡间的最大距离应符合 GB 50303—2002 中表 14.2.6 的规定。

5. 线槽应安装牢固，无扭曲变形，坚固件的螺母应在线槽外侧。

6. 防爆导管敷设应符合下列规定。

① 导管间及与灯具、开关、线盒等的螺纹连接处紧密牢固，除设计有特殊要求外，连接处不跨接接地线，在螺纹上涂以电力复合酯或导电性防锈酯。

② 安装牢固顺直，镀锌层锈蚀或剥落处做防腐处理。

7. 绝缘导管敷设应符合下列规定。

① 管口平整光滑；管与管、管与盒（箱）等器件采用插入法连接时，连接处结合面涂专用胶合剂，接口牢固密封。

② 直埋于地下或楼板内的刚性绝缘导管，在穿出地面或楼板易受机械损伤的一段，采取保护措施。

③ 当设计无要求时，埋设在墙内或混凝土内的绝缘导管，采用中型以上的导管。

④ 沿建筑物、构筑物表面和在支架上敷设的刚性绝缘导管，按设计要求装设温度补偿装置。

8. 金属、非金属柔性导管敷设应符合下列规定。

① 刚性导管经柔性导管与电气设备、器具连接，柔性导管的长度在动力工程中不大于 0.8m，在照明工程中不大于 1.2m。

② 可挠金属管或其他柔性导管与刚性导管或电气设备、器具间连接采用专用接头；复合型可挠金属管或其他柔性导管的连接处密封良好，防液覆盖层完整无损。

③ 可挠性金属导管和金属柔性导管不能做接地（PE）或接零（PEN）的接续导体。

9. 导管和线槽，在建筑物变形缝处，应设实偿装置。

检查数量

主控项目抽查 10%，少于 10 处，全数检查。

一般项目 9 全数检查；3、5 抽查 10%，若少于 5 处，则全数检查；1、2、4、6～8 按不同导管各类敷设方式各抽查 10%，若少于 5 处，则全数检查。

检验方法

见 GB 50303—2002 中第 28.0.7 条。

判定

应检数量全部符合规范规定判为合格。

电线、电缆穿管和线槽敷线检验批质量验收记录

(引自 GB 50303—2002)

060105□□
060305□□
060406□□
060503□□
060606□□

单位(子单位) 工程名称				
分部(子分部) 工程名称			验收部位	
施工单位			项目经理	
分包单位			分包项目经理	
施工执行标准 名称及编号				

施工质量验收规范规定			施工单位检查评定记录	监理(建设) 单位验收记录
主控 项目	1	交流单芯电缆不得单独 穿于钢导管内	第15.1.1条	
	2	电线穿管	第15.1.2条	
	3	爆炸危险环境照明线路 的电线、电缆选用和穿管	第15.1.3条	
一般 项目	1	电线、电缆管内清扫和管 口处理	第15.2.1条	
	2	同一建筑物、构筑物内电 线绝缘层颜色的选择	第12.2.2条	
	3	线槽敷线	第12.1.3条	

施工单位检查 评定结果	专业工长 (施工员)		施工班组长	
	项目专业质量检查员：			年　月　日

监理(建设)单位 验收结论	监理工程师： (建设单位项目专业技术负责人)	年　月　日

说　　明

060105
060305
060406
060503
060606

主控项目

1. 三相或单相的交流单芯电缆，不得单独穿于钢导管内。

2. 不同回路、不同电压等级和交流与直流的电线，不应穿于同一导管内；同一交流回路的电线应穿于同一金属导管内，且管内电线不得有接头。

3. 爆炸危险环境照明线路的电线和电缆额定电压不得低于 750V，且电线必须穿于钢导管内。

一般项目

1. 电线、电缆穿管前，应清除管内杂物和积水。管口应有保护措施，不进入接线盒（箱）的垂直管口穿入电线、电缆后、管口应密封。

2. 当采用多相供电时，同一建筑物、构筑物的电缆绝缘层颜色选择应一致，即保护地线（PE 线）应是黄绿相间色，零线用淡蓝色；相线用：A 相——黄色、B 相——绿色、C 相——红色。

3. 线槽敷设应符合下列规定。

① 电线在线槽内有一定余量，不得有接头。电线按回路编号分段绑扎，绑扎点间距不应大于 2m。

② 同一回路的相线和零线，敷设于同一金属线槽内。

③ 同一电源的不同回路无抗干扰要求的线路可敷设

于同一线槽内，敷设于同一线槽内有抗干扰要求的线路用隔板隔离，或采用屏蔽电线且屏蔽护套一端接地。

检查数量

主控项目抽查 10%，若少于 10 处，则全数检查。

一般项目抽查 10%，若少于 5 处，则全数检查。

检验方法

见 GB 50303—2002 中第 28.0.7 条。

判定

应检数量全部符合规范规定判为合格。

电缆头制作、接线和线路绝缘测试检验质量验收记录表

（引自 GB 50303—2002）

060106□□
060407□□
060205□□
060506□□
060306□□
060607□□

单位(子单位)工程名称				
分部(子分部)工程名称			验收部位	
施工单位			项目经理	
分包单位			分包项目经理	
施工执行标准名称及编号				

施工质量验收规范规定			施工单位检查评定记录	监理(建设)单位验收记录
主控项目	1	高压电力电缆直流耐压试验	第18.1.1条	
	2	低压电线和电缆绝缘电阻测试	第18.1.2条	
	3	铠装电力电缆头的接地线	第18.1.3条	
	4	电线、电缆接线	第18.1.4条	
一般项目	1	芯线与电器设备的连接	第18.2.1条	
	2	电线、电缆的芯线连接金具	第18.2.2条	
	3	电线、电缆回路标记、编号	第18.2.3条	

施工单位检查评定结果	专业工长(施工员)	施工班组长
	项目专业质量检查员：　　　　　　　　　　　　　年　月　日	

监理(建设)单位验收结论	
	监理工程师： (建设单位项目专业技术负责人)　　　　　　年　月　日

说　明

060106，060407
060205，060506
060306，060607

主控项目

1. 高压电力电缆直流耐压试验必须按 GB 50303—2002 中第 3.1.8 条的规定交接试验合格。

2. 低压电线和电缆，线间和线对地间的绝缘电阻值必须大于 0.5MΩ。

3. 铠装电力电缆头的接地线应采用铜绞线或镀锡铜编织线，截面积不应小于 GB 50303—2002 中表 18.1.3 的规定。

4. 电线、电缆接线必须准确，并联运行电线或电缆的型号、规格、长度、相位应一致。

一般项目

1. 芯线与电器设备的连接应符合下列规定。

① 截面积在 $10mm^2$ 及以下的单股铜芯线和单股铝芯线直接与设备、器具的端子连接。

② 截面积在 $2.5mm^2$ 及以下的多股铜芯线拧紧搪锡或接续端子后与设备、器具的端子连接。

③ 截面积大于 $2.5mm^2$ 的多股铜芯线，除设备自带插接式端子外，接续端子后与设备器具的端子连接；多股铜芯线与插接式端子连接前，端部拧紧搪锡。

④ 多股铝芯线接续端子后与设备、器具的端子连接。

⑤ 每个设备和器具的端子接线不多于 2 根电线。

2. 电线、电缆的芯线连接金具（连接管和端子），规格应与芯线的规格适配，且不得采用开口端子。

3. 电线、电缆的回路标记应清晰，编号准确。

检查数量

主控项目 1 全数检查；2、3 抽查 10%，若少于 5 个回路，则全数检查；4 抽查 10 个回路。

一般项目 1、2 抽查 10%，若少于 10 处，则全数检查；3 抽查 5 个回路。

检验方法

见 GB 50303—2002 中第 28.0.7 条。

判定

应检数量全部符合规范规定判为合格。

第八章
电气照明装置安装

在现代建筑装饰装修工程中，电气照明工程是整个电气工程中的一个重要组成部分。电气照明的供配电、照明灯具及附件的安装，是电气施工中的一个重要内容。从建筑装饰装修的角度，本章着重介绍民用建筑中照明灯具、开关、插座、照明配电箱及室外景观照明的施工安装及质量控制，相比工业建筑来说，其在安装上有各自不同的特点。

第一节　施工前的准备工作

① 施工前应进行技术交底工作，施工图纸及技术资料齐全。

② 相关回路管线敷设已完成，穿线检查完毕。

③ 室内墙、地面、吊顶装饰工程已完成。

④ 对灯具安装后不能再进行施工或容易损坏已安装灯具的装饰工作均应全部结束。

⑤ 预埋件及预留孔应符合设计及规范要求。

⑥ 外墙装饰、庭院园艺布置基本完成。

⑦ 楼地面、屋面施工完后无渗漏现象。

⑧ 安全、消防措施落实。

⑨ 所有电气材料到达施工现场，并已向有关部门报验。

第二节　与其他工种的配合

① 室内装饰灯具的安装，应配合装饰工程进行施工；大型花

灯在吊顶前应预埋好吊挂铁件，并做好防腐处理；嵌入式灯具应配合开孔和调整龙骨尺寸。

② 消防喷淋头、探测器、广播喇叭、空调风口、风机盘管等设备安装时应密切配合电气安装，尽量不得占据灯具位置，以免影响灯具的排列美观，并造成照度不均匀。

③ 开关、插座在饰面层未做前，应配合装饰标高、坐标进行一次预埋底盒的调整，以达到防火及规范要求。

④ 室外景观灯应配合外装饰和园艺施工，预埋灯具支架及现浇混凝土支墩，并应满足设计和安装要求。

⑤ 暗装照明配电箱应配合土建施工，其进出管线及箱子的安装标高应符合设计及规范要求，其箱体应有防止涂刷浸染的保护措施。在饰面板上暗装的，应达到防火要求。

⑥ 强、弱电管同时施工的，要做到相互配合，其安装应符合设计及规范的要求。

第三节　施工中应注意的问题

① 安装和调试所用的各类计量器具，应定期检查合格，使用时应在有效期内。

② 所有漏电保护装置（动力和照明）均应做模拟动作实验。

③ 安装电工、焊工及电气调试人员等，按规定持证上岗。

④ 接地（PE）或接零（PEN）支线须单独与接地或接零干线相连接，不得串联。

⑤ 成排照明灯具应统一弹线定位、开孔，确保整齐美观。

⑥ 安装艺术花灯、嵌入式灯时应戴好干净的纱线手套，避免污损灯具饰面和吊顶饰面。

⑦ 水下及潮湿环境下安装的灯具应确保防水密封的有效性，水下灯工作时始终处于水面下，以保证灯罩受热均匀。

⑧ 暗埋的灯具接线盒位置，在很大程度上决定了灯具的安装位置，故应注意预埋灯盒位置的准确性。

⑨ 室外装饰灯具应注意安装质量，确保防水性能；其金属杆

架和灯具的可接近裸露导体的接地（PE）或接零（PEN）可靠。

⑩ 灯具开关应关断相线，插座接线顺序应符合规范规定。

⑪ 成套配电箱（柜）应有出厂合格证和随带技术文件，实行生产许可证和安全认证制度的产品，有许可证编号和安全认证标志。

⑫ 绝缘测试合格，保护装置的动作实验合格后方可通电。

第四节　照明灯具安装

建筑装饰装修工程中的照明灯具比较多，按安装方式来分，主要有吊杆式安装、吊链式安装、吸顶安装、嵌入式安装、灯槽内暗装、壁安装、地面暗装、水下安装、轨道上安装等。本节就建筑装饰工程中常用的几种灯具的安装方法及主要特点叙述如下。

一、材料质量要求

① 安装前应认真核对灯具的规格、型号等参数是否符合要求，并应有产品合格证及安全认证标志（"CCC"认证）。

② 照明灯具使用的导线其电压等级不应低于交流 500V，其最小线芯截面应符合设计要求。

③ 采用钢管作为灯具的吊管时，钢管内径一般不小于 10mm。

④ 花灯的吊钩其圆钢直径不小于吊挂销钉的直径，且不得小于 6mm。

⑤ 灯泡的功率应符合设计要求。

⑥ 灯具在搬运过程中应注意防震、防潮，不得随意抛扔，超高码放。

⑦ 疏散照明配线应采用耐火电线或电缆。

⑧ 从电源引入水下灯具的导管必须采用绝缘导管，严禁采用金属或有金属护层的导管。

⑨ 防水灯具安装时应检查其密封胶圈是否完整有效。

二、主要施工机具

手电钻、电锤、专用木工开孔器、常用电工工具、绝缘摇表、万用电表、电烙铁、锯弓、卷尺、扳手、焊机、砂轮切割机、纱线手套。

三、施工顺序

灯具开箱检查 → 组装灯具 → 灯具安装固定 → 接线调试 → 通电试运行

四、照明灯具安装一般规定

① 灯具安装必须牢固，其固定件的承载能力应与电气照明装置的质量相匹配。

② 固定照明灯具的方式，可采用预埋吊钩、螺栓、螺钉及膨胀栓等，严禁使用木楔。

③ 高低压配电设备及母线上方，不应安装灯具。

④ 采用螺口灯头时，灯开关相线接入灯头中心弹舌中的端子上，不得混淆。

⑤ 普通吊线灯，当重量在 0.5kg 以内时，可用软线自身吊装；0.5kg 以上者，应采用吊链吊装，软线应编叉在链环内，以避导线承受拉力。用软线吊灯时，在灯吊盒及灯座内应做保险扣，以免接线端子处受力，造成断线、短路等事故。灯具重量超过 3kg 时，应固定在预埋的吊钩或螺栓上。

⑥ 无专人管理的公共场所照明，宜安装自动节能声光控开关。

⑦ 嵌入顶棚的装饰灯具的安装应符合下列要求。

a. 灯具应固定在专设的框架上，导线不应贴近灯具外壳，且在灯盒内留有余量，灯具的边框应紧贴在顶棚上。

b. 日光灯管组合的开启式灯具，灯管排列应整齐，其格栅片不应有扭曲等缺陷。

c. 矩形灯具的边框宜与顶棚的装饰直线平行，其偏差不应大于 5mm。

⑧ 照明灯具与消防火灾探测器、喷淋头的距离应符合设计及规范要求。

⑨ 木制吊顶、灯槽、灯箱内的暗装灯具及其发热元件均应用

石棉板等不燃材料作防火隔热处理。

⑩ 灯具安装完毕后，经绝缘测试检查合格后，方允许通电试运行。如有问题可断开回路分区测量直至找出故障点。通电后应仔细检查和巡视，检查灯具的控制是否灵活、准确，开关与灯具控制顺序是否对位，如发现问题应立即断电，查出原因并修复。

五、照明灯具安装

① 筒灯在吊顶内安装如图 8-1 所示。

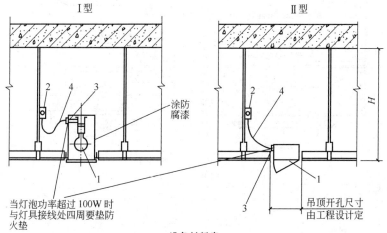

设备材料表

编号	名　称	型号及规格	单位	数量	页次	备　注
1	灯具	由工程设计定	套	1		
2	接线盒	由工程设计定	个	1		
3	接线盒	由工程设计定	个	1		灯具配套附件
4	P3 型镀锌金属软管	内径 $\phi 20$	根	1		

注：1. 吊顶建筑材料应考虑防火耐燃材料组装。

2. 接线盒安装分明装、暗装等多种形式。

图 8-1　筒灯在吊顶内安装

② 吸顶灯安装如图 8-2 所示。

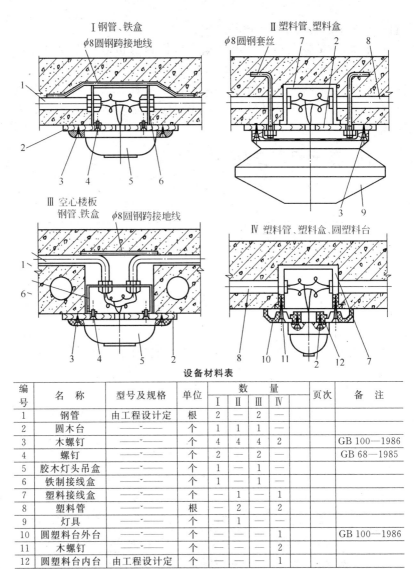

設備材料表

编号	名 称	型号及规格	单位	数 量				页次	备 注
				Ⅰ	Ⅱ	Ⅲ	Ⅳ		
1	钢管	由工程设计定	根	2	—	2	—		
2	圆木台	—″—	个	1	1	1	—		
3	木螺钉	—″—	个	4	4	4	2		GB 100—1986
4	螺钉	—″—	个	2	—	2	—		GB 68—1985
5	胶木灯头吊盒	—″—	个	1	—	1	—		
6	铁制接线盒	—″—	个	1	—	1	—		
7	塑料接线盒	—″—	个	—	1	—	1		
8	塑料管	—″—	根	—	2	—	2		
9	灯具	—″—	个	—	1	—	—		
10	圆塑料台外台	—″—	个	—	—	—	1		GB 100—1986
11	木螺钉	—″—	个	—	—	—	2		
12	圆塑料台内台	由工程设计定	个	—	—	—	1		

注：1. 本图为楼顶暗配线吸顶灯的安装图，楼板可以是现场预制槽形板或空心楼板，施工时应根据工程设计情况采用合适的安装方式，并配合土建埋设预埋件。

2. 方案Ⅰ、Ⅳ、Ⅲ图中未表示灯具。

图 8-2 吸顶灯安装

③ 荧光灯具吸顶吊挂安装如图 8-3 所示。

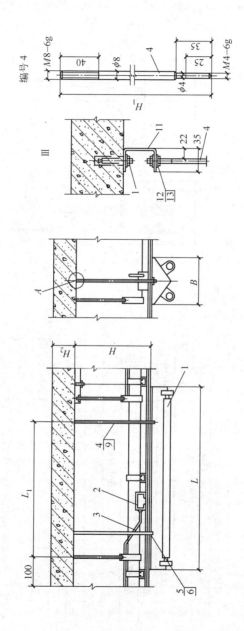

大样 A

图 8-3 荧光灯具吸顶吊挂安装

设备材料表

编号	名称	型号及规格	单位	数量	备注
1	荧光灯具	由工程设计定	套	2	
2	接线盒	由工程设计定	个	1	
3	钢管 φ20	由工程设计定	—	—	
4	吊杆	φ8 或 H_1 由选用者定	个	2	
5	螺母	M4	个	4	GB 6170—1986
6	垫圈	4	个	4	GB 95—1985
7	膨胀螺栓	M8×85	套	2	
8	连接螺母	M8	个	2	用于 I 型
9	吊杆	φ8 或 H_1 由选用者定	个	2	用于 II 型
10	吊架 I	95×30,δ=2	个	2	用于 II 型
11	吊架 II	120×30,δ=2	个	2	用于 III 型
12	螺母	M8	个	4	GB 170—1986
13	垫圈	8	个	4	GB 95—1985

注：1. 图上楼板厚度 H_2，吊顶高 H，吊杆高 H_1 和荧光灯具尺寸 L、L_1 及 B 均由工程设计时按选用实际情况确定。
2. 荧光灯具固定有多种类型选择选择配套，除本图列举本图列举几种类型之外，由设计者综合工程设计情况选用确定。暗装多种。
3. 接线盒形式分明装、暗装。

④ YG72 系列高效荧光灯具吸顶安装如图 8-4 所示。

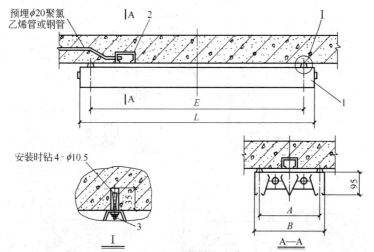

主要材料表

编　号	名　称	型号及规格	单　位	数　量
1	荧光灯具	由工程设计定	套	1
2	接线盒	由工程设计定	个	1
3	膨胀螺栓	M6×65	套	4

荧光灯具规格尺寸表

产品型号	功率	尺寸/mm				净重/kg	产　地
		L	E	A	B		
YG72-140	1×36W			140	180	3.8	
YG72-240	2×36W	1217	1120	262	300	5.7	
YG72-340	1×36W			566	600	9.55	
YG72-130	1×30W			140	180	2.8	
YG72-230	2×30W	913	815	262	300	4.7	上海燎原灯具厂
YG72-330	3×30W			566	600	8.19	
YG72-120	1×18W			140	180	2.27	
YG72-220	2×18W	607	510	262	300	3.7	
YG72-320	3×18W			566	600	6.30	

注：1. YG72 系列高效荧光灯采用特殊铝合金薄板，经特殊处理后制成反射器，灯具效率在 70％ 左右。

2. 保护角为 30°～40°，最大限度消除眩光。

3. 可拼装成光带或各种图案。

图 8-4　YG72 系列高效荧光灯具吸顶安装

⑤ 大型嵌入式荧光灯盘安装如图 8-5 所示。

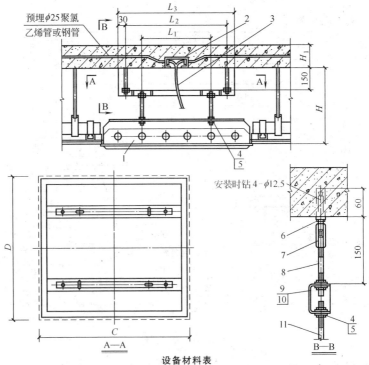

设备材料表

编号	名称	型号及规格	单位	数量	页次	备注
1	荧光灯具	由工程设计定	套	1		
2	接线盒	由工程设计定	个	1		
3	P3型镀锌金属软管	内径 $\phi25$	根	1		GB 3641—1983
4	螺母	M8	个	24		GB 41—1986
5	垫圈	8	个	24		GB 95—1985
6	钢膨胀螺栓	M8×100	套	4		
7	连接螺母	M8	个	4		
8	吊杆 I	$\phi8\times100$	个	4		
9	横梁	50×30×3 $L=L_2+60$	个	2		GB 6723—1986
10	肋板	$\delta=3$	个	8		
11	吊杆 II	$\phi8$	个	2		

注：1. 荧光灯嵌入在吊顶内，用吊杆分二段吊挂。

2. 钢管和接线盒预埋在混凝土中。

3. 图上尺寸 H、H_1、L_1、L_2、C、D 等数值由工程设计定。

图 8-5　大型嵌入式荧光灯盘安装

⑥ 特殊重量灯具安装如图 8-6 所示。

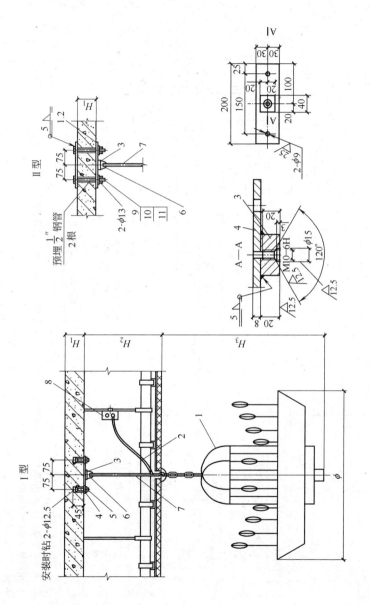

编号7

头部打圆

$\phi16$
R5
$\phi19$
20
H_2

设备材料表

编号	名　称	型号及规格	单位	数量	页次	备　注
1	灯具	由工程设计设定	套	1		最大重量150kg
2	P3型镀锌金属软管	内径25mm	个	1		GB 3671—1983
3	固定座	$40\times40,\delta=20$	个	1		
4	固定板	$100\times60,\delta=8$	套	1		用于Ⅰ型
5	钢膨胀螺栓	$M8\times100$	个	2		用于Ⅰ型
6	螺钉	M10	个	1		GB 825—1988
7	吊杆	$\phi16,L=H_2+135$	个	1		
8	接线盒	由工程设计设定	个	1		
9	螺栓	$M12\times(H_1+45)$	个	2		GB 5780—1986 用于Ⅱ型
10	螺母	M12	个	4		GB 6170—1986 用于Ⅱ型
11	垫圈	12	个	2		GB 95—1985 用于Ⅱ型

注：1. 灯具在吊顶上安装形式有Ⅰ型、Ⅱ型，由选用者定。

2. 图上楼板厚度 H_1，吊顶高度 H_2 和灯具外形尺寸 H_3、ϕ 根据选用时按实际数据确定。

3. 用牌号 E4303 焊条焊接成连续焊缝。

4. 所有孔均为手焊接后加工。

图 8-6　特殊重量灯具安装

⑦ 荧光灯灯槽内安装如图 8-7 所示。

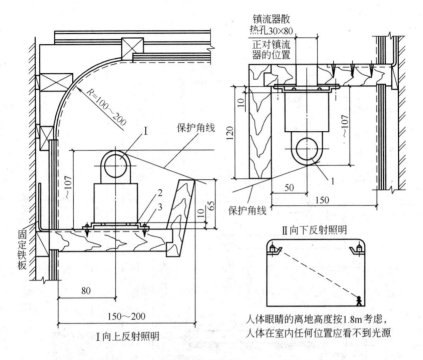

设备材料表

编号	名称	型号及规格	单位	数量	页次	备注
1	荧光灯	由工程设计定	套	1		
2	固定支架	$150 \times 40, \delta = 1.5$	根	2		
3	木螺钉	$M4 \times 20$	个	4		GB 99—1986

注：1. 内壁虚线所示为反射面，应用漫反射材料作面层。

2. 图中建筑结构所注尺寸供参考。

3. 荧光灯的固定根据现场实际情况由施工者确定安装。

4. 建筑材料应采取防火措施。

图 8-7　荧光灯灯槽内安装

⑧ 荧光灯光檐内向下照射安装如图 8-8 所示。

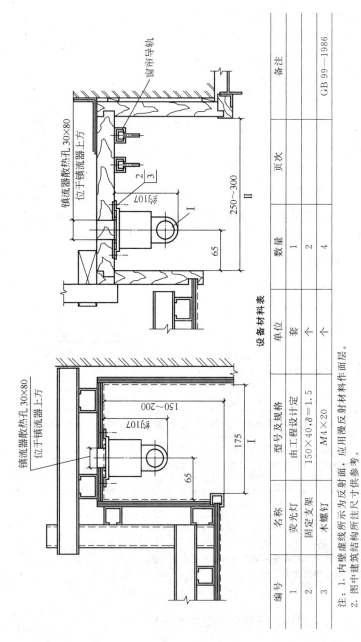

设备材料表

编号	名称	型号及规格	单位	数量	页次	备注
1	荧光灯	由工程设计定	套	1		
2	固定支架	150×40,δ=1.5	个	2		
3	木螺钉	M4×20	个	4		GB 99—1986

注：1. 内壁虚线所示为反射面，应用漫反射材料作面层。
2. 图中建筑结构所注尺寸仅供参考。
3. 荧光灯的固定根据现场实际情况由施工者确定安装。
4. 建筑材料应采取防火措施。

图 8-8　荧光灯光檐内向下照射安装

⑨ 水下照明灯安装如图 8-9 所示。

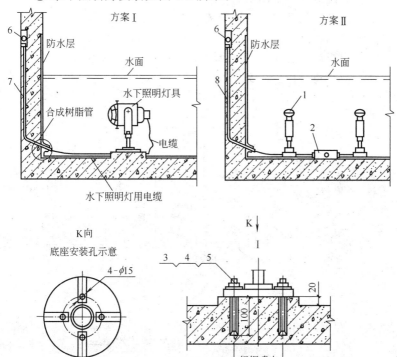

设备材料表

编号	名称	型号及规格	单位	数量		页次	备注
				I	II		
1	喷水池灯	由工程设计定	个	1	2		
2	水下接线盒	二、三、四通	个		1		钢质接线盒橡胶卷密封
3	螺母	M12	个	4			GB 41—1986
4	垫圈	12	个	4			GB 95—1985
5	膨胀螺栓	M12×160	个	4			
6	接线盒	由工程设计定	个	1	1		
7	合成树脂管	由工程设计定	m				
8	套管	由工程设计定	m				

注：1. 方案Ⅰ中的底座安装孔及相配的膨胀螺栓，接所选灯具的实际尺寸确定。
2. 水离灯面 50～70mm。

图 8-9　水下照明灯安装

⑩ 庭院灯安装如图 8-10 所示。

⑪ 路灯灯具及金属灯杆安装如图 8-11 所示。

⑫ 防水、防尘灯具安装如图 8-12 所示。

⑬ 黑板灯安装如图 8-13 所示。

⑭ 应急疏导标志灯安装如图 8-14 所示。

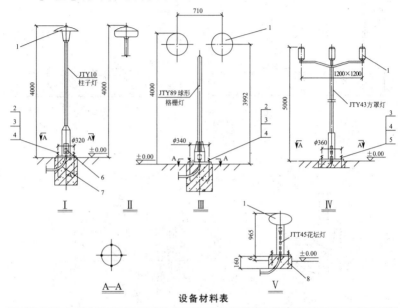

设备材料表

编号	名称	型号及规格	单位	数 量					页次	备注
				Ⅰ	Ⅱ	Ⅲ	Ⅳ	Ⅴ		
1	灯具	由工程设计定	套	1	1	1	1	1		
2	螺栓	M20×400	个	4	4	4	—	—		GB 799
3	螺母	M20	个	8	8	8	8	—		GB 41—1986
4	垫圈	20	个	4	4	4	4	—		GB 95—1985
5	螺栓	M20×500	个	—	—	—	4	—		GB 799
6	接线盒	由工程设计定	个	1	1	1	1	1		
7	钢管	由工程设计定	根	1	1	1	1	1		
8	膨胀螺栓	由工程设计定	套	—	—	—	—	4		

注：1. 图中灯具型号不具有推荐产品的含义，仅列举了几种庭院灯的安装供参考。

2. 图示灯座基础形式及尺寸参照灯具生产厂的要求，由工程设计定。

图 8-10 庭院灯安装

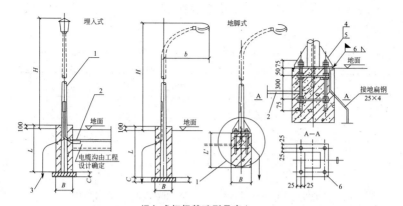

埋入式灯杆基础型号表/mm

型号	型号	B	L	C	H	b
普通型	8-8	600	1600	≥100	8000	≤800
	8-18					1800
	10-8		2100		10000	≤800
	10-21					2100
	10-23					2300
	12-8				12000	≤800
	12-23					2300
Y 型	8-8	600	1800	≥100	8000	≤800
	8-18					1800
	10-8		2100		10000	≤800
	10-21					2100
	10-23					2300
	12-8		2400		12000	800
	12-23					2300

编号	名称	型号及规程	单位	数量
1	灯杆及灯具	由工程设计定	套	1
2	穿线钢管	$DN40$ 长度由工程设计定		
3	接地极	∟$50×5L=2500$	根	1
4	螺杆	$M24×500$	个	4
5	螺母	$M24$	个	24
6	固定钢板	$\delta=6$	个	2

灯具型号	功　率	光　源	生　产　厂
HR-ZD 系列	100～250W	NG150-250W ZJD175-250W	南通胜浦
ZGLD-250	250W,400W	NG150-250W	上海中光
YQLD-250	150W,200W	NG175-250W	
HZD 系列	100～300W	钠汞混光（单灯）100～300W	重庆金星
JTY 系列	400W	高压钠灯,汞灯	上海燎原

注：1. 灯杆及灯具型号由工程设计定。

2. 灯杆基础形式按本图由工程设计定，当灯具生产厂有具体要求时，按厂家要求确定基础形式，尺寸 B'，L' 由工程设计确定。

图 8-11　路灯灯具及金属灯杆安装

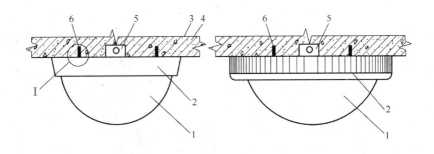

(a)半圆防潮、防尘型吸顶灯   (b)半圆宽边防潮、防尘型吸顶灯

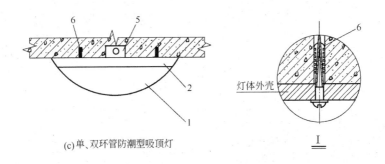

灯体外壳

(c)单、双环管防潮型吸顶灯

I

设备材料表

编号	名　　　称	型号及规格	单 位	数 量	页 次	备　　注
1	灯罩	灯具配套				
2	灯罩连接饰圈	灯具配套				
3	灯具底座	灯具配套				
4	防护栅	灯具配套				
5	灯头盒	施工单位选	个	1		
6	塑料胀塞及自攻螺钉	施工单位选	只	2		

注：本图为一般性防护灯具，由塑料胀塞及自攻螺钉借助灯壳体内底部安装孔固定在顶部，本灯具在安装时正确上好防护垫，以免失去防护性能。

图 8-12　防水、防尘灯具安装

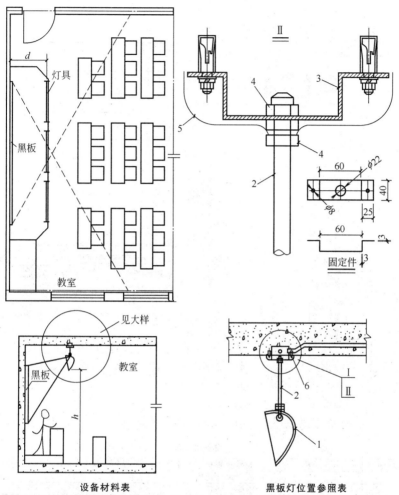

设备材料表						
编号	名称	型号及规格	单位	数量	页次	备注
1	灯具	见工程设计	个	2		
2	吊杆	钢管 DN15	根	2		
3	固定件	钢板制作	个	1		
4	螺母	与吊杆配套	个	3		
5	装饰盖	与吊杆配套	个	1		
6	膨胀螺栓	M6	套	2		

黑板灯位置参照表	
灯具安装高度 h/m	灯具距黑板距离 d/m
2.6	0.6
2.7	0.7
2.8	0.8
3.0	0.9
3.2	1.1
3.4	1.2
3.6	1.3

图 8-13 黑板灯安装

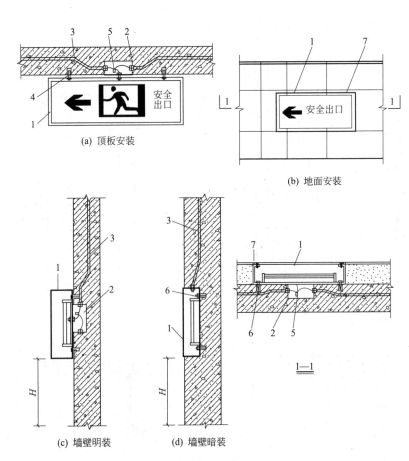

(a) 顶板安装

(b) 地面安装

(c) 墙壁明装

(d) 墙壁暗装

1—1

设备材料表

编号	名　称	型号及规格	单　位	数　量	页　次	备　注
1	灯具	由工程设计确定	个	1		
2	接线盒	由施工确定	个	1		
3	金属管	由工程设计确定	m			
4	膨胀螺栓	$M6 \times 50$	个	2		
5	接线帽	由施工确定	个	2		
6	膨胀螺钉	$M5 \times 40$	个	2		
7	封堵材料	由施工确定				

注：1. 所有金属构件均应做防腐处理。

2. 安装高度 H 由工程设计确定。

3. 应急疏导标志灯必须采用消防认证产品。

图 8-14　应急疏导标志灯安装

第五节　开关、插座安装

一、材料质量要求

① 各种开关、插座规格型号必须符合设计要求，并有产品合格证和"CCC"认证标志。

② 安全型压接帽、开关插座、安装用镀锌机螺钉等均有合格证。

③ 各类材料在搬运存放过程中应注意防震、防潮，不得随意抛扔，超高码放。应存放在干燥通风、不受撞击的场所。

二、主要施工机具

电钻、电锤、绝缘摇表（500V），数字式万用表、相位测试仪、手锤、錾子、剥线钳、专用压接钳、电工常用工具、卷尺、水平尺、人字梯。

三、施工顺序

建筑装饰装修工程中，其开关、插座大多为暗装，其施工顺序如下。

检查清理线盒 → 接线 → 安装 → 通电试验

四、开关、插座安装一般规定

① 暗装开关、插座时，先将开关盒（或插座盒）按图纸要求的位置预埋在墙体内。埋设时，应使盒体牢固而平整，盒口应与饰面层平面一致。待接线完后将开关（或插座）面板，用螺钉固定在开关盒（或插座盒）上。

② 安装扳把开关时，必须保证开关扳把向上扳是开，向下扳是关。

③ 安装插座时应注意区分相线、零线及保护接地线的正确接线，其接法如图 8-15、图 8-16所示。插座的接地线必须单独敷设，

不允许在插座内与零线孔直接相接，不可与工作零线相混同。

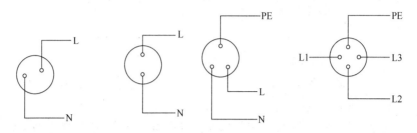

图 8-15　单相两孔插座接线方式　　图 8-16　单相三孔及三
相四孔插座接线方式

④ 潮湿的房间宜安装防水型开关、插座，易燃易爆的场所应安装防爆型开关、插座。

五、开关、插座安装

（1）暗埋接线盒清理　用錾子轻轻地将盒内残留的水泥、灰块等杂物剔除，用毛刷扫除盒内杂物。检查有无接线盒损坏（特别是塑料接线盒）、面板螺钉安装耳孔缺失、相邻接线盒高差超标等现象，若有应及时修整。如接线盒埋入过深，超过 1.5cm 时，应重新调整或加装套盒。

（2）接线　将盒内导线预留出维修长度后剪除余线，用剥线钳剥出适宜长度，以刚好能完全插入接线孔的长度为宜。需分支并头连接的，应采用安全型压接帽压接分支。相线、零线及保护地线（PE 线）应分色，接线时不得弄混。插座接线可按如图 8-15、图8-16 所示的方式接线。开关接相线，不能接成零线。

（3）开关、插座安装　按接线要求，将盒内导线与开关、插座的面板连接好后，将面板推入正对安装孔，用专用螺钉固定牢固，边固定边调整面板，使其端正并与墙面平齐，然后将螺钉孔装饰帽盖上。

安装在装饰材料（木装饰或软包等）上的开关、插座与装饰材料间应设置隔热阻燃制品以达到防火要求。

安装完毕可按第四节的四⑩条规定进行通电试验。

第六节　配电箱安装

建筑装饰装修工程中所使用的照明配电箱有标准型和非标准型两种。标准型配电箱多采用模数化终端组合电器箱。它具有尺寸模数化、安装轨道化、使用安全化、组合多样化等特点，可向厂家直接订购，非标准配电箱可自行制作。照明配电箱根据安装方式不同，可分为明装和暗装两种。

一、材料质量要求

① 设备及材料均符合国家或部颁发的现行标准，符合设计要求，并有出厂合格证。

② 配电箱、柜内主要元器件应为"CCC"认证产品，规格、型号符合设计要求。

③ 箱内配线、线槽等附件应与主要元器件相匹配。

④ 手动式开关机械性能要求有足够的强度和刚度。

⑤ 外观无损坏、锈蚀现象，柜内元器件无损坏丢失，接线无脱焊或松动。

二、主要施工机具

电焊机、气割设备、台钻、手电钻、电锤、砂轮切割机、常用电工工具、扳手、锤子、锉刀、钢锯、台虎钳、钳桌、钢卷尺、水平尺、线坠、万用表、绝缘摇表（500V）。

三、施工顺序

箱体定位画线 → 箱体明装或暗装 → 盘面组装 → 箱内配线 → 绝缘摇测 → 通电试验

四、配电箱安装一般规定

① 安装电工、电气调试人员等应按有关要求持证上岗。

② 安装和调试用各类计量器具，应检定合格，使用时应在有效期内。

③ 动力和照明工程的漏电保护装置应做模拟动作实验。

④ 接地（PE）或接零（PEN）支线必须单独与接地（PE）或接零（PEN）干线相连接，不得串联连接。

⑤ 暗装配电箱，当箱体厚度超过墙体厚度时不宜采用嵌墙安装方法。

⑥ 所有金属构件均应做防腐处理，进行镀锌，无条件时应刷一度红丹，二度灰色油漆。

⑦ 暗装配电箱时，配电箱和四周墙体应无间隙，箱体后部墙体如已留通洞时，则箱体后墙在安装时需做防开裂处理。

⑧ 铁质配电箱与墙体接触部分必须刷樟丹油或其他防腐漆。

⑨ 螺栓锚固在墙上用 M10 水泥砂浆，锚固在地面上用 C20 细石混凝土，在多孔砖墙上不应直接采用膨胀螺栓固定设备。

⑩ 当箱体高度为 1.2m 以上时，宜落地安装；当落地安装时，柜下宜垫高 100mm。

⑪ 配电箱安装高度应便于操作、易于维护。设计无要求时，当箱体高度不大于 600mm 时，箱体下口距地宜为 1.5m；箱体高度大于 600mm 时，箱体上口距室内地面不宜大于 2.2m。

五、配电箱安装

1. 配电箱明装

① 配电箱在墙上用螺栓安装如图 8-17 所示。

② 配电箱在墙上用支架安装如图 8-18 所示。

③ 配电箱在空心砌块墙上安装如图 8-19 所示。

④ 配电箱在轻质条板墙上安装如图 8-20 所示。

⑤ 配电箱在夹心板墙上安装如图 8-21 所示。

⑥ 配电箱在轻钢龙骨内墙上安装如图 8-22 所示。

2. 配电箱暗装

① 配电箱嵌墙安装如图 8-23 所示。

② 配电箱在空心砌块墙上嵌墙安装如图 8-24 所示。

③ 配电箱在轻钢龙骨内墙上安装如图 8-25 所示。

所有箱（盘）全部电器安装完后，用 500V 兆欧表对线路进行绝缘遥测，遥测相线与相线之间、相线与零线之间、相线与地线之间、零线与地线之间的绝缘电阻，达到要求后方可送电试运行。

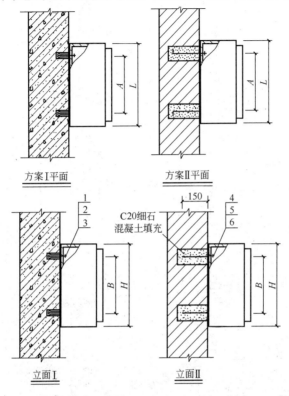

方案Ⅰ平面　　　　　　方案Ⅱ平面

立面Ⅰ　　　　　　立面Ⅱ

主要材料表

编号	名　　称	型号及规格	单位	数量		页次	备　　注
				Ⅰ	Ⅱ		
1	膨胀螺栓	$M8\times70$	个	4			
2	螺母	$M8$	个	4			
3	垫圈	8	个	4			
4	螺栓	$M8\times210$	个		4		
5	螺母	$M8$	个		4		
6	垫圈	8	个		4		

　　注：1. 本图适用于悬挂式配电箱、启动器、电磁启动器、HH 系列负荷开关及按钮等安装。

　　2. 图中尺寸 A、B、H、L 见设备产品样本。

　　3. 方案Ⅰ适用于混凝土墙，方案Ⅱ适用于实心砖墙。

图 8-17　配电箱在墙上用螺栓安装

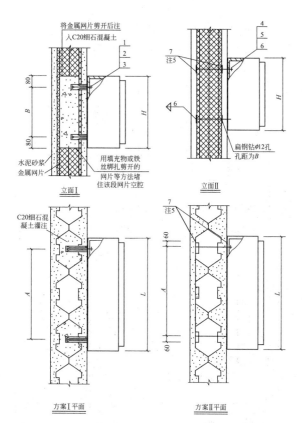

编号	名称	型号及规格	单位	数　　量	
				Ⅰ	Ⅱ
1	膨胀螺栓	$M8 \times 80$	个	4	
2	螺母	$M8$	个	4	
3	垫圈	8	个	4	
4	螺栓	$M10 \times L$	个		4
5	螺母	$M10$	个		4
6	垫圈	10	个		4
7	扁钢	-40×4	根		4

注：1. 本图适用于悬挂式配电箱、启动器、电磁启动器、HH 系列负荷开关及按钮等安装。

2. 图中尺寸 A、B、H、L 见附录或设备产品样本。

3. 本墙体不适合上述设备的暗装。

4. 灌注用 C20 细石混凝土须达到一定强度后再安装膨胀螺栓。

5. 扁钢应在墙体抹灰前安装完成。

图 8-18　配电箱中空内模金属网水泥墙上安装

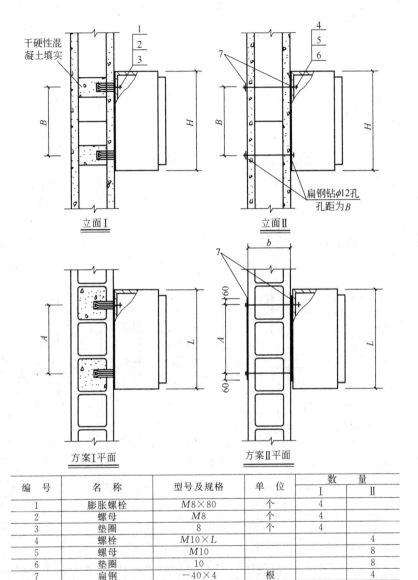

干硬性混凝土填实

立面Ⅰ   立面Ⅱ

扁钢钻φ12孔
孔距为B

方案Ⅰ平面   方案Ⅱ平面

编　号	名　称	型号及规格	单　位	数　量	
				Ⅰ	Ⅱ
1	膨胀螺栓	$M8\times80$	个	4	
2	螺母	$M8$	个	4	
3	垫圈	8	个	4	
4	螺栓	$M10\times L$			4
5	螺母	$M10$			8
6	垫圈	10			8
7	扁钢	-40×4	根		4

注：1. 本图适用于重量较轻悬挂式配电箱、启动器、电磁启动器。HH 系列负荷开关及按钮等安装。

2. 图中尺寸 A、B、H、L 见附录或设备产品样本。

图 8-19　配电箱在空心砌块墙上安装

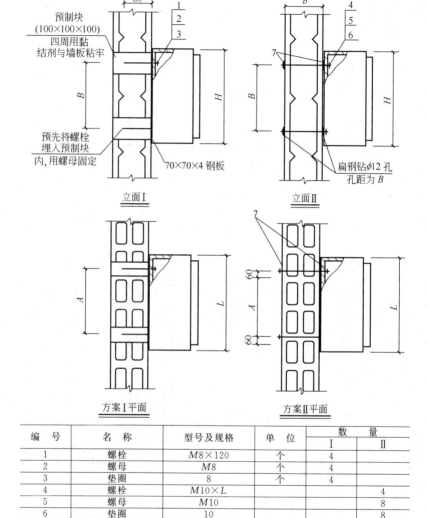

编 号	名 称	型号及规格	单 位	数 量	
				I	II
1	螺栓	$M8 \times 120$	个	4	
2	螺母	$M8$	个	4	
3	垫圈	8	个	4	
4	螺栓	$M10 \times L$			4
5	螺母	$M10$			8
6	垫圈	10			8
7	扁钢	-40×4	根		4

注：1. 本图适用于悬挂式配电箱、启动器、电磁启动器、HH 系列负荷开关及按钮等安装。

2. 图中尺寸 A、B、H、L 见附录或设备产品样本。

3. 本图适用于植物纤维复合条板墙体配电设备的明装。

4. 预制块为现场埋设。

图 8-20 配电箱在轻质条板墙上安装

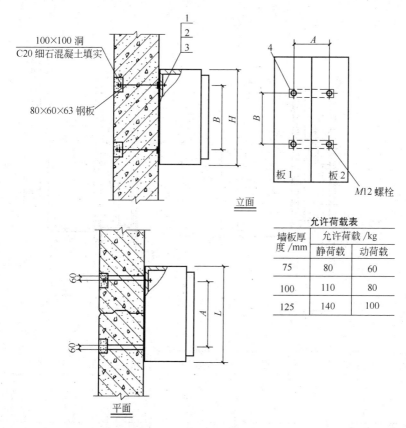

立面

平面

允许荷载表

墙板厚度 /mm	允许荷载 /kg	
	静荷载	动荷载
75	80	60
100	110	80
125	140	100

编号	名　称	型号及规格	单位	数量	页次
1	螺栓	M12	个	4	
2	螺母	M12	个	4	
3	垫圈	12	个	4	
4	扁钢	−40×4	根	2	

注：1.本图适用于悬挂式配电箱、启动器、电磁启动器、HH 系列负荷开关及按钮等安装。

2.图中尺寸 A、B、H、L 见附录或设备产品样本。

3.NALC 墙板安装配电设备时，应安装在两块板之间，用对穿螺栓将作用力传递到墙上。

图 8-21　配电箱在夹心板墙上安装

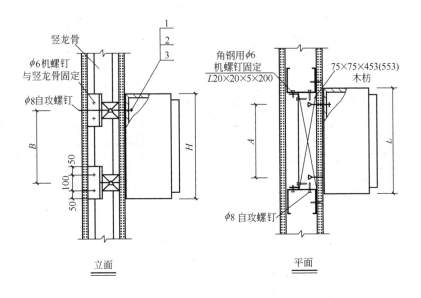

编 号	名 称	型号及规格	单 位	数 量
1	膨胀螺栓	SHFA-M6	个	4
2	螺母	M6	个	4
3	垫圈	6	个	4

注：1. 本图适合于悬挂式配电箱、启动器、电磁启动器、HH 系列负荷开关及按钮等安装。

2. 图中尺寸 A、B、H、L 见设备产品样本。

3. 本图适用于重量在 40kg 以下，箱体宽度不大于 600mm 的配电设备。

4. 本图适用于竖龙骨宽度为 100mm 以上，若竖龙骨宽度小于 100mm 时，木枋的尺寸为 [50×50×453(553)]，其中，453mm 适用于竖龙骨中距为 500mm 轻质墙，553mm 适用于竖龙骨中距为 600mm 轻质墙。

图 8-22 配电箱在轻钢龙骨内墙上安装

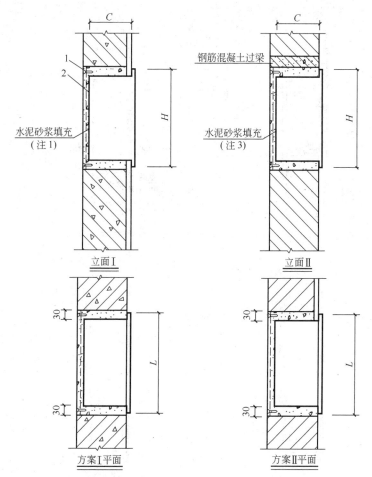

编号	名　称	型号及规格	单 位	数　量	
				Ⅰ	Ⅱ
1	钢钉	7号	个	4	4
2	铁丝网	0.5厚	块	1	1

注：1. 本图适用于配电箱、插座箱等嵌墙安装。
2. 图中尺寸 C、H、L 见附录或设备产品样本。
3. 当水泥砂浆厚度小于 30mm 时，须钉铁丝网以防开裂。
4. 箱体宽度大于 600mm 时宜加预制混凝土过梁（过梁设计由结构专业完成）。
5. 方案Ⅰ适用于混凝土墙；方案Ⅱ适用于实心砖墙。

图 8-23　配电箱嵌墙安装

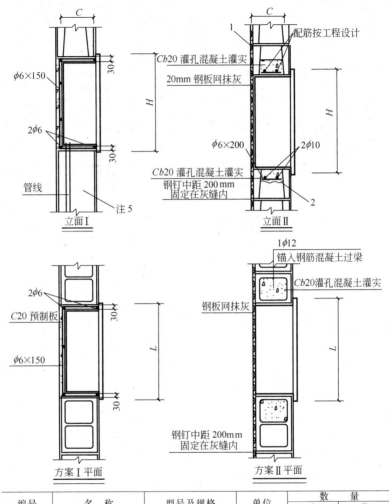

图 8-24 配电箱在空心砌块墙上嵌墙安装

编号	名　称	型号及规格	单位	数　量	
				I	II
1	钢钉	7号	个		
2	钢丝网	0.5厚	块		

注：1. 本图适用于配电箱、插座箱等嵌墙安装。
　　2. 图中尺寸 H、L、C 见附录或设备产品样本。
　　3. 配电设备预留洞大于1000mm 时应采用现浇过梁。
　　4. 洞口下面如果管道较多无法设置现浇带时，两侧芯柱延伸至楼板。
　　5. 若配电箱下部有管线通过，须将配电箱下部墙体施工时换成实心墙体；若上下均有管线通过，箱体上、下墙体均应换成实心墙体。

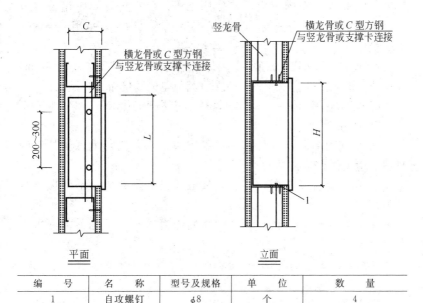

平面　　　　　　　　　　　　　立面

编　　　号	名　　　称	型号及规格	单　　位	数　　量
1	自攻螺钉	$\phi 8$	个	4

注：1. 本图适合于重量较轻的配电箱、启动器、电磁启动器、HH系列负荷开关及按钮等安装。

2. 图中尺寸 H、L、C 见设备产品样本。

3. 箱体厚度应小于墙板厚度，箱体宽度应不大于500mm。

图 8-25　配电箱在轻钢龙骨内墙上安装

第七节　质量标准及质量记录

一、普通灯具安装

1. 主控项目

① 灯具的固定应符合下列规定。

a. 灯具重量大于3kg时，固定在螺栓或预埋吊钩上。

b. 软线吊灯，灯具重量0.5kg及以下时，采用软电线自身吊装；大于0.5kg的灯具采用吊链，且软电线编叉在吊链内，使电线不受力。

c. 灯具固定牢固可靠，不使用木楔。每个灯具固定用螺钉或螺栓不少于2个；当绝缘台直径在75mm及以下时，采用1个螺钉或螺栓固定。

② 花灯吊钩圆钢直径不小于灯具挂销直径，且不应小于6mm；大型花灯的固定及悬吊装置，应按灯具重量的2倍做过载试验。

③ 当钢管做灯杆时，钢管内径不应小于10mm，钢管厚度不应小于1.5mm。

④ 固定灯具带电部件的绝缘材料以及提供防触电保护的绝缘材料，应耐燃烧和防明火。

⑤ 当设计无要求时，灯具的安装高度和使用电压等级应符合下列规定。

a. 一般敞开式灯具，灯头对地面距离不小于下列数值（采用安全电压时除外）。

室外：2.5m（室外墙上安装）

厂房：2.5m

室内：2m

软吊线带升降器的灯具在吊线展开后：0.8m

b. 危险性较大及特殊危险场所，当灯具距地面高度小于2.4m时，使用额定电压为36V及以下的照明灯具，或有专用保护措施。

⑥ 当灯具距地面高度小于2.4m时，灯具的可接近裸露导体必须接地（PE）或接零（PEN）可靠，并应有专用接地螺栓，且有标识。

2. 一般项目

① 引向每个灯具的导线线芯最小截面积应符合表8-1的规定。

表8-1　导线线芯最小截面积/mm

灯具安装的场所及用途		线芯最小截面积		
		铜芯软线	铜　　线	铝　　线
灯头线	民用建筑室内	0.5	0.5	2.5
	工业建筑室内	0.5	1.0	2.5
	室外	1.0	1.0	2.5

② 灯具的外形、灯头及接线应符合下列规定。

a. 灯具及其配件齐全，无机械损伤、变形、涂层剥落和灯罩破裂等缺陷。

b. 软线吊灯的软线两端做保护扣，两端芯线搪锡；当装升降器时，套塑料软管，采用安全灯头。

c. 除敞开式灯具外，其他各类灯具灯泡容量在 100W 及以上者采用瓷质灯头。

d. 连接灯具的软线盘扣、搪锡压线，当采用螺口灯头时，相线接于螺口灯头中间的端子上。

e. 灯头的绝缘外壳不破损和漏电；带有开关的灯头，开关手柄无裸露的金属部分。

③ 变电所内，高低压配电设备及裸母线的正上方不应安装灯具。

④ 装有白炽灯泡的吸顶灯具，灯泡不应紧贴灯罩；当灯泡与绝缘台间距离小于 5mm 时，灯泡与绝缘台间应采取隔热措施。

⑤ 安装在重要场所的大型灯具的玻璃罩，应采取防止玻璃罩碎裂后向下溅落的措施。

⑥ 投光灯的底座及支架应固定牢固，枢轴应沿需要的光轴方向拧紧固定。

⑦ 安装在室外的壁灯应有泄水孔，绝缘台与墙面之间应有防水措施。

二、专用灯具安装

1. 主控项目

① 36V 及以下行灯变压器和行灯安装必须符合下列规定。

a. 行灯电压不大于 36V，在潮湿场所或导电良好的地面上以及工作地点狭窄、行动不便的场所灯电压不大于 12V。

b. 变压器外壳、铁芯和低压侧的任意一端或中性点，接地（PE）或接零（PEN）可靠。

c. 行灯变压器为双圈变压器，其电源侧和负荷侧有熔断器保护，熔丝额定电流分别不应大于变压器一次、二次的额定电流。

d. 行灯灯体及手柄绝缘良好，坚固耐热耐潮湿；灯头与灯体结合紧固，灯头无开关，灯泡外部有金属保护网、反光罩及悬吊挂钩，挂钩固定在灯具的绝缘手柄上。

② 游泳池和类似场所灯具（水下灯及防水灯具）的等电位联结应可靠，且有明显标识，其电源的专用漏电保护装置应全部检测合格。自电源引入灯具的导管必须采用绝缘导管，严禁采用金属或有金属护层的导管。

③ 手术台无影灯安装应符合下列规定。

a. 固定灯座的螺栓数量不少于灯具法兰底座上的固定孔数，且螺栓直径与底座孔径相适配，螺栓采用双螺母锁固。

b. 在混凝土结构上螺栓与主筋相焊接或将螺栓末端弯曲与主筋绑扎牢固。

c. 配电箱内装有专用的总开关及分路开关，电源分别接在两条专用的回路上，开关至灯具的电线采用额定电压不低于 750V 的铜芯多股绝缘电线。

④ 应急照明灯具安装应符合下列规定。

a. 应急照明灯的电源除正常电源外，另有一路电源供电；或者是由独立于正常电源的柴油发电机组供电；或由蓄电池柜供电或选用自带电源应急灯具；

b. 应急照明在正常电源断电后，电源转换时间为，疏散照明≤15s；备用照明≤15s（金融商店交易所≤1.5s）；安全照明≤0.5s。

c. 疏散照明由安全出口标志灯和疏散标志灯组成；安全出口标志灯距地高度不低于 2m，且安装在疏散出口和楼梯口里侧的上方。

d. 疏散标志灯安装在安全出口的顶部、楼梯间、疏散走道及其转角处应安装在 1m 以下的墙面上，不易安装的部位可安装在上部，疏散通道上的标志灯间距不大于 20m（人防工程不大于10m）。

e. 疏散标志灯的设置，不应影响正常通行，且不在其周围设置容易混同疏散标志灯的其他标志牌等。

f. 应急照明灯具、运行中温度大于 60℃ 以上的灯具，当靠近可燃物时，采取隔热、散热等防火措施；当采用白炽灯、卤钨灯等光源时，不应直接安装在可燃装修材料或可燃物件上。

g. 应急照明线路在每个防火分区应有独立的应急照明回路，穿越不同防火分区的线路应有防火隔堵措施。

h. 疏散照明线路应采用耐火电线、电缆，穿管明敷或在非燃烧体内穿刚性导管暗敷，暗敷保护层厚度不小于 30mm；电线采用额定电压不低于 750V 的铜芯绝缘电线。

⑤ 防爆灯具安装应符合下列规定。

a. 灯具的防爆标志、外壳防护等级和温度组别与爆炸危险环境相适配。当设计无要求时，灯具种类和防爆结构的选型应符合表8-2 的规定。

表 8-2　灯具种类和防爆结构的选型

照明设备种类 ＼ 爆炸危险区域防爆结构	Ⅰ　区		Ⅱ　区	
	隔爆型 b	增安型 e	隔爆型 d	增安型 e
固定式灯	○	×	○	○
移动式灯	△	—	○	—
携带式电池灯	○	—	○	—
镇流器	○	△	○	○

注：○为适用；△为慎用；×为不适用。

b. 灯具配套齐全，不用非防爆零件替代灯具配件（金属护网、灯罩、接线盒等）。

c. 灯具的安装位置离开释放源，且不在各种管道和泄压口及排放口上下方安装灯具。

d. 灯具及开关安装牢固可靠，灯具吊管及开关与接线盒螺纹啮合扣数不少于 5 扣，螺纹加工光滑、完整、无锈蚀，并在螺纹上涂以电力复合酯或导电性防锈酯。

e. 开关安装位置便于操作，安装高度 1.3m。

2. 一般项目

① 36V 及以下行灯变压器和行灯安装应符合下列规定。

a. 行灯变压器的固定支架牢固，油漆完整。

b. 携带式局部照明灯电线采用橡套软线。

② 手术台无影灯安装应符合下列规定。

a. 底座紧贴顶板，四周无缝隙。

b. 表面操持整洁、无污染，灯具镀、涂层完整无划伤。

③ 应急照明灯具安装应符合下列规定。

a. 疏散照明采用荧光灯或白炽灯；安全照明采用卤钨灯，或采用瞬时可靠点燃的荧光灯。

b. 安全出口标志灯和疏散标志灯装有玻璃或非燃材料的保护罩，面板亮度均匀度为 1∶10（最低∶最高），保护罩应完整、无裂纹。

④ 防爆灯具安装应符合下列规定。

a. 灯具及开关的外壳完整、无损伤、无凹陷或沟槽，灯罩无裂纹，金属护网无扭曲变形，防爆标志清晰。

b. 灯具及开关的紧固螺栓无松动、锈蚀，密封垫圈完好。

三、建筑物景观照明灯、航空障碍标志灯和庭院灯安装

1. 主控项目

① 建筑物彩灯安装应符合下列规定。

a. 建筑物顶部彩灯采用有防雨性能的专用灯具，灯罩要拧紧。

b. 彩灯配线管路按明配管敷设，且有防雨功能。管路间、管路与灯头盒间螺纹连接，金属导管及彩灯的构架、钢索等可接近裸露导体接地（PE）或接零（PEN）可靠。

c. 垂直彩灯悬挂挑臂采用不小于 10# 的槽钢。端部吊挂钢索用的吊钩子螺栓直径不小于 10mm，螺栓在槽钢上固定，两侧有螺帽，且加平垫及弹簧垫圈紧固。

d. 悬挂钢丝绳直径不小于 4.5mm，底把圆钢直径不小于 16mm，地锚采用架空外线用拉线盘，埋设深度大于 1.5m。

e. 垂直彩灯采用防水吊线灯头，下端灯头距离地面高于 3m。

② 霓虹灯安装应符合下列规定。

a. 霓虹灯管完好，无破裂。

b. 灯管采用专用的绝缘支架固定，且牢固可靠；灯管固定后，与建筑物、构筑物表面的距离不小于 20mm。

c. 霓虹灯专用变压器采用双圈式，所供灯管长度不大于允许负载长度，露天安装的有防雨措施。

d. 霓虹灯专用变压器的二次电线和灯管间的连接线采用额定电压大于 15kV 的高压绝缘电线；二次电线与建筑物、构筑物表面的距离不小于 20mm。

③ 建筑物景观照明灯具安装应符合下列规定。

a. 每套灯具的导电部分对地绝缘电阻值大于 2MΩ。

b. 在人行道等人员来往密集场所安装的落地式灯具，无围栏防护，安装高度距地面 2.5m 以上。

c. 金属构架和灯具的可接近裸露导体及金属软管的接地（PE）或接零（PEN）可靠，且有标识。

④ 航空障碍标志灯安装应符合下列规定。

a. 灯具装设在建筑物或构筑物的最高部位；当最高部位平面面积较大或为建筑群时，除在最高端装设外，还在其外侧转角的顶端分别装设灯具。

b. 当灯具在烟囱顶上装设时，安装在低于烟囱口 1.5～3m 的部位且成正三角形水平排列。

c. 灯具的选型由安装高度决定，低光强的（距地面 60m 以下装设时采用）为红色光，其有效光强大于 1600cd；高光强的（距地面 150m 以上装设时采用）为白色光，有效光强随背景亮度而定。

d. 灯具的电源按主体建筑中最高负荷等级要求供电。

e. 灯具安装牢固可靠，且设置维修和更换光源的措施。

⑤ 庭院灯安装应符合下列规定。

a. 每套灯具的导电部分对地绝缘阻值大于 2MΩ。

b. 立柱式路灯、落地式路灯、特种园艺灯具与基础固定可靠，地脚螺栓备帽齐全；灯具的接线盒或熔断器盒，盒盖的防水密封垫完整。

c. 金属立柱及灯具可接近裸露导体接地（PE）或接零（PEN）可靠；接地线单设干线，干线沿庭院灯布置位置形成环网状，且不少于 2 处与接地装置引出线连接；由干线引出支线与金属灯柱及灯具的接地端子连接，且有标识。

2. 一般项目

① 建筑物彩灯安装应符合下列规定。

a. 建筑物顶部彩灯灯罩完整，无碎裂。

b. 彩灯电线导管防腐完好，敷设平整、顺直。

② 霓虹灯安装应符合下列规定。

a. 当霓虹灯变压器明装时，高度不小于 3m；低于 3m 时应采取防护措施。

b. 霓虹灯变压器的安装位置应方便检修，且隐蔽在不易被非检修人触及的场所，不应装在吊平顶内。

c. 当橱窗内装有霓虹灯时，橱窗门与霓虹灯变压器一次侧开关有连锁装置，确保开门不接通霓虹灯变压器的电源。

d. 霓虹灯变压器二次侧的电线采用玻璃制品绝缘支持物固定，支持点距离不大于下列数值。

水平线段：0.5m

垂直线段：0.75m

③ 建筑物景观照明灯具构架应固定可靠，地脚螺栓拧紧，备帽齐全；灯具的螺栓紧固、无遗漏。灯具外露的电线或电缆应有柔性金属导管保护。

④ 航空障碍标志灯安装应符合下列规定。

a. 同一建筑物或建筑群灯具间的水平、垂直距离不大于 45m。

b. 灯具的自动通、断电源控制装置动作准确。

⑤ 庭院灯安装应符合下列规定。

a. 灯具的自动通、断电源控制装置动作准确，每套灯具熔断器盒内熔丝齐全，规格与灯具适配。

b. 架空线路电杆上的路灯固定可靠，坚固件齐全、拧紧，灯位正确；每套灯具配有熔断器保护。

四、开关、插座、风扇安装

1. 主控项目

① 当交流、直流或不同电压等级的插座安装在同一场所时，应有明显的区别，且必须选择不同结构、不同规格和不能互换的插座；配套的插头应按交流、直流或不同电压等级区别使用。

② 插座接线应符合下列规定。

a. 单相两孔插座，面对插座的右孔或上孔与相线连接，左孔或下孔与零线连接；单相三孔插座，面对插座的右孔与相线连接，左孔与零线连接。

b. 单相三孔、三相四孔及三相五孔插座的接地（PE）或接零（PEN）线接在上孔。插座的接地端子不与零线端子连接；同一场所的三相插座，接线的相序一致。

c. 接地（PE）或接零（PEN）线在插座间不能串联连接。

③ 特殊情况下插座安装应符合下列规定。

a. 当接插有触电危险家用电器的电源时，采用能断开电源的带开关插座，开关断开相线。

b. 潮湿场所采用密封型并带保护地线触头的保护型插座，安装高度不低于 1.5m。

④ 照明开关安装应符合下列规定。

a. 同一建筑物、构筑物的开关采用同一系列的产品，开关的通断位置一致，操作灵活、接触可靠。

b. 相线经开关控制；民用住宅无软线引至床边的床头开关。

⑤ 吊扇安装应符合下列规定。

a. 吊扇挂钩安装牢固，吊扇挂钩的直径不小于吊扇挂销直径，且不小于 8mm；有防震橡胶垫；挂销的防松零件齐全、可靠。

b. 吊扇扇叶距地高度不小于 2.5m。

c. 吊扇组装不改变扇叶角度，扇叶固定螺栓防松零件齐全。

d. 吊杆间、吊杆与电机间螺纹连接，啮合长度不小于 20mm，且防松零件齐全紧固。

e. 吊扇接线正确，当运转时扇叶无明显颤动和异常声响。

⑥ 壁扇安装应符合下列规定。

a. 壁扇底座采用尼龙塞或膨胀螺栓固定；尼龙塞或膨胀螺栓的数量不少于 2 个，且直径不小于 8mm，固定牢固可靠。

b. 壁扇防护罩扣紧，固定可靠，当运转时扇叶和防护罩无明显颤动和异常声响。

2. 一般项目

① 插座安装应符合下列规定。

a. 当不采用安全型插座时，托儿所、幼儿园及小学等儿童活动场所安装高度不小于 1.8m。

b. 暗装的插座面板紧贴墙面，四周无缝隙，安装牢固，表面光滑，整洁、无碎裂、划伤，装饰帽齐全。

c. 车间及试（实）验室的插座安装高度距地面不小于 0.3m；特殊场所暗装的插座不小于 0.15m；同一室内插座安装高度一致。

d. 地插座面板与地面齐平或紧贴地面，盖板固定牢固，密封良好。

② 照明开关安装应符合下列规定。

a. 开关安装位置便于操作，开关边缘距门框边缘的距离 0.15～0.2m，开关距地面高度 1.3m；拉线开关距地面高度 2～3m，层高小于 3m 时，拉线开关距顶板不小于 100mm，拉线出口垂直向下。

b. 相同型号并列安装及同一室内开关安装高度一致，且控制有序不错位；并列安装的拉线开关的相邻间距不小于 20mm。

c. 暗装的开关面板应紧贴墙面，四周无缝隙，安装牢固，表面光滑、整洁、无碎裂、划伤，装饰帽齐全。

③ 吊扇安装应符合下列规定。

a. 涂层完整，表面无划痕、无污染，吊杆上下扣碗安装牢固到位。

b. 同一室内并列安装的吊扇开关高度一致，且控制有序不错位。

④ 壁扇安装应符合下列规定。

a. 壁扇下侧边缘距地面高度不小于 1.8m。

b. 涂层完整，表面无划痕、无污染，防护罩无变形。

五、建筑物照明通电试运行

主控项目

① 照明系统通电，灯具回路控制应与照明配电箱及回路的标识一致；开关与灯具控制顺序相对应，风扇的转向及调速开关应正常。

② 公用建筑照明系统通电连续试运行时间应为 24h，民用住宅照明系统通电连续试运行时间应为 8h，所有照明灯具均应开启，且每 2h 记录运行状态 1 次，连续试运行时间内无故障。

六、成套配电柜、控制柜（屏、台）和动力、照明配电箱（盘）安装

1. 主控项目

① 柜、屏、台、箱、盘的金属框架及基础型钢必须接地（PE）或接零（PEN）可靠；装有电器的可开启门，门和框架的接地端子间应用裸纺织铜线连接，且有标识。

② 低压成套配电柜、控制柜（屏、台）和动力、照明配电箱（盘）应有可靠的电击保护。柜（屏、台、箱、盘）内保护导体应有裸露的连接外部保护导体的端子，当设计无要求时，柜（屏、台、箱、盘）内保护导体最小截面积 S_p 不应小于表 8-3 的规定。

表 8-3　保护导体的截面积

相线的截面积 S/mm^2	相应保护导体的最小截面积 S_p/mm^2	相线的截面积 S/mm^2	相应保护导体的最小截面积 S_p/mm^2
$S \leqslant 16$	S	$400 < S \leqslant 800$	200
$16 < S \leqslant 35$	16	$S > 800$	$S/4$
$35 < S \leqslant 400$	$S/2$		

注：S 指柜（屏、台、箱、盘）电源进线相线截面积，且两者（S、S_p）材质相同。

③ 手车、抽出式成套配电柜推拉应灵活，无卡阻碰撞现象。动触头与静触头的中心线应一致，且触头接触紧密，投入时，接地触头先于主触头接触；退出时，接地触头后于主触头脱开。

④ 高压成套配电柜必须按本规范的规定交接试验合格，且应符合下列规定。

a. 继电保护元器件、逻辑元件、变送器和控制用计算机等单体检验合格，整组试验动作正确，整定参数符合设计要求。

b. 凡经法定程序批准，进入市场投入使用的新高压电气设备和继电保护装置，按产品技术文件要求交接试验。

⑤ 低压成套配电柜交接试验，必须符合本规范的规定。

⑥ 柜、屏、台、箱、盘间线路和线间和线对地间绝缘电阻值，馈电线路必须大于 0.5 MΩ，二次回路必须大于 1MΩ。

⑦ 柜、屏、台、箱、盘间二次回路交流工频耐压试验，当绝缘电阻值大于 10MΩ，用 2500V 兆欧表遥测 1min，应无闪络击穿现象；当绝缘电阻值在 1～10MΩ 时，做 1000V 交流工频耐压试验，时间 1min，应无闪络击穿现象。

⑧ 直流屏试验，应将屏内电子器件从线路上退出，检测主回路线间和线对地间绝缘值应大于 0.5MΩ；直流屏所附蓄电池组的充、放电应符合产品技术文件要求；整流器的控制调整和输出特性试验应符合产品技术文件要求。

⑨ 照明配电箱（盘）安装应符合下列规定。

a. 箱（盘）内配线整齐，无绞接现象；导线连接紧密，不伤芯线，不断股；垫圈下螺丝两侧压的导线截面积相同，同一端子上导线连接不多于两根，防松垫圈等零件齐全。

b. 箱（盘）内开关动作灵活可靠，带有漏电保护的回路，漏电保护装置动作电流不大于 30mA，动作时间不大于 0.1s。

c. 照明箱（盘）内，分别设置零线（N）和保护地线（PE 线）汇流排，零线和保护地线经汇流排配出。

2. 一般项目

① 基础型钢安装应符合表 8-4 的规定。

表 8-4　基础型钢安装允许偏差

项　目	允　许　偏　差/mm	
	每 1 米	全　长
不直度	1	5
水平度	1	5
不平行度	—	5

② 柜、屏、台、箱、盘相互间或与基础型钢应用镀锌螺栓连接，且防松零件齐全。

③ 柜、屏、台、箱、盘安装垂直度允许偏差为 1.5‰，相互间接缝不应大于 2mm，成列盘面偏差不应大于 5mm。

④ 柜、屏、台、箱、盘内检查试验应符合下列规定。

a. 控制开关及保护装置的规格、型号符合设计要求。

b. 闭锁装置动作准确、可靠。

c. 主开关的辅助开关切换动作与主开关动作一致。

d. 柜、屏、台、箱、盘上的标识器件标明被控设备编号及名称，或操作位置，接线端子有编号，且清晰、工整、不易脱色。

e. 回路中的电子元件不应参加交流工频耐压试验；48V 及以下回路可不做交流工频耐压试验。

⑤ 低压电器组合应符合下列规定。

a. 发热元件安装在散热良好的位置。

b. 熔断器的熔体规格、自动开关的整定值符合设计要求。

c. 切换压板接触良好，相邻压板间有安全距离，切换时不触及相邻的压板。

d. 信号回路的信号灯、按钮、光字牌、电铃、电笛、事故电钟等动作和信号显示准确。

e. 外壳需接地（PE）或接零（PEN）的，连接可靠。

f. 端子排安装牢固，端子有序号，强电、弱电端子隔离布置，端子规格与芯线截面积大小适配。

⑥ 柜、屏、台、箱、盘间配线，电流回路应采用额定电压不低于 750V、芯线截面积不小于 2.5mm² 的铜芯绝缘电线或电缆；除电子元件回路或类似回路外，其他回路的电线应采用额定电

压不低于 750V、芯线截面不小于 $1.5mm^2$ 的铜芯绝缘电线或电缆。

二次回路连接应成束绑扎，不同电压等级、交流、直流线路及计算机控制线路应分别绑扎，且有标识；固定后不应妨碍手车开关或抽出式部件的拉出或推入。

⑦ 连接柜、屏、台、箱、盘面板上的电器及控制台、板等可动部位的电线应符合下列规定。

a. 采用多股铜芯软电线，敷设长度留有适当裕量。

b. 线束有外套塑料管等加强绝缘保护层。

c. 与电器连接时，端部绞紧，且有不开口的终端端子或搪锡，不松散、断股。

d. 可转动部位的两端用卡子固定。

⑧ 照明配电箱（盘）安装应符合下列规定。

a. 位置正确，部件齐全，箱体开孔与导管管径适配，暗装配电箱箱盖紧贴墙面，箱（盘）涂层完整。

b. 箱（盘）内接线整齐，回路编号齐全，标识正确。

c. 箱（盘）不采用可燃材料制作。

d. 箱（盘）安装牢固，垂直度允许偏差为 1.5‰；底边距地面为 1.5m，照明配电板底边距地面不小于 1.8m。

七、质量记录

① 设备材料进货检验记录。

② 设备材料产品合格证。

③ 安装自检记录。

④ 工序交接确认记录。

⑤ 电气绝缘电阻测试记录。

⑥ 电气器具通电安全检查记录。

⑦ 检验批质量验收记录。

⑧ 大型照明灯具承载试验记录。

⑨ 配电箱、柜安装调试记录。

附：检验批质量验收记录表

普通灯具安装检验批质量验收记录表

（引自 GB 50303—2002）

060507□□

单位(子单位)工程名称				
分部(子分部)工程名称			验收部位	
施工单位			项目经理	
分包单位			分包项目经理	
施工执行标准名称及编号				

施工质量验收规范规定			施工单位检查评定记录	监理(建设)单位验收记录
主控项目	1	灯具的固定	第19.1.1条	
	2	花灯吊钩选用、固定及悬吊装置的过载试验	第19.1.2条	
	3	钢管吊灯灯杆检查	第19.1.3条	
	4	灯具的绝缘材料耐火检查	第19.1.4条	
	5	灯具的安装高度和使用电压等级	第19.1.5条	
	6	距地高度小于2.4m的灯具金属外壳的接地或接零	第19.1.6条	
一般项目	1	引向每个灯具的电线线芯最小截面积	第19.2.1条	
	2	灯具的外形,灯头及其接线检查	第19.2.2条	
	3	变电所内灯具的安装位置	第19.2.3条	
	4	装有白炽灯具的吸顶灯具隔热检查	第19.2.4条	
	5	在重要场所的大型灯具的玻璃罩安全措施	第19.2.5条	
	6	投光灯的固定检查	第19.2.6条	
	7	室外壁灯的防水检查	第19.2.7条	

	专业工长(施工员)		施工班组长	
施工单位检查评定结果				
	项目专业质量检查员:		年　月　日	
监理(建设)单位验收结论				
	监理工程师: (建设单位项目专业技术负责人)		年　月　日	

说　　明

主控项目

1. 灯具的固定应符合下列规定。

① 灯具重量大于 3kg 时，固定在螺栓或预埋吊钩上。

② 软线吊灯，灯具重量在 0.5kg 及以下时，采用软电线自身吊装；大于 0.5kg 的灯具采用吊链，且将电线编叉在吊链内，使电线不受力。

③ 灯具固定牢固可靠，不使用木楔，每个灯具固定用螺钉或螺栓不少于 2 个，当绝缘台直径在 75mm 及以下时，采用 1 个螺钉或螺栓固定。

2. 花灯吊钩圆钢直径不应小于灯具挂销直径，且不应小于 6mm，大型花灯的固定及悬吊装置，应按灯具重的 2 倍做过载试验。

3. 当钢管做灯杆时，钢管内径不应小于 10mm，钢管厚度不应小于 1.5mm。

4. 固定灯具带电部件的绝缘材料以及提供防触电保护的绝缘材料，应耐燃烧和防明火。

5. 当设计无要求时，灯具的安装高度和使用电压等级应符合下列规定。

① 一般敞开式灯具，灯头对地面距离不小于下列数值（采用安全电压时除外）。

a. 室外：2.5m（室外墙上安装）。

b. 厂房：2.5m。

c. 室内：2m。

d. 软吊线带升降器的灯具有吊线展开后：0.8m。

② 危险性较大及特殊危险场所，当灯具距地面高度

小于 2.4m 时，使用额定电压为 36V 以下的照明灯具，或有专用保护措施。

6. 当灯具距地面高度小于 2.4m 时，灯具的可接近裸露导体必须接地（PE）或接零（PEN）可靠，并应有专用接地螺栓，且有标识。

一般项目

1. 引向每个灯具的导线线芯最小截面积应符合 GB 50303—2002 中表 19.2.1 的规定。

2. 灯具的外形、灯头及其接线应符合下列规定。

① 灯具及其配件齐全，无机构损伤、变形、涂层剥落和灯罩破裂等缺陷。

② 软线吊灯的软线两端做保护扣，两端芯线搪锡；当装升降器时，套塑料软管，采用安全灯头。

③ 除敞开式灯具外，其他各类灯具灯泡容量在 100W 及以上者采用瓷质灯头。

④ 连接灯具的软线盘扣、搪锡压线，当采用螺口灯头时，相线接于螺口灯头中间的端子上。

⑤ 灯头的绝缘外壳不破损和漏电；带有开关的灯头，开关手柄无裸露的金属部位。

3. 变电所内，高低压配电设备及裸母线的正上方不应安装灯具。

4. 装有白炽灯泡的吸顶具，灯泡不应紧贴灯罩；当灯泡与绝缘台间距离小于 5mm 时，灯泡与绝缘台间应采取隔热措施。

5. 安装在重要场地大型灯具的玻璃罩，应采取防止玻璃罩碎裂后向下溅落的措施。

6. 投光灯的底座及支架应固定牢固，枢轴应沿所需要的光轴方向拧紧固定。

7. 安装在室外的壁灯应有泄水孔，绝缘台与墙面之间应有防水措施。

检查数量

主控项目 2 全数检查；1、3～6 抽查 10%，少于 10 套，全数检查。

一般项目 3、5、6 全数检查；1、2、4、7 抽查 10%，少于 10 套，全数检查。

检验方法

见 GB 50303—2002 中第 28.0.7 条。

判定

应检数量全部符合规范规定判为合格。

专用灯具安装检验批质量验收记录表

（引自 GB 50303—2002）

060508□□

单位（子单位）工程名称					
分部（子分部）工程名称				验收部位	
施工单位				项目经理	
分包单位				分包项目经理	
施工执行标准名称及编号					
施工质量验收规范规定			施工单位检查评定记录		监理（建设）单位验收记录
主控项目	1	36V 及以下行灯变压器和行灯安装	第 20.1.1 条		
	2	游泳池和类似场所灯具的等电位联结，电源的专用漏电保护装置	第 20.1.2 条		
	3	手术台无影灯的固定、供电电源和电线选用	第 20.1.3 条		
	4	应急照明灯具的安装	第 20.1.4 条		
	5	防爆灯具的选型及其开关的位置和高度	第 20.1.5 条		
一般项目	1	36V 及以下行灯变压器固定及电缆选择	第 20.2.1 条		
	2	手术台无影灯安装检查	第 20.2.2 条		
	3	应急照明灯具光源和灯罩选用	第 20.2.3 条		
	4	防爆灯具及开关的安装检查	第 20.2.4 条		

	专业工长(施工员)		施工班组长	
施工单位检查评定结果				
	项目专业质量检查员：		年　月　日	
监理(建设)单位验收结论				
	监理工程师： (建设单位项目专业技术负责人)		年　月　日	

说　　明

060508

主控项目

1. 36V 及以下行灯变压器和行灯安装必须符合下列规定。

① 行灯电压不大于 36V，在特殊潮湿场所或导电良好的地面上以及工作地点狭窄、行动不便的场所行灯电压不大于 12V。

② 变压器外壳、铁芯和低压侧的任意一端或中性点，接地（PE）或接零（PEN）可靠。

③ 行灯变压器为双圈变压器，其电源侧和负荷侧有熔断器保护，熔丝额定电流分别不应大于变压器一次、二次的额定电流。

④ 行灯灯体及手柄绝缘良好，坚固耐热耐潮湿；灯

头与灯体结合坚固，灯头无开关，灯泡外部有金属保护网、反光罩及悬吊挂钩，挂钩固定在灯具的绝缘手柄上。

2. 游泳池和类似场所灯具（水下灯及防水灯具）的等电位联结应可靠，且有明显标识，其电源的专用漏电保护装置应全部检测合格，自电源引入灯具的导管必须采用绝缘导管，严禁采用金属或有金属护层的导管。

3. 手术台无影灯安装应符合下列规定。

① 固定灯座的螺栓数量不少于灯具法兰底座上的固定孔数，且螺栓直径与底座孔径相适配。

② 在混凝土结构上螺栓与主筋相焊接或将螺栓末端弯曲与主筋绑扎锚固。

③ 配电箱内装有专用的总开关及分路开关，电源分别接在两条专用的回路上，开关至灯具的电线采用额定电压不低于 750V 的铜芯多股绝缘电线。

4. 应急照明灯具安装应符合下列规定。

① 应急照明灯的电源除正常电源外，另有一路电源供电；或者独立于正常电源的柴油发电机组供电；或由蓄电池柜供电或选用自带电源型应急灯具。

② 应急照明在正常电源断电后，电源转换时间为：疏散照明≤15s，备用照明≤15s（金融商店交易所≤1.5s）安全照明≤0.5s。

③ 疏散照明由安全出口标志灯和疏散标志灯组成；安全出口标志灯距地高度不低于 2m，且安装在疏散出口和楼梯口里侧的上方。

④ 疏散标志灯安装在安全出口的顶部，楼梯间、疏散走道及其转角处应安装在 1m 以下的墙面上，不易安装的部位可安装在上部；疏散通道上的标志灯间距不大于

20m（人防工程不大于 10m）。

⑤ 疏散标志灯的设置，不影响正常通行，且不在其周围设置容易混同疏散标志灯的其他标志牌等。

⑥ 应急照明灯具、运行中温度大于 60℃ 的灯具，当靠近可燃物时，采取隔热、散热等防火措施；当采用白炽灯，卤钨灯等光源时，不直接安装在可燃装修材料或可燃物件上。

⑦ 应急照明线路在每个防火分区有独立的应急照明回路，穿越不同防火分区的线路有防火隔堵措施。

⑧ 疏散照明路线采用耐火电线、电缆，穿管明敷或在非燃烧体内穿刚性导管暗敷，暗敷保护层厚度不小于 30mm；电线采用额定电压不低于 750V 的铜饼绝缘电线。

5. 防爆灯具安装应符合下列规定。

① 灯具的防爆标志、外壳防护等级和温度组别与爆炸危险环境相适配；当设计无要求时，灯具种类和防爆结构的选型应符合 GB 50303—2002 中表 20.1.5 的规定。

② 灯具配套齐全，不用非防爆零件替代灯具配件（金属护网、灯罩、接线盒等）。

③ 灯具的安装位置离开释放源，且不在各种管道的泄压口及排放口上下方安装灯具。

④ 灯具及开关安装牢固可靠，灯具吊管及开关与接线盒螺纹啮合扣数不少于 5 扣，螺纹加工光滑、完整、无锈蚀，并在螺纹上涂以电力复合脂或导电性防锈脂。

⑤ 开关安装位置便于操作，安装高度 1.3m。

一般项目

1. 36V 及以下行灯变压器安装应符合下列规定。

① 行灯变压器的固定支架牢固，油漆完整。

② 携带式局部照明灯电线采用橡套软线。

2. 手术台无影灯安装应符合下列规定。

① 底座紧贴顶板，四周无缝隙。

② 表面保持整洁、无污染，灯具镀、涂层完整无划伤。

3. 应急照明灯具安装应符合下列规定。

① 疏散照明采用荧光灯或白炽灯；安全照明采用卤钨灯，或采用瞬时可靠点燃的荧光灯。

② 安全出口标志灯和疏散标志灯装有玻璃或非燃材料的保护罩，面板亮度均匀度为 1∶10（最低∶最高）保护罩应完整、无裂纹。

4. 防爆灯具安装应符合下列规定。

① 灯具及开关的外壳完整，无损伤、无凹陷或沟槽，灯罩无裂纹，金属护网无扭曲变形，防爆标志清晰。

② 灯具及开关的紧固螺栓无松动、锈蚀，密封垫圈完好。

检查数量

主控项目 1～3 全数检查；电源、持续供电时间、电源切换时间全数检查，其余抽查 10%；5 抽查 10 套，少于 10 套，全数检查。

一般项目 1、2 全数检查；3、4 抽查 10%，少于 10 套，全数检查。

检验方法

见 GB 50303—2002 中第 28.0.7 条。

判定

应检数量全部符合规范规定判为合格。

建筑物景观照明灯、航空障碍标志灯和庭院灯
安装检验批质量验收记录表

060107□□
060509□□

单位(子单位)工程名称							
分部(子分部)工程名称					验收部位		
施工单位					项目经理		
分包单位					分包项目经理		
施工执行标准名称及编号							
施工质量验收规范规定				施工单位检查 评定记录		监理(建设)单位 验收记录	
主控项目	1	建筑物彩灯灯具、配管及规定固定		第21.1.1条			
	2	霓虹灯灯管、专用变压器、导线的检查及固定		第21.1.2条			
	3	建筑物景观照明灯的绝缘、固定、接地或接零		第21.1.3条			
	4	航空障碍标志灯的位置、固定及供电电源		第21.1.4条			
	5	庭院灯安装、绝缘、固定、防水密封及接地或接零		第21.1.5条			
一般项目	1	建筑物彩灯安装检查		第21.2.1条			
	2	霓虹灯、霓虹灯变压器相关控制装置及线路		第21.2.2条			
	3	建筑物景观照明灯具的构架固定和外露电线电缆保护		第21.2.3条			
	4	航空障碍标志灯同一场所安装的水平、垂直距离		第21.2.4条			
	5	杆上路灯固定、灯具动作及熔断器配备		第21.2.5条			

施工单位检查评定结果	专业工长(施工员)		施工班组长	
	项目专业质量检查员:　　　　　　　　年　　月　　日			

监理(建设)单位验收结论	
	监理工程师: (建设单位项目专业技术负责人)　　　年　　月　　日

说　　明

主控项目

1. 建筑物彩灯安装应符合下列规定。

① 建筑物顶部彩灯采用有防雨性能的专用灯具，灯罩要拧紧。

② 彩灯配线管路按明配管敷设，且有防雨功能。管路间、管路与灯头盒间螺纹连接，金属导管及彩灯的构架强、钢索等可接近裸露导体接地（PE）或接零（PEN）可靠。

③ 垂直彩灯悬挂挑臂采用不小于 10 号的槽钢；端部吊挂钢索用的吊钩螺栓直径不小于 10mm，螺栓在槽钢上固定，两侧有螺母，且加平垫及弹簧垫圈紧固。

④ 悬挂钢丝绳直径不小于 4.5mm，底把圆钢直径不小于 16mm，地锚采用架空外线用拉线盘，埋设深度小于 1.5m。

⑤ 垂直彩灯采用防水吊线灯头，下端灯头距离地面高于 3m。

2. 霓虹灯安装应符合下列规定。

① 霓虹灯管完好，无破裂。

② 灯管采用专用的绝缘支架固定，且牢固可靠；灯管固定后，与建筑物、构筑物表面的距离不小于 20mm。

③ 霓虹灯专用变压器采用双圈式，所供灯管长度不大于允许负载长度，露天安装的有防雨措施。

④ 霓虹灯专用变压器的二次电线和灯管间的连接线采用额定电压大于 15kV 的高压绝缘电线；二次电线与建

筑物、构筑物表面的距离不小于20mm。

3. 建筑物景观照明灯具安装应符合下列规定。

① 每套灯具的导电部分对地绝缘电阻值大于2MΩ。

② 在人行道等人员来往密集场所安装的落地式灯具，无围栏防护，安装高度距地面2.5m以上。

③ 金属构架和灯具的可接近裸露导体及金属软管的接地（PE）或接零（PEN）可靠，且有标识。

4. 航空障碍标志灯安装应符合下列规定。

① 灯具装设在建筑物或构筑物的最高部位；当最高部位平面面积较大或为建筑群时，除在最高端装设外，还在其外侧转角的顶端分别装设灯具。

② 当灯具在烟囱顶上装设时，安装在低于烟囱口1.5～3m的部位且呈三角形水平排列。

③ 灯具的选型根据安装高度决定，低光强的（距地面60m以下装设时采用）为红色光，其有效光强大于1600cd；高光强的（距地面150m以上装设时采用）为白色光，有效光强随背景亮度而定。

④ 灯具的电源按主体建筑中最高负荷等级要求供电。

⑤ 灯具安装牢固可靠，且设置维修和更换光源的措施。

5. 庭院灯安装应符合下列规定。

① 每套灯具的导电部位对地绝缘电阻值大于2MΩ。

② 立柱式路灯、落地式路灯、特种园艺灯等灯具与基础固定可靠，地脚螺栓备帽齐全。灯具的接线盒或熔断器盒，盒盖的防水密封垫完整。

③ 金属立柱及灯具可接近裸露导体接地（PE）或接零（PEN）可靠，接地线单设干线，干线沿庭院灯布置位置形成环网状，且不少于2处与接地装置引出

线连接。由干线引出支线与金属灯柱及灯具的接地端子连接，且有标识。

一般项目

1. 建筑物彩灯安装应符合下列规定。

① 建筑物顶部彩灯灯罩完整，无碎裂。

② 彩灯电线导管防腐完好，敷设平整、顺直。

2. 霓虹灯安装应符合下列规定。

① 当霓虹灯变压器明装时，高度不小于3m；低于3m采取防护措施。

② 霓虹灯变压器的安装位置方便检修，且隐蔽在不易被非检修人触及的场所，不装在吊平顶内。

③ 当橱窗内装有霓虹灯时，橱窗门与霓虹灯变压器一次侧开关有连锁装置，确保开门不接通霓虹灯变压器的电源。

④ 霓虹灯变压器二侧的电线采用玻璃制品绝缘支持物固定，支持点距离水平线段≤0.5m，垂直线段≤0.75m。

3. 建筑物景观照明灯具构架应固定可靠，地脚螺栓拧紧，备帽齐全，灯具的螺栓紧固、无遗漏；灯具外露的电线或电缆应有柔性金属导管保护。

4. 航空障碍标志灯安装应符合下列规定。

① 同一建筑物或建筑群灯具间的水平、垂直距离不大于45m。

② 灯具的自动通、断电源控制装置动作准确。

5. 庭院灯安装应符合下列规定。

① 灯具的自动通、断电源控制装置动作准确，每套灯具熔断器盒内熔丝齐全，规格与灯具适配。

② 架空线路电杆上的路灯，固定可靠，紧固件齐全、拧紧，灯位正确；每套灯具配有熔断器保护。

检查数量

主控项目1钢索等悬挂结构及接地全数检查；灯具和线路抽查10%，少于10套，全数检查；2～4全数检查；5抽查10%，少于5套，全数检查。

一般项目2～4全数检查；1、5抽查10%，少于5套，全数检查。

检验方法

见 GB 50303—2002 中第 28.0.7 条。

判定

应检数量全部符合规范规定为合格。

开关、插座、风扇安装检验批质量验收记录表

(引自 GB 50303—2002)

060408□□
060510□□

单位(子单位)工程名称					
分部(子分部)工程名称				验收部位	
施工单位				项目经理	
分包单位				分包项目经理	
施工执行标准名称及编号					
施工质量验收规范规定			施工单位检查评定记录		监理(建设)单位验收记录
主控项目	1	交流、直流或不同电压等级在同一场所的插座应有区别	第22.1.1条		
	2	插座的接线	第22.1.2条		
	3	特殊情况下的插座安装	第22.1.3条		
	4	照明开关的选用、开关的通断位置	第22.1.4条		
	5	吊扇的安装高度、挂钩选用和吊扇的组装及试运转	第22.1.5条		
	6	壁扇、防护罩的固定及试运转	第22.1.6条		
一般项目	1	插座安装和外观检查	第22.2.1条		
	2	照明开关的安装位置、控制顺序	第22.2.2条		
	3	吊扇的吊杆、开关和表面检查	第22.2.3条		
	4	壁扇的高度和表面检查	第22.2.4条		

	专业工长(施工员)		施工班组长	
施工单位检查评定结果				
	项目专业质量检查员：		年 月 日	
监理(建设)单位验收结论				
	监理工程师： (建设单位项目专业技术负责人)		年 月 日	

说　　明

060408
060510

主控项目

1. 当交流、直流或不同电压等级的插座安装在同一场所时，应有明显的区别，且必须选择不同结构、不同规格和不能互换的插座；配套的插头应按交流、直流或不同电压等级区别使用。

2. 插座接线应符合下列规定。

① 单相两孔插座，面对插座的右孔或上孔与相线连接，左孔或下孔与零线连接；单相三孔插座，面对插座的右孔与相线连接，左孔与零线连接。

② 单相三孔、三相四孔及三相五孔插座的接地（PE）或接零（PEN）线接在上孔；插座的接地端子不与零线端子连接；同一场所的三相插座，接线的相序一致。

③ 接地（PE）或接零（PEN）线在插座间不串联连接。

3. 特殊情况下插座安装应符合下列规定。

① 当接插有触电危险家用电器的电源时，采用能断开电源的带开关插座，开关断开相线。

② 潮湿场所采用密封型并带保护地线触头的保护型插座，安装高度不低于 1.5m。

4. 照明开关安装应符合下列规定。

① 同一建筑物、构筑物的开关采用同一系列的产品，开关的通断位置一致，操作灵活、接触可靠。

② 相线经开关控制；民用住宅无软线引至床边的床头开关。

5. 吊扇安装应符合下列规定。

① 吊扇挂钩安装牢固，吊扇挂钩的直径不小于吊扇挂销直径，且不小于 8mm，有防震橡胶垫；挂销的防松零件齐全、可靠。

② 吊扇扇叶距地高度不小于 2.5m。

③ 吊扇组装不改变扇叶角度，扇叶固定螺栓防松零件齐全紧固。

④ 吊杆间、吊杆与电机间螺纹连接，啮合长度不小于 20mm，且防松零件齐全紧固。

⑤ 吊扇接线正确，当运转时扇叶无明显颤动和异常声响。

6. 壁扇安装应符合下列规定。

① 壁扇底座采用尼龙塞或膨胀螺栓固定；尼龙塞或膨胀螺栓的数量不少于 2 个，且直径不小于 8mm，固定牢固可靠。

② 壁扇防护罩扣紧，固定可靠，当运转时扇叶和防

护罩无明显颤动和异常声响。

一般项目

1. 插座安装应符合下列规定。

① 当不采用安全型插座时，托儿所、幼儿园及小学等儿童活动场所安装高度不小于1.8m。

② 暗装的插座面板紧贴墙面，四周无缝隙，安装牢固，表面光滑，整洁，无碎裂、划伤，装饰帽齐全。

③ 车间及试（实）验室的插座安装高度距地面不小于0.3m；特殊场所暗装的插座不小于0.15m；同一室内插座安装高度一致。

④ 地插座面板与地面齐平或紧贴地面，盖板固定牢固，密封良好。

2. 照明开关安装应符合下列规定。

① 开关安装位置便于操作，开关边缘距门框边缘的距离0.15～0.2m，开关距地面高度1.3m；拉线开关距地面高度2～3m，层高小于3m时，拉线开关距顶板不小于100mm，拉线出口垂直向下。

② 相同型号并列安装及同一室内开关安装高度一致，且控制有序不错位。并列安装的拉线开关的相邻间距不小于20mm。

③ 暗装的开关面板应紧贴墙面，四周无缝隙，安装牢固，表面光滑整洁、无碎裂、划伤，装饰帽齐全。

3. 吊扇安装应符合下列规定。

① 涂层完整，表面无划痕，无污染，吊杆上下扣碗安装牢固到位。

② 同一室内并列安装的吊扇开关高度一致，且控制有序不错位。

4. 壁扇安装应符合下列规定。

① 壁扇下侧边缘距地面高度不小于1.8m。

② 涂层完整，表面无划痕、无污染，防护罩无变形。

检查数量

主控项目1按不同用途的插座抽查10个，少于5个，全数检查；2～6抽查10%，少于5个，全数检查。

一般项目抽查10%。

检验方法

见GB 50303—2002中第28.0.7条。

判定

同一场所安装的开关，插座高度一致，是指控制在目视检查无大差异，实测在±10mm内，并列安装的要平齐。其余应检数量符合规范规定判为合格。

成套配电柜、控制柜（屏、台）和动力、照明配电箱（盘）安装检验批质量验收记录表

（引自GB 50303—2002）

（Ⅱ）低压成套柜（屏、台）

060401□□

单位(子单位)工程名称				
分部(子分部)工程名称			验收部位	
施工单位			项目经理	
分包单位			分包项目经理	
施工执行标准名称及编号				

施工质量验收规范规定			施工单位检查评定记录	监理(建设)单位验收记录
主控项目	1	金属框架接地或接零	第6.1.1条	
	2	电击保护和保护导体的截面积	第6.1.2条	
	3	抽查式柜的推拉和动、静触头检查	第6.1.3条	
	4	成套配电柜的交接试验	第6.1.4条	
	5	柜(屏、盘、台等)间线路绝缘电阻值测试	第6.1.5条	
	6	柜(屏、盘、台等)间二次回路耐压试验	第6.1.6条	
	7	直流屏试验	第6.1.7条	

施工质量验收规范规定			施工单位检查 评定记录	监理(建设)单位 验收记录
一般项目	1	柜(屏、盘、台等)间或与基础型钢的连接	第6.2.2条	
	2	柜(屏、盘、台等)间接缝、成列安装盘偏差	第6.2.3条	
	3	柜(屏、盘、台等)内部检查试验	第6.2.4条	
	4	低压电器组合	第6.2.5条	
	5	柜(屏、盘、台等)间配线	第6.2.6条	
	6	柜(台)与其面板间可动位的配线	第6.2.7条	
	7	型钢安装允许偏差　不直度(n)/mm	≤1	
		水平度(全长)/mm	≤5	
		不平行度(全长)/mm	≤5	
	8	垂直度允许偏差	≤1.5‰	

专业工长(施工员)　　　　　　　　施工班组长

施工单位检查评定结果

项目专业质量检查员：　　　　年　月　日

监理(建设)单位验收结论

监理工程师：
(建设单位项目专业技术负责人)　　年　月　日

说　明

（Ⅱ）

主控项目

1. 柜、屏、台、箱、盘的金属框架及基础型钢必须接地（PE）或接零（PEN）可靠；装有电器的可开启门，门和框架和接地端子间应用裸纺织铜线连接，且有标识。

2. 低压成套配电柜、控制柜（屏、台）和动力、照明配电箱（盘）应有可靠的电击保护；柜（屏、台、箱、盘）内保护导体应有裸露的连接外部保护导体的端子，当设计无要求时，柜（屏、台、箱、盘）内保护导体最小截面积 S_p 不应小于 GB 50327—2001 中表 6.1.2 的规定。

3. 手车、抽出式成套配电柜推拉应灵活，无卡阻碰撞现象。动触头与静触头的中心线应一致，且触头接触紧密，投入时，接地触头先于主触头接触；退出时，接地触头后于主触头脱开。

4. 低压成套配电柜交接试验，必须符合 GB 50303—2002 中第 4.1.5 条的规定。

5. 柜、屏、台、箱、盘间线路的线间和线对地间绝缘电阻值，馈电线路必须大于 0.5MΩ；二次回路必须大于 1MΩ。

6. 柜、屏、台、箱、盘间二次回路交流工频耐压试验，当绝缘电阻值大于 10MΩ 时，用 2500V 兆欧表摇测 1min，应无闪络击穿现象；当绝缘电阻值在 1～10MΩ 时，做 1000V 交流工频耐压试验，时间 1min，应无闪络击穿现象。

7. 直流屏试验，应将屏内电子器件从线路上退出，检测主回路线间和线对地间绝缘电阻值应大于 0.5MΩ，直流屏所附蓄电池组的充、放电应符合产品技术文件要求。整流器的控制调整和输出特性试验应符合产品技术文件要求。

一般项目

1. 柜、屏、台、箱、盘相互间或与基础型钢应用镀锌栓连接，且防松零件齐全。

2. 柜、屏、台、箱、盘安装垂直度允许偏差为 1.5‰相互间接缝不应大于 2mm，成列盘面偏差不应大于 5mm。

3. 柜、屏、台、箱、盘内检查试验应符合下列规范。

① 控制开关及保护装置的规格、型号符合设计要求。

② 闭锁装置动作准确、可靠。

③ 主开关的辅助开关切换动作与主开关动作一致。

④ 柜、屏、台、箱、盘上的标识器标明被控制设备编号及名称，或操作位置，接线端子有编号，且清晰、工整、不易脱色。

⑤ 回路中的电子元件不应参加交流工频耐压试验；48V 以下回路可不做交流工频耐压试验。

4. 低压电器组合应符合下列规定。

① 发热元件安装在散热良好的位置。

② 熔断器的熔体规格、自动开关的整定值符合设计要求。

③ 切换压板接触良好，相邻压板间有安全距离，切换时，不触及相邻的压板。

④ 信号回路和信号灯、按钮、光字牌、电铃、电笛、事故电钟等动作和信号显示准确。

⑤ 外壳需接地（PE）或接零（PEN）的，连接可靠。

⑥ 端子排安装牢固，端子有序号、强电、弱电端子隔离布置，端子规格与芯线截面积大小适配。

5. 柜、屏、台、箱、盘间配线，电流回路应采用额定电压不低于 750V，芯线截面积不小于 2.5mm² 的铜芯绝缘电线或电缆；除电子元件回路或类似回路外，其他回路的电线应采用额定电压不低于 750V，芯线截面不小于 1.5mm² 的铜芯绝缘电线或电缆。

二次回路连线应成束绑扎，不同电压等级、交流、直流线路及计算机控制线路应分别绑扎，且有标识；固定后不应妨碍手车开关或抽出式部件的拉出或推入。

6. 连接柜、屏、台、箱、盘面板下的电器及控制台、板等可动部位的电线应符合下列规定。

① 采用多股铜芯软电线，敷设长度留有适当裕量。

② 线束有外套塑料管等加强绝缘保护层。

③ 与电器连接时，端部绞紧，且有不开口的终端子或搪锡，不松散、断股。

④ 可转动部位的两端用卡子固定。

检查数量

主控项目 1、4、7 全数检查；2 抽查 20%，少于 5 台，全数检查；3、5、6 抽查 10%，少于 5 台全数检查。

一般项目 7 全数检查；1～6、8 抽查 10%，少于 5 处（台），全数检查。

检验方法

见 GB 50303—2002 中第 28.0.7 条。

判定

应检数量全部符合规范规定判为合格。

成套配电柜、控制柜（屏、台）和动力、照明配电箱（盘）安装检验批质量验收记录表

（引自 GB 50303—2002）

（Ⅲ）照明配电箱（盘）

060501□□

单位(子单位)工程名称			
分部(子分部)工程名称		验收部位	
施工单位		项目经理	
分包单位		分包项目经理	
施工执行标准名称及编号			

施工质量验收规范规定			施工单位检查评定记录	监理(建设)单位验收记录
主控项目	1	金属箱体的接地或接零	第6.1.1条	
	2	电击保护和保护导体截面积	第6.1.2条	
	3	箱(盘)间线路绝缘电阻值测试	第6.1.6条	
	4	箱(盘)内结线及开关动作	第6.1.9条	
一般项目	1	箱(盘)内检查试验	第6.2.4条	
	2	低压电器组合	第6.2.5条	
	3	箱(盘)间配线	第6.2.6条	
	4	箱与其面板间可动部位的配线	第6.2.7条	
	5	箱(盘)安装位置、开孔、回路编号等	第6.2.8条	
	6	垂直度允许偏差	≤1.5‰	

施工单位检查评定结果	专业工长(施工员)	施工班组长
	项目专业质量检查员：　　　　　年　月　日	

监理(建设)单位验收结论	
	监理工程师： (建设单位项目专业技术负责人)　　　年　月　日

说　明

（Ⅲ）

主控项目

1. 柜、屏、台、箱、盘的金属框架及基础型钢必须接地（PE）或接零（PEN）可靠；装有电器的可开启门，门和框架的接地端子间应用裸编织铜线连接，且有标识。

2. 低压成套配电柜、控制柜（屏、台）和动力、照明配电箱（盘）应有可靠的电击保护；柜（屏、台、箱、盘）内保护导体应有裸露的连接外部保护导体的端子，当设计无要求时，柜（屏、台、箱、盘）内保护导体最小截面积 S_p 不应小于 GB 50303—2002 中 6.1.2 的规定。

3. 柜、屏、台、箱、盘间线路的线间和线对地间绝缘电阻值，馈电线路必须大于 0.5MΩ；二次回路必须大于 1MΩ。

4. 照明配电箱（盘）安装符合下列规定。

① 箱（盘）内配线整齐，无绞接现象。导线连接紧密，不伤芯线，不断股。垫圈下螺丝两侧压的导线截面积相同，同一端子上导线连接不多于 2 根，防松垫圈等零件齐全。

② 箱（盘）内开关动作灵活可靠，带有漏电保护的回路，漏电保护装置动作电流不大于 30mA，动作时间不大于 0.1s。

③ 照明箱（盘）内，分别设置零线（N）和保护地线（PE 线）汇流排，零线和保护地线经汇流排配出。

一般项目

1. 柜、屏、台、箱、盘内检查试验符合下列规定。
① 控制开关及保护装置的规格、型号符合设计要求。
② 闭锁装置动作准确、可靠。

③ 主开关的辅助开关切换动作与主开关动作一致。

④ 柜、屏、台、箱、盘上的标识器件标明被控设备编号及名称，或操作位置、接线端子有编号，且清晰、工整，不易脱色。

⑤ 回路中的电子元件不应参加交流工频耐压试验；48V 以下回路可不做交流工频耐压试验。

2. 低压电器组合应符合下列规范。

① 发热元件安装在散热良好的位置。

② 熔断器的熔体规格、自动开关的整定值符合设计要求。

③ 切换压板接触良好，相邻压板间有安全距离，切换时，不触及相邻的压板。

④ 信号回路的信号灯、按钮、光字牌、电铃、电笛、事故电钟等动作和信号显示准确。

⑤ 外壳需接 PE 的，连接可靠。

⑥ 端子排安装牢固，端子有序号，强电、弱电端子隔离布置，端子规格与芯线截面积大小适配。

3. 柜、屏、台、箱、盘间配线，电流回路应采用额定电压不低于 750V、芯线截面积不小于 2.5mm² 的铜芯绝缘电线或电缆，除电子元件回路或类似回路外，其他回路的电线应采用额定电压不低于 750V，芯线截面不小于 1.5mm² 的铜芯绝缘电线或电缆。

4. 连接柜、屏、台、箱、盘面板上的电器及控制台、板等可动部位的电线应符合下列规定。

① 采用多股铜芯软电线，敷设长度留有适当裕量。

② 线束有外套塑料管等加强绝缘保护层。

③ 与电器连接时，端部绞紧，且有不开口的终端子或搪锡，不松散、断股。

④ 可转动部位的两端用卡子固定。

5. 照明配电箱（盘）安装应符合下列规定。

① 位置正确，部件齐全，箱体开孔与导管管径适配，暗装配电箱箱盖紧贴墙面，箱（盘）涂层完整。

② 箱（盘）内接线整齐，回路编号齐全，标识正确。

③ 箱（盘）不采用可燃材料制作。

④ 箱（盘）安装牢固，垂直度允许偏差为1.5‰；底边距地面为1.5m，照明配电板底边距地面不小于1.8m。

检查数量

主控项目1全数检查；2抽查20%，少于5台，全数检查；3、4抽查10%，少于5台，全数检查。

一般项目抽查10%，少于5台，全数检查。

检验方法

见GB 50303—2002中第28.0.7条。

判定

应检数量全部符合规范规定判为合格。

低压电气动力设备试验和试运行检验批质量验收记录表

（引自GB 50303—2002）

060403□□

单位（子单位）工程名称				
分部（子分部）工程名称			验收部位	
施工单位			项目经理	
分包单位			分包项目经理	
施工执行标准名称及编号				
施工质量验收规范规定			施工单位检查评定记录	监理（建设）单位验收记录
主控项目	1	试运行前,相关电气设备和线路的试验	第10.1.1条	
	2	现场单独安装的低压电器交换试验	第10.1.2条	

施工质量验收规范规定			施工单位检查 评定记录	监理(建设)单位 验收记录
一般项目	1	运行电压、电流及其指示仪表检查	第10.2.1条	
	2	电动机试通电检查	第10.2.2条	
	3	交流电动机空载启动及运行状态记录	第10.2.3条	
	4	大容量(630A以上)电线或母线连接处的温升检查	第10.2.4条	
	5	电动执行机构的动作方向及指示检查	第10.2.5条	

	专业工长(施工员)		施工班组长	
施工单位检查评定结果	项目专业质量检查员：		年　月　日	
监理(建设)单位验收结论	监理工程师： (建设单位项目专业技术负责人)		年　月　日	

说　　明

主控项目

1. 试运行前，相关电气设备和线路应按规范的规定试验合格。

2. 现场单独安装的低压电器交接试验项目应符合规范附录 B 的规定。

一般项目

1. 成套配电（控制）柜、台、箱、盘的运行电压、电流应正常，各种仪表指标正常。

2. 电动机应试通电，检查转向和机械转动有无异常情况；可空载试运行的电动机，时间一般为 2h，记录空载电流，且检查机身和轴承的温升。

3. 交流电动机在空载状态下（不投料）可启动次数间隔时间应符合产品技术条件的要求；无要求时，连续启动 2 次的时间间隔不应小于 5min，再次启动应在电动机冷却至常温下；空载状态（不投料）运行，应记录电流、电压、温度、运行时间等有关数据，且应符合建筑设备或工艺装置的空载状态运行（不投料）要求。

4. 大容量（630A 以上）导线或母线连接处，在设计计算机负荷运行情况下应做温度抽测记录，温升值稳定且不大于设计值。

5. 电动执行机构的动作方向及指标，应与工艺装置的设计要求保持一致。

检查数量

主控项目功率为 40kW 及以上全数检查；功率小于 40kW，抽查 20%，少于 5 台（件），全数检查。

一般项目功率为 40kW 及以上全数检查；功率小于 40kW，抽查 20%，少于 5 台（件），全数检查。

检验方法

见 GB 50303—2002 中第 28.0.7 条。

判定

应检数量全部符合规范规定判为合格。

建筑物照明通电度运行检验批质量验收记录表

(引自 GB 50303—2002)

060108□□
060511□□

单位(子单位)工程名称			
分部(子分部)工程名称		验收部位	
施工单位		项目经理	
分包单位		分包项目经理	
施工执行标准名称及编号			

施工质量验收规范规定			施工单位检查评定记录	监理(建设)单位验收记录
主控项目	1	灯具回路控制与照明箱及回路的标识一致,开关与灯具控制顺序相对应	第23.1.1条	
	2	照明系统全负荷通电连续试运行无故障	第23.1.2条	

	专业工长(施工员)		施工班组长	

施工单位检查评定结果

项目专业质量检查员:　　　　　　年　　月　　日

监理(建设)单位验收结论

监理工程师:
(建设单位项目专业技术负责人)　　　年　　月　　日

330　下篇　电气安装

说　　明

主控项目

1. 照明系统通电，灯具回路控制应与照明配电箱及回路的标识一致；开关与灯具控制顺序相对应，风扇的转向及调速开关应正常。

2. 公用建筑照明系统通电连续运行时间应为24h，民用住宅照明系统通电连续试运行时间应为8h；所有照明灯具均应开启，且每2h记录运行状态一次，连续试运行时间内无故障。

检查数量

全数检查。

检验方法

见 GB 50303—2002 中第 28.0.7 条。

判定

应检数量全部符合规范规定判为合格。

第九章
防雷接地安装

建筑物防雷工程是一个系统工程，特别是随着信息技术的迅猛发展，微电子智能设备大量进入各类建筑物，由于其灵敏度高，耐压低，很容易受雷电电磁脉冲干扰。因此必须综合考虑，将外部防雷措施和内部防雷措施作为一个整体来有效地达到建筑物防雷要求。所谓外部防雷措施，就是由接闪器，引下线和接地装置所组成的外部防雷装置，主要用以防直击雷的防护装置。所谓内部防雷措施，就是由等电位连接系统、共同接地系统、屏蔽系统、合理布线系统、浪涌保护器等组成的内部防雷装置，主要用于减小和防止雷电流在需防空间内所产生的电磁效应。本章主要就建筑物防雷设施中接闪器、引下线、接地装置和等电位连接等的施工安装，质量控制要求作重点介绍。

第一节　施工前的准备工作

① 充分熟悉相关图纸及设计要求，根据图纸要求认真准备相应施工图集，规程规范等技术资料。

② 对施工班组认真进行技术交底，并编制技术交底资料。

③ 进行电气焊作业的人员，必须持证上岗，电气焊设备必须完好并配备相应灭火器具。

④ 高空作业人员，必须佩戴安全带。

⑤ 临时施工用电已安装到位，并符合用电安全要求。

⑥ 待使用的各类电气遥测仪表已做定期检测，并在有效使用期内。

⑦ 各种主要材料已到施工现场，质量合格，并已向相关部门报验。

第二节　与其他工种的配合

1. 接地装置安装应做好的配合工作

① 认真对照设计图纸，配合土建清理好现场场地。

② 进行人工室外接地极及接地线安装的，应按设计要求，配合土建挖沟定位，接地装置埋设好后采用回填土压实。

③ 埋于基础内的人工接地极应配合土建作好预埋预留工作。

④ 利用钢筋混凝土基础中的钢筋作接地极的，应配合钢筋工，待底板筋与柱筋或桩筋内钢筋与柱筋连接处已绑扎完毕，并进行校正后再进行施工。

⑤ 室内接地干线如为明敷设，应配合土建做好预埋支持件的安装。

2. 防雷引下线安装应做好的配合

① 利用柱子主筋作引下线时，应配合钢筋工，待钢筋绑扎完毕并校正后方可进行施工。

② 暗敷在粉刷层内的引下线，应待脚手架搭设好，达到上人操作条件时再进行安装。

③ 明装引下线应配合土建外装修完成后，脚手架未拆除前进行施工。

3. 接闪器安装应做好的配合

① 随着主体结构工程完毕，接地装置及引下线同时完成，并配合屋面施工做好避雷针、避雷网的支持件预埋安装。

② 配合土建女儿墙抹灰，屋面防水施工完成后进行避雷针、避雷网的安装。

4. 等电位安装应作好的配合

① 等电位端子板（箱）的预留端子，根据设计要求，配合土建正确预留，待土建墙面抹灰刮白结束后再安装端子板（箱）。

② 室内卫生间，厨房及需要安装等点位连接的房间，应配合土建及其他安装工种进行正确预留安装。

③ 金属门窗，幕墙等电位联结应配合土建及门窗，幕墙位置正确预留预埋，在墙面装饰层或抹灰层施工前联结安装完毕。

第三节　施工中应注意的问题

① 防雷接地与交流工作接地、直流工作接地、安全保护接地共用一组接地装置时，接地装置的接地电阻值必须按接入设备中要求的最小值确定。因此施工中除了解建筑物防雷设计的接地电阻要求外，同时应考虑到弱电工程中对机房内设备的接地电阻要求，以确定最低接地电阻值。

② 垂直接地体坑内，水平接地体沟内宜用低电阻率土壤回填并分层夯实，不允许用灰渣或建筑垃圾作回填土。

③ 防雷接地采用焊接的，焊接处焊缝应饱满，并有足够的机械强度，不得有灰渣、咬肉、裂纹、虚焊、气孔等缺陷，焊接处应将药皮敲掉，刷沥青做防腐处理。

④ 搭接部位较多时，每完成一处应用油漆涂上标记，便于施工人员检查。

⑤ 接地装置安装完后，应及时遥测接地电阻是否达到设计要求，如达不到要求应及时与设计部门协商，修改设计方案。

⑥ 密切与当地防雷监管部门保持联系，自觉接受防雷监管部门的监督管理。

⑦ 施工中随时做好隐蔽记录，接地电阻测试记录。

第四节　接地装置安装

接地装置的安装很重要，为保证质量，除了前面所述内容外，还应综合考虑各种环境因素，了解不同电气专业对接地电阻的要求，配合设计，各专业认真细致组织施工。否则，最后往往会因接地电阻不合格而造成返工，拖延工期，从而造成损失。

一、材料质量要求

① 所选用的角钢、钢管、扁钢及圆钢等应根据设计采用冷镀锌或热镀锌材料。

② 材料应有材质检验证明及产品出厂合格证。

③ 接地装置按照机械强度要求时导体的最小尺寸应符合表 9-1 所列规格。

表 9-1　接地装置导体的最小尺寸

种　类	规格及单位	地　上		地　下
		屋内	屋外	
圆钢	直径/mm	6	8	8/10
扁钢	截面/mm²	24	48	48
	厚度/mm	3	4	4
角钢	厚度/mm	2	2.5	4
钢管	管壁厚度/mm	2.5	2.5	3.5/2.5

注：1. 地下部分圆钢的直径，其分子、分母数据分别对应于架空线路和发电厂、变电所的接地装置。

2. 地下部分钢管的壁厚，其分子、分母数据分别对应于埋于土壤和埋于室内素混凝土地坪中。

3. 架空线路杆塔的接地极引出线，其截面不应小于 50mm²，并应热镀锌。

④ 埋入土壤的接地线，其截面见表 9-2。

表 9-2　埋入土壤接地导体的最小截面

项目	用机械方法的	没用机械方法保护的
有腐蚀保护的	同保护线最小截面	铜 16mm² 钢 16mm²
没有腐蚀保护的	铜 25mm²，钢 50mm²	

二、主要施工机具

电焊机、角磨机、电焊工具，气焊气割设备，砂轮切割机，常用电工工具，接地电阻摇表、电锤、电钻、台钻、钢锯、手锤、大锤、钢卷尺、铁锹、铁镐等。

三、施工顺序

1. 人工接地装置安装顺序

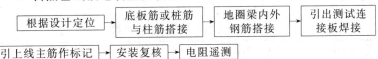

根据设计定位、画线 → 挖坑、槽土方 → 地极安装 → 接地线连接及引上线预留接头

焊接处防腐刷漆 → 安装复核 → 电阻摇测

2. 自然基础接地装置安装顺序

根据设计定位 → 底板筋或桩筋与柱筋搭接 → 地圈梁内外钢筋搭接 → 引出测试连接板焊接

引上线主筋作标记 → 安装复核 → 电阻遥测

四、接地装置安装的一般规定

① 人工接地体在土壤中的埋设深度其顶部不应小于0.6m，宜埋设在冻土层以下，角钢、钢管接地极应垂直直接打入地沟内。

② 钢质材料垂直接地极长度不应小于2.5m，其间距不宜小于长度的2倍并均匀布置，铜质和石墨材料接地体宜挖坑埋设。

③ 土壤电阻率较高的地区，应采用换土法、降阻剂法或其他新技术，新材料降低接地装置的接地电阻。

④ 钢质材料接地装置宜采用焊接法，其搭接长度应符合下列规定。

a. 扁钢与扁钢搭接为扁钢宽度的2倍，不少于三面施焊。

b. 圆钢与圆钢搭接为圆钢直径的6倍，双面施焊。

c. 圆钢与扁钢搭接为圆钢直径的6倍，双面施焊。

d. 扁钢和圆钢与钢管，角钢互相焊接时，除应在接触部位两侧施焊外，还应增加圆钢搭接件。

e. 焊接部位除去焊渣药皮后做防腐处理。

⑤ 钢质接地装置应采用焊接或熔接，钢质和铜质接地装置之间连接应采用熔接或采用搪锡后螺栓连接，连接部位应做防腐处理。

⑥ 接地装置连接应可靠，连接处不应松动，脱焊，接触不良。

⑦ 接地装置施工完工后，测试接地电阻值必须符合设计要求，

隐蔽工程部分应有检查验收合格记录。

⑧ 接地装置应在不同处采用两根连接导体与室内总等电位接地端子板相连接。

⑨ 高、低压配电室的接地干线，应设置不少于 2 个供临时接地用的接地端子或接地螺栓。

⑩ 接地线与金属管道等自然接地体的连接，应采用焊接；如焊接有困难时，可采用卡箍连接，但应有良好的导电性和防腐措施。

⑪ 当建筑物的水管被用作接地线或保护线时，水表必须跨接联结。

五、接地装置安装

1. 人工接地极安装

埋地钢管接地极安装如图 9-1 所示。

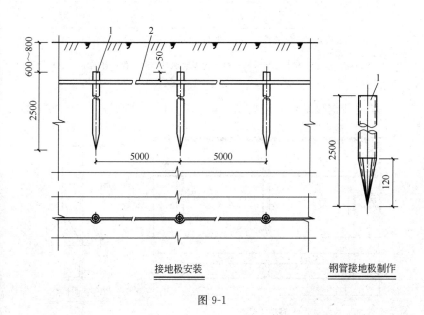

接地极安装   钢管接地极制作

图 9-1

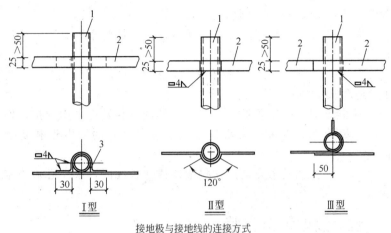

接地极与接地线的连接方式

主要材料表

序号	名称	型号及规格	单位	数量	页次	备　注
1	接地极	$DN40, L=2500, \delta=3.5$	根			
2	接地线	-25×4	m			
3	卡箍	$-25 \times 4 \quad L=190$	个			

注：1. 钢管接地极尖端的做法：在距管口120mm长的一段，锯成四块锯齿形，尖端向内打合焊接而成。

2. 接地极、连接线及卡箍及卡箍规格有特殊要求时，由工程设计确定。

图 9-1　钢管接地极安装

埋地角钢接地极安装如图 9-2 所示。

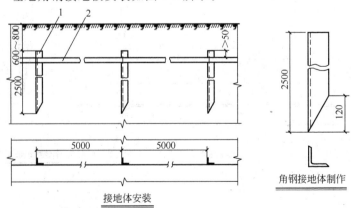

接地体安装

角钢接地体制作

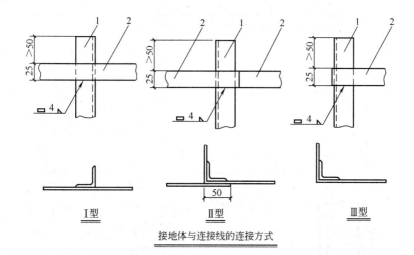

接地体与连接线的连接方式

序号	名称	型号及规格	单位	数量	页次	备注
1	接地线	＜50×5　L＝2500	根			
2	接地线	−25×4	m			

注：1. 接地极和连接线表面应镀锌，规格有特殊要求时，由工程设计确定。

2. 为了避免将接地极顶部打裂，制成如下图的保护帽，套在顶部施工。

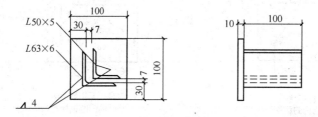

图 9-2　角钢接地极安装

施工时根据设计图纸要求，对接地装置（网）的线路进行测量放线，挖沟槽。安装地极时应用大锤锤直、打入定位中心线上，锤击时不得打偏，应与地面保持垂直，直到接地极顶端距地 0.6m 时停止打入。

埋设于基础内的人工接地极安装如图 9-3 所示。接地线过建筑伸缩缝、沉降缝安装如图 9-4 所示。

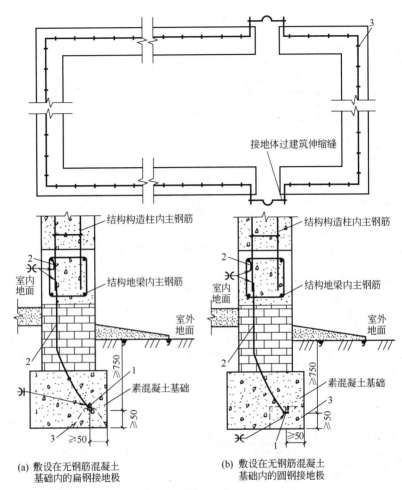

(a) 敷设在无钢筋混凝土
基础内的扁钢接地极

(b) 敷设在无钢筋混凝土
基础内的圆钢接地极

主要材料表

序号	名称	型号及规格	单位	数量	页次	备　注
1	接地极	见工程设计	m			
2	连接导体	见工程设计	m			
3	支持器	见工程设计	m		15	

注：1. 接地极规格见工程设计，但不应小于 $\phi 10$ 镀锌圆钢或 25×4 镀锌扁钢。

2. 连接线一般采用 $\geqslant 10$ 镀锌圆钢。

3. 接地极过建筑伸缩缝的做法如图 9-4 所示。

4. 支持器的间距以土建施工中能使人工接地极不发生偏移为准，由现场确定。

图 9-3　基础内人工接地极安装

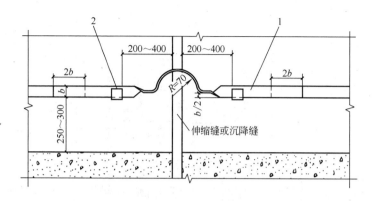

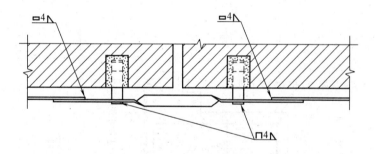

主要材料表

序号	名称	型号及规格	单位	数量	页次	备 注
1	接地线	见工程设计	m			
2	固定钩	$-25 \times 4, L=90$	个	2		

注：圆钢接地线可参照本图安装。

图 9-4 接地线过伸缩缝，沉降缝安装

2. 自然基础接地极安装

如图 9-5 所示为利用钢筋混凝土基础中的钢筋作接地极的安装。

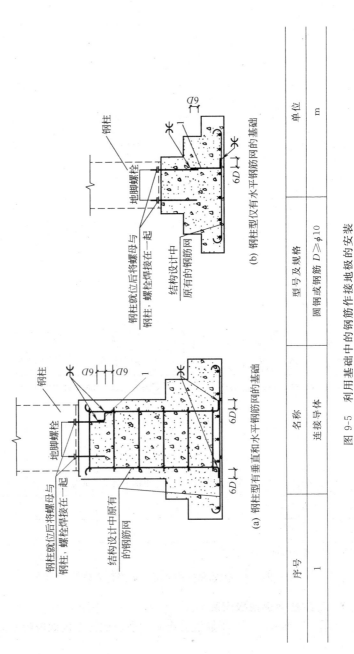

图 9-5 利用基础中的钢筋作接地极的安装

序号	名称	型号及规格	单位
1	连接导体	圆钢或钢筋 $D \geqq \phi 10$	m

(a) 钢柱型有垂直和水平钢网的基础　　(b) 钢柱型仅有水平钢筋网的基础

如图 9-6 所示为利用钢筋混凝土桩基中的钢筋作接地极的安装。

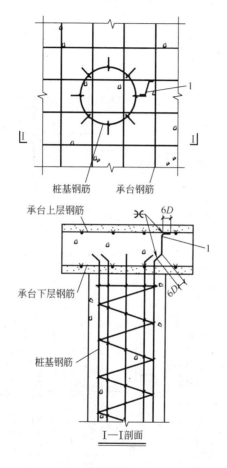

主要材料表

序号	名称	型号及规格	单位	数量	页次	备 注
1	连接导体	圆钢或钢筋 $D \geqslant \phi 10$	m			

注：1. 当基础底有桩基时，宜按本图施工。

2. 本图适用于现场浇铸的桩基和承台。

图 9-6　利用桩基钢筋作接地极的安装

3. 接地线及测试连接板的安装

如图 9-7 所示为各种接地线的连接方式。

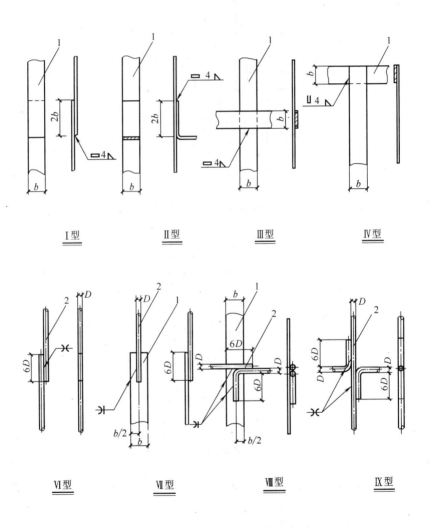

编号	名称	型号及规格	单位	数量
1	接地线	扁钢见工程设计	m	
2	接地线	圆钢见工程设计	m	
3	螺栓	M10×30镀锌	个	2
4	螺母	M10镀锌	个	2
5	垫片	10镀锌	个	2

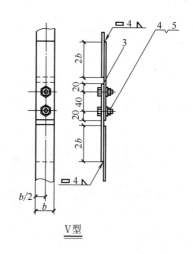

Ⅴ型

注：1. 接地线之间的连接采用焊接，只有在接地电阻检测点或不允许焊接的地方，才采用螺栓连接，连接处应镀锌或接触面搪锡。

2. 接地电阻检测点，如接地线为圆钢时，其连接方式如Ⅶ型。

图 9-7　接地线的连接

如图 9-8 所示为接地线在粉刷层内的安装。

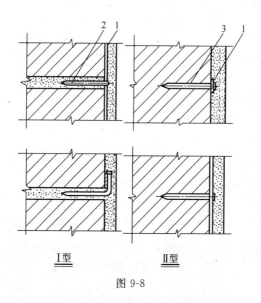

Ⅰ型　　　　　Ⅱ型

图 9-8

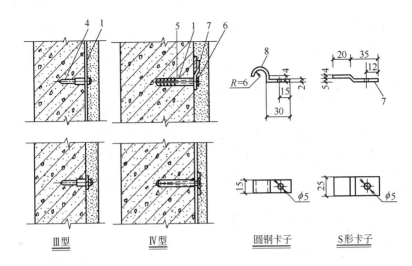

III 型   IV 型   圆钢卡子   S 形卡子

主要材料表

序号	名称	型号及规格	单位	数 量				备注
				I 型	II 型	III 型	IV 型	
1	接地线	见工程设计	m					
2	圆钉	#8,L=80,d=4.19	个	1				
3	水泥钉	#9,L=38.1,d=3.76	个		1			
4	射钉	M8,L=35,d=8	个			1		
5	塑料胀锚螺栓	φ6×30,L=30,d=6	个				1	
6	沉头木螺钉	L=26,d=4	个				1	
7	S 形卡子	-25×4,L=60	个				1	
8	圆钢卡子	-15×2,L=53	个				1	

注：1. I 型与 IV 型固定方式的接线亦可采用圆钢，IV 型的 S 形卡子，此时相应改为圆钢卡子。

2. II 型接地线在敷设前应根据水泥钉的直径及固定点的距离将孔打好。

图 9-8　接地线在粉刷层内的安装

如图 9-9 所示为接地线沿电缆沟壁安装。

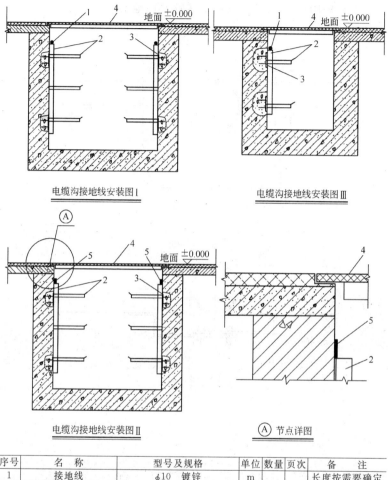

电缆沟接地线安装图Ⅰ

电缆沟接地线安装图Ⅲ

电缆沟接地线安装图Ⅱ

Ⓐ 节点详图

序号	名　称	型号及规格	单位	数量	页次	备　注
1	接地线	$\phi 10$　镀锌	m			长度按需要确定
2	电缆或电缆托盘支架	$\angle 40 \times 4$　镀锌	m			长度按需要确定
3	预埋扁钢	$-100 \times 10, L=120$　镀锌	块			数量按需要确定
4	电缆沟盖板	见工程设计	块			数量按需要确定
5	接地线	-25×4　镀锌	m			长度按需要确定

注：1. 预埋件扁钢在主架安装处，应与主筋焊接，预埋件间距，电力电缆为1000mm，控制电缆为800mm。

2. 当沟壁为砖结构时，预埋件应有钢筋加固。

3. 当接地线与支架焊接之后，涂防腐漆以防腐蚀。

图 9-9　接地线沿电缆沟壁安装

如图 9-10 所示为供水系统金属管道接地安装。

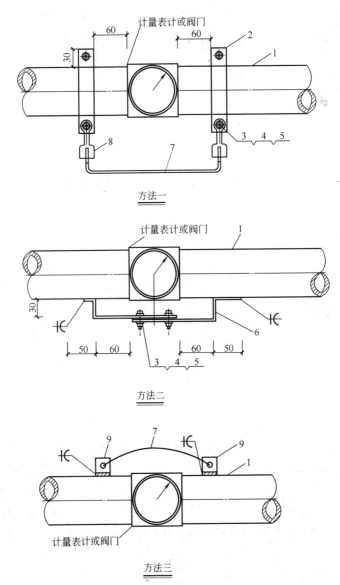

方法一

方法二

方法三

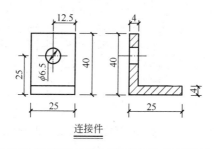

连接件

序号	名　　称	型号及规格	单位	数量
1	金属管道	见工程设计		
2	包箍	$-b\times4$	个	2
3	螺栓	$M10\times30$ 镀锌	个	
4	螺母	$M10$　镀锌	个	
5	垫圈	10　镀锌	个	
6	跨接线	-25×4	m	
7	跨接线	BVR-6	m	
8	接线鼻子	见工程设计	个	2
9	连接片	$-25\times4,L=65$	m	

注：1. 本图为供水系统金属管道接地的安装。

2. 包箍与管道接触处的接触表面须刮拭干净，安装完毕后刷防护漆，包箍内径等于管道外径，其大小依管道大小而定。

3. 金属管道与连接件焊接后需做防锈处理。

图 9-10　金属供水系统管道上接地安装

如图 9-11 所示为暗装检测点与暗接地导体安装。

如图 9-12 所示为钢筋混凝土柱、墙中预埋接地接板的安装。

第五节　引下线、接闪器安装

对引下线，接闪器的材质要求及主要施工机具参阅第四节相关内容。

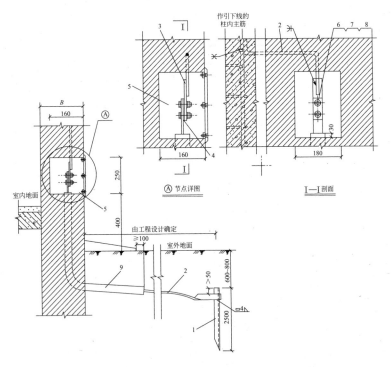

序号	名　　称	型号及规格	单位	数量
1	接地极	见工程设计	根	
2	接地线	见工程设计	m	
3	断接卡子	$-25×4,L=200$　镀锌	块	2
4	垫板	$-25×4,L=80$　镀锌	块	1
5	接线盒	钢板 $250×180×160,\delta=1.5$	个	1
6	螺栓	$M10×30$　镀锌	个	2
7	螺母	$M10$　镀锌	个	2
8	垫圈	10　镀锌	个	4
9	硬塑料管	见工程设计	m	

注：1. 本图适用于利用钢筋混凝土柱内主筋作引下线，同时采用人工接地体，接地电阻检测点嵌入墙内安装的情况。

2. 本图是按有接线盒设计的，如取消接线盒，应在洞壁上预埋洞盖的固定件，内壁用水泥砂浆抹光。

图 9-11　暗装检测点与暗接地导体安装

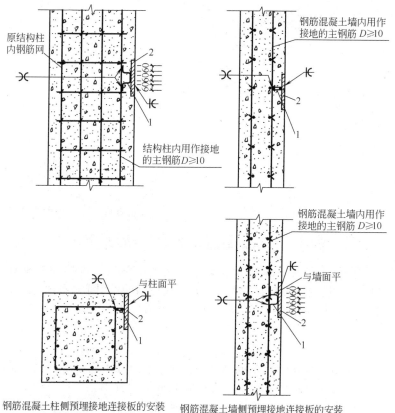

钢筋混凝土柱侧预埋接地连接板的安装　钢筋混凝土墙侧预埋接地连接板的安装

主要材料表

序号	名　称	型号及规格	单位	数量	页次	备注
1	连接导体	圆钢或钢筋 $D \geqslant \phi 10$	m			
2	预埋接地钢板	100mm×100mm 厚6mm	块			

注：1. 预埋接地连接板为向土建提出的专设构件，具体位置和数量由具体工程设计确定。

2. 预埋接地连接板供测试、连接人工接地体、作等电位连接、接地连接等之用。

3. 预埋接地用连接板应与钢筋混凝土柱或墙内作为接地线的主钢筋按照接地线连接要求可靠焊接连通。

4. 预埋板距地面的高度，由具体工程确定，距室外地面（用于连接人工接地体时）不低于500mm。

图 9-12　钢筋混凝土柱，墙中接地引出连接板安装

一、施工顺序

1. 避雷引下线人工敷设

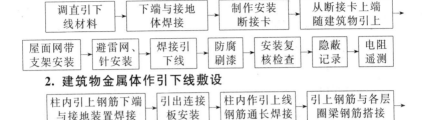

2. 建筑物金属体作引下线敷设

二、引下线、接闪器安装的一般规定

① 避雷针体，避雷带、支架、接地引下线，连接线等部件，均应采用热浸（镀）锌材料（利用构造柱钢筋作引下线除外）。

② 焊接质量及搭接倍数应符合本章有关规定的要求。

③ 避雷线如用扁钢，截面不得小于 $48mm^2$，如为圆钢直径不得小于 8mm。

④ 避雷针采用圆钢或钢管制作时，其直径不应小于下列数值。

a. 独立避雷针一般采用直径 19mm 镀锌圆钢。

b. 屋面上的避雷针一般采用直径 25mm 镀锌钢管。

c. 水塔顶部避雷针采用直径 25mm 或 40mm 镀锌钢管。

⑤ 多节避雷针各节尺寸见表 9-3。

表 9-3　多节避雷针各节尺寸

项目	针全高/mm				
	1.0	2.0	3.0	4.0	5.0
上节	1000	2000	1500	1000	1500
中节	—	—	1500	1500	1500
下节	—	—	—	1500	1200

三、引下线、接闪器安装

避雷引下线是暗敷在粉刷层内的，先将已调好的引下线下端与接地体焊接好，按设计要求安装焊接好接地断接卡。然后逐步将引下线沿建筑物内埋设至屋顶，接头和搭接处焊接后敲掉药皮并刷防锈漆。引下线出屋顶的留头应便于与屋面接闪器连接。

避雷引下线如为明敷设，应根据设计要求正确定位，挂垂线。按规范要求将支持件等距离分好并安装固定牢。将已调直的引下线从上到下（或从下到上）逐点安装固定，焊接部位除去药皮后刷防锈漆。断接卡做法同暗敷设。引下线距地面 2m 段套上保护管，卡接固定好后刷上红白油漆标志。

利用主筋作引下线时，应根据设计要求正确无误地逐层向上通长焊接至屋顶，并用 $\phi 10 \sim \phi 12$ 圆钢焊接出一定长度的引下线。设计无要求时应距室外地面不小于 0.5m 处焊好引出测试连接板，所有搭接处均应作为标记，便于灌模和浇注混凝土前复核检查。

避雷带在天沟、屋面、女儿墙上的安装如图 9-13 所示。

屋顶透气管、金属灯杆、旗杆防雷装置安装如图 9-14 所示。

屋顶非金属冷却塔、水箱防雷装置安装如图 9-15 所示。

避雷带及避雷针在女儿墙上安装如图 9-16 所示。

避雷针在屋面安装如图 9-17 所示。

避雷网带用支架安装时，应先确定转弯处的支点距离，两支点距离不应超过 50cm，且应等分。避雷带在转弯处不能形成尖角，其转弯半径 $r \geqslant 150mm$。其余支点应在两个不同转弯点（起、始点）之间平均等分，其等分档距不应大于 1.0m。安装好的网带应平直牢固，支架均匀垂直。

避雷针在安装前应配合土建施工预埋好固定铁和地脚螺栓，按设计要求将加工好的避雷针垂直找正焊好，其针尖应符合设计及规范要求。

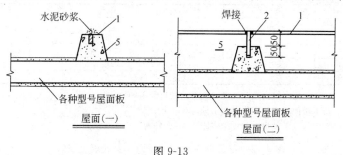

图 9-13

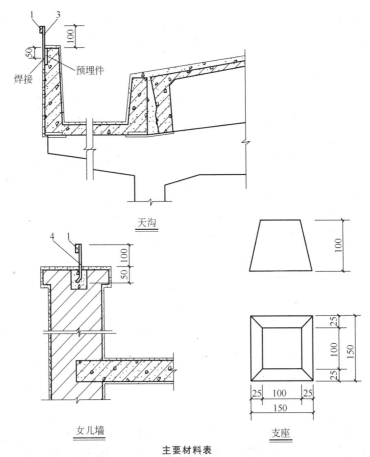

天沟

女儿墙

支座

主要材料表

编号	名 称	型号及规格	单位	数量	备注
1	避雷带	$-25×4,\phi8$	m		
2	支 架	$-25×4,L=106$	根		
3	支 架	$-25×4,L=150$	根		
4	支 架	$-25×4,L=156$	根		
5	支座墩	混凝土	个		

注：1. 支座在粉面层时浇制，也可预制再砌牢。

2. 避雷带的固定采用焊接或卡固。

3. 避雷带水平敷设时，支架间距为1m，转弯处为0.5m。

图 9-13　避雷带在天沟、屋面、女儿墙上安装

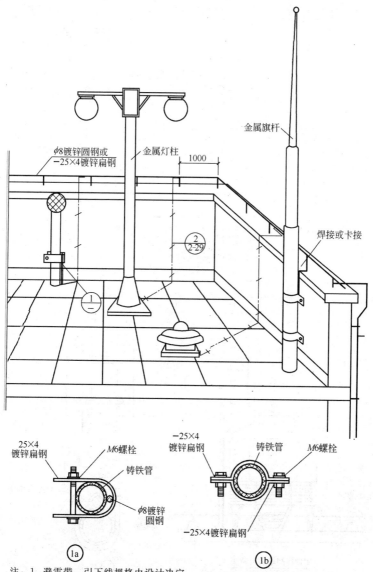

φ8镀锌圆钢或
—25×4镀锌扁钢

金属灯柱

1000

金属旗杆

焊接或卡接

②
2-29

①
—

25×4
镀锌扁钢

M6螺栓

铸铁管

φ8镀锌
圆钢

1a

—25×4
镀锌扁钢

铸铁管

M6螺栓

—25×4镀锌扁钢

1b

注：1. 避雷带，引下线规格由设计决定。

2. 平屋顶上所有凸起的金属构筑物或管道等均应与避雷带连接。

图 9-14　屋顶透气管，金属灯杆，旗杆防雷装置安装

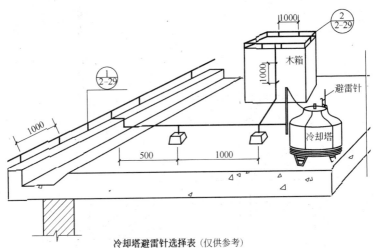

冷却塔避雷针选择表（仅供参考）

D/m	H/m (DN 25)	D/m	H/m (DN 25)
6	2.0	3	1.0
5	1.7	2	0.6
4	1.4	1	0.5

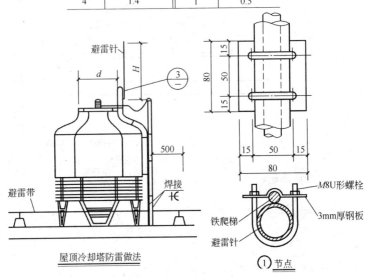

屋顶冷却塔防雷做法

① 节点

注：平屋顶上所有凸起的金属构筑物或管道等，均应与避雷带连接。

图 9-15 屋顶非金属冷却塔、水箱防雷装置的安装

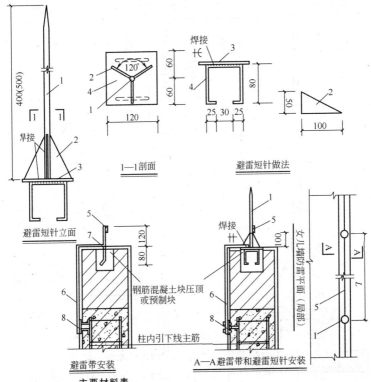

主要材料表

编号	名　称	型号及规格	单位	数量	备注
1	避雷短针	$\phi 12, L=400(500)$	根	1	
2	加劲肋	$-100\times50\times6$	块	3	
3	底　板	$-120\times120\times6$	块	1	
4	底板铁脚	$\phi8, L=290$	个	1	
5	避雷带	由工程设计决定	m		
6	引下线	-25×4	m		
7	支架	$-25\times4, L=200$	根		
8	接地端子板	由工程设计决定	个		

注：1. 避雷带的固定采用焊接或卡固。

　　2. 避雷带水平敷设时，支架间距为1m，转弯处为0.5m。

　　3. 接地端子可采用100×100×6钢板，钢板及其与避雷带连接线可暗敷。

　　4. L尺寸由设计设定，一般为3～4m。

图 9-16　避雷带、避雷针在女儿墙上的安装

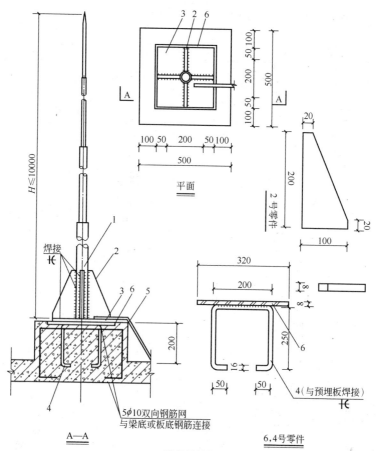

设备材料表

编号	名 称	型号及规格	单位	数量	页次	备 注
1	避雷针	由工程设计决定	根	1	41	
2	加劲肋	$-100 \times 200 \times 8$	块	4		
3	底 板	$-320 \times 320 \times 8$	块	1		
4	底板铁脚	$\phi 16, L = 700$	个	2		
5	引下线	由工程设计决定	m			
6	预埋板	$320 \times 320 \times 8$	块	1		

注：1. 铁脚预埋在支座内，最少应有两个与支座钢筋焊接，支座与屋面板同时捣制。

2. 支座应在墙或梁上，否则应对支承强度进行校验。

3. 本图适用于基本风压为 $0.7 \mathrm{kN \cdot m^{-2}}$ 以下的地区，建筑物高度不超过 50m。

4. 4、6 号零件与支座向土建提资料，由土建施工。

图 9-17　避雷针在屋面安装

第六节　等电位联结

一、等电位联结的分类及其联结的导电部分

1. 总等电位联结（MEB）

总等电位联结的作用在于降低建筑物内间接接触电击的接触电压和不同金属部件间的电位差，并消除自建筑外经电气线路和各种金属管道引入的危险故障电压的危害。它应通过进线配电箱近旁的总等电位联结端子板（箱）将下列导电部分互相连通。

① 进线配电箱的 PE（PEN）母排。

② 公用设施的金属管道。

③ 建筑物金属结构。

④ 人工接地极引线。

2. 辅助等电位联结（SEB）

将两导电部分用导线直接作等电位联结，使故障接触电压降至接触电压限值以下，称辅助等电位联结。下列情况需做辅助等电位联结。

① 电源网络阻抗过大，使自动切断电源时间过长，不能满足防电击要求时。

② 自 TN 系统同一配电箱供给固定式和移动式两种电气设备，而固定式设备保护电器切断电源时间不能满足移动式设备防电击要求时。

③ 为满足浴室，游泳池，医院手术室等场所对防电击的特殊要求时。

3. 局部等电位联结（LEB）

当需要在一局部场所范围内作多个辅助等电位联结时，可通过局部等电位联结端子板将下列部分互相连通，以简便地实现该局部范围内的多个辅助等电位联结，称局部等电位联结。

① PE 母线或 PE 干线。

② 公用设施的金属管道。

③ 建筑物金属结构。

二、材料质量要求

① 等电位联结线和等电位端子板宜采用铜质材料。

② 圆钢、扁钢等采用热镀锌钢材。

③ 材料应有质量检验证明及产品出厂合格证。

④ 等电位联结线的截面见表9-4。

⑤ 等电位联结端子板的截面不得小于所接等电位联结线截面。

表 9-4　等电位联结线的截面

类别 取值	总等电位联结线	局部等电位联结线	辅助等电位联结线	
一般值	不小于 0.5×进线 PE(PEN)线截面	不小于0.5×进线 PE线截面①	两电气设备外露导电部分间	1×较小 PE线截面
			电气设备与装置外可导电部分间	0.5×PE 线截面
最小值	6mm² 铜线 或相同电导值导线②	同右	有机械保护时	2.5mm² 铜线 或4mm² 铝线
			无机构保护时	4mm² 铜线
	热镀锌钢 圆钢 φ10 扁钢 25×4mm		热镀锌钢圆钢 φ8 扁钢 20mm×4mm	
最大值	25mm² 铜线 或相同电导值导线②	同左	—	

①局部场所内最大PE线截面。

②不允许采用无机械保护铝线。

三、等电位联结的一般规定

1. 电子信息系统的等电位联结要求

① 电子信息系统的机房应设等电位联结网络。电气和电子设备的金属外壳，机柜、机架、金属管、槽、屏蔽线缆外层，信息设备防静电接地，安全保护接地，浪涌保护器（SPD）接地端等均应从最短的距离与等电位联结网络的接地端连接。

② 等电位联结网络宜采用焊接，熔接或压接。联结导体与等电位接地端子板之间应采用螺栓连接，连接处应进行热搪锡处理。

③ 在直击雷非保护区（LPZO$_A$）或直雷防护（LPZO$_B$）与第

一防护区（LPZ1）的界面处应安装等电位接地端子板。

④ 钢筋混凝土建筑宜在电子信息系统机房第一防护区（LPZ1）与第二防护区（LPZ2）界面处预埋与房屋结构内主钢筋相连的等电位接地端子板，并应符合下列规定。

a. 机房采用 S 形等电位联结网络时，应使用截面积不小于 $50mm^2$ 的铜排作为单点联结的接地基准点（ERP）。

b. 机房采用 M 形等电位联结网络时，宜使用截面积不小于 $50mm^2$ 铜带在防静电活动地板下构成铜带接地网络。

⑤ 电子信息设备机房宜采用截面积小于 $50mm^2$ 铜带安装局部等电位联结带，并采用截面积不小于 $35mm^2$ 的绝缘铜芯线等穿管与总等电位联结带相连。

2. 建筑物内其他设备的等点位联结要求

① 建筑物每一电源进线都应做总等电位联结，各个总等电位联结端子板应互相连通。

② 金属管道连接处一般不需加跨接线，给水系统的水表需加跨接线。

③ 装有金属外壳的排风机、空调器的金属门、窗框或靠近电源插座的金属门、窗框以及外露可导电部分伸臂范围内的金属栏杆、顶棚龙骨等金属体需做等电位联结。

④ 为避免用煤气管道作接地极，煤气管入户后应插入绝缘段，以与户外埋地煤气管隔离。为防止雷电流在煤气管道内产生电火花，在此绝缘段两端应跨接火花放电间隙（具体由煤气公司确定选型与安装）。

⑤ 一般场所离人站立处不超过 10m 的距离内如有地下金属管道或结构即可认为满足地面等电位要求，否则应在地下加埋等电位带。

⑥ 等电位联结内各联结导体间接可采用焊接，也可采用螺栓连接或熔接。等电位联结端子板应采用螺栓联结，以便拆卸进行定期检测。

⑦ 等电位联结用的螺栓、垫圈、螺母等应进行镀锌处理。

⑧ 等电位联结安装完毕后，应进行导通性测试，测试用电源用空载电压 4～24V 直流或交流电源，测试电流不应小于 0.2A，当测得等电位联结端子与等电位联结范围内的金属管道等金属体末端之间的电阻不超过 3Ω 时，可认为等电位联结是有效的。如发现导通不良的管道连接处，应作跨接线。

四、等电位联结安装

等电位联结安装如图 9-18～图 9-26 所示。

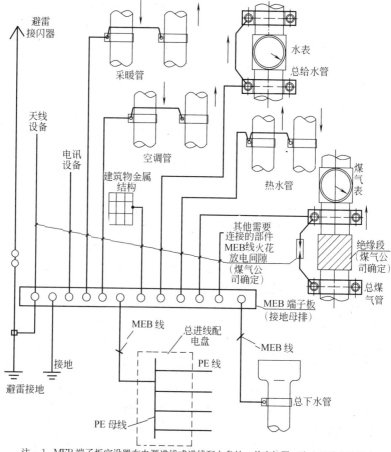

注：1. MEB 端子板宜设置在电源进线或进线配电盘处，并应加罩，防止无关人员触动。

2. 相邻近管道及金属结构允许用一根 MEB 线连接。

3. 当利用建筑金属体做防雷及接地时，MEB 端子板宜直接短接接地与该建筑物用作防雷及接地的金属体连通。

4. 图中箭头方向表示水、气流动方向，当进、回水管相距较远时，也可由 MEB 端子板分别用一根 MEB 线连接。

图 9-18　总等电位联结系统

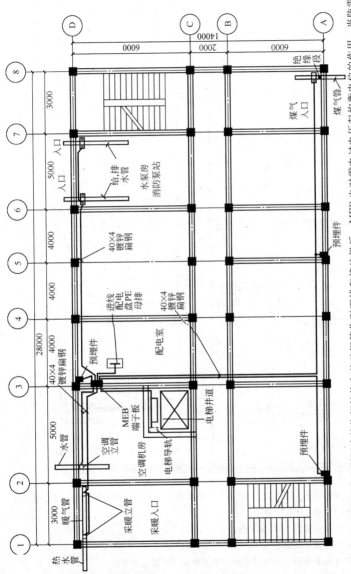

注：1. 当防雷设施利用建筑物钢结构和基础钢筋作引下线和接地极后，MEB 也对雷电过电压起均衡电位的作用，当防雷设施有专用引下线和接地极时应将该接地极与 MEB 连接以保护接地的接地极（如基础钢筋）相连通。

2. 图中 MEB 线均采用 40×4 镀锌扁钢或铜导线在墙内或地面内暗敷。

图 9-19　总等电位联结示例

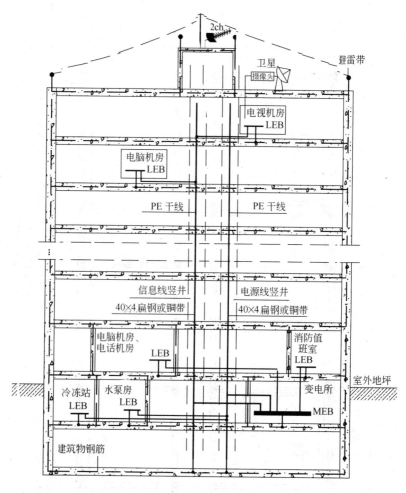

注：1. 图中仅示出 MEB、LEB 及竖井内接地干线。所有进出建筑物金属管道及构件可就近与 LEB 或 MEB 联结。

2. 电信机房应预留 LEB 端子板。

3. 竖井内宜预留接地干线，此干线与基础钢筋连通。

4. 消防值班室及信息机房的接地应满足相关设计规范的要求。

图 9-20 总等电位联结剖面图示例

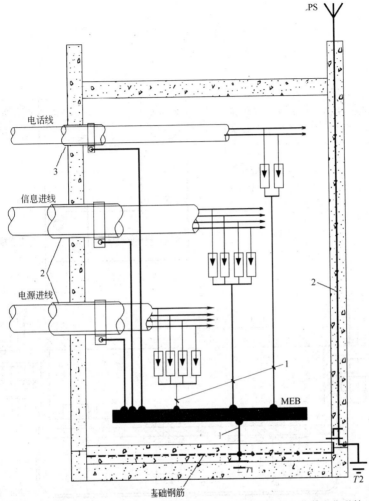

电话线

3

信息进线

2

电源进线

LPS

2

1

MEB

1

T1

T2

基础钢筋

注：1. 当采用屏蔽电缆时，应至少在两端并宜在防雷区交界处作等电位联结；当系统要求只在一端做等电位联结时，应采用两层屏蔽与等电位联结端子板联通。

2. 所有进入建筑物的金属套管应与接地母排联结。

3. 为使电涌防护器两端引线最短，电涌防护器宜安装在配电箱或信息系统的配线设备内，SPD 连接线全长不宜超过 0.5m。

4. SPD 的选择和安装随电源接地系统及信息系统的不同而不同，具体做法由工程设计决定。

MEB—接地母排或总等电位联结端子板；T1—基础接地极；T2—如果需要，为防雷或防静电所做的接地极；1—联结线；2—防雷引下线；3—金属套管

图 9-21　电源进线、信息进线等电位联结示意

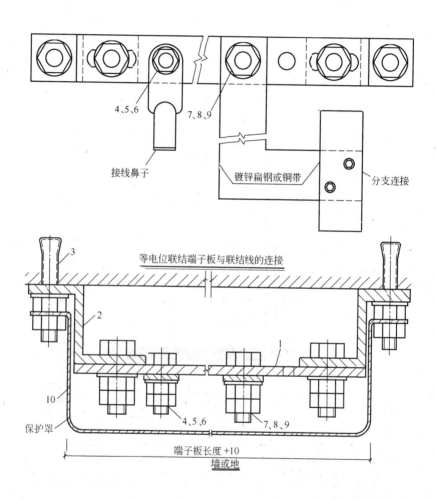

4、5、6

接线鼻子

7、8、9

镀锌扁钢或铜带

分支连接

等电位联结端子板与联结线的连接

3

2

1

10

保护罩

4、5、6

7、8、9

端子板长度 +10

墙或地

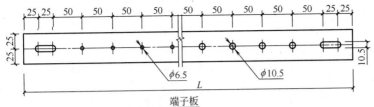

25, 25, 50, 50, 50, 50, 50, 50, 50, 50, 50, 25, 25

25, 25

10.5

$\phi 6.5$ $\phi 10.5$

L

端子板

端子板长度表

板长 端子数	L/mm
2	250
3	300
4	350
5	400
每增一个	增加 50

主要材料表

编号	名称	型号及规格	单位	数量	页次	备 注
1	端子板	厚 4mm 紫铜板	个	1		
2	扁钢支架		个	2		
3	膨胀螺栓	$M10\times80$	个	2		
4	螺栓	$M6\times30$	个			GB 5786—1986
5	螺母	$M6$	个			GB 6172—1986
6	垫圈	6	个			GB 95—1985
7	螺栓	$M10\times30$	个			GB 5786—1986
8	螺母	$M10$	个			GB 6172—1986
9	垫圈	10	个			GB 95—1985
10	保护罩	厚 2mm 钢板	个			

注：端子板采用铜板，根据等电位联结线的出线数决定端子板长度。

图 9-22 等电位联结端子板墙上明装做法

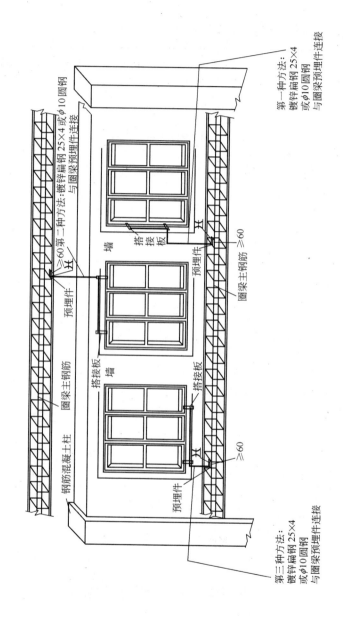

第三种方法：
镀锌扁钢 25×4
或φ10圆钢
与圈梁预埋件连接

第一种方法：
镀锌扁钢 25×4
或φ10圆钢
与圈梁预埋件连接

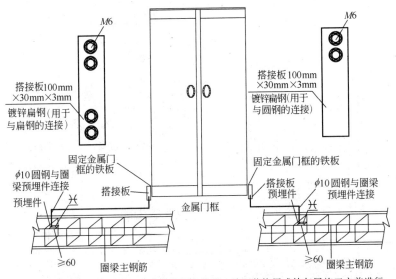

注：1. 连接导体宜暗敷，并应在窗框定位后，墙面装饰层或抹灰层施工之前进行。

2. 当柱体采用钢柱时，将连接导体的一端直接焊于钢柱上。

3. 根据具体情况选用图中所示三种方法之一进行窗框的连接。

4. $\phi 10$ 的圆钢与钢筋或窗框等建筑物金属构件焊接长度不小 100mm。

5. 搭接板应预埋，具体部位由设计确定，其与窗框、门框可螺栓连接或焊接。

图 9-23 金属门、窗的等电位联结

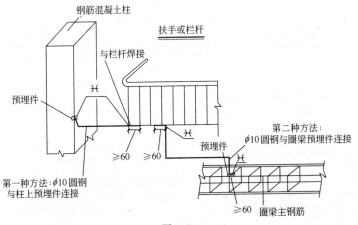

图 9-24

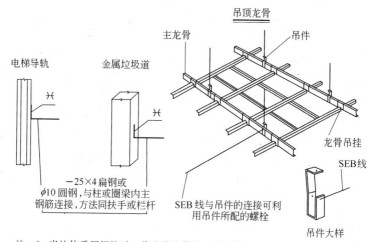

注：1. 当柱体采用钢柱时，将连接导体的一端直接焊于钢柱上。

2. 根据具体情况选用图中所示两种方法之一进行连接。

3. $\phi 10$ 的圆钢与钢筋或栏杆等建筑物金属构件焊接长度不小于 60mm。

图 9-24　金属栏杆、天花龙骨等建筑物构件的等电位联结

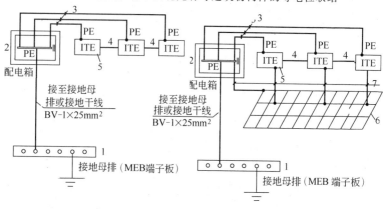

图 9-25　信息技术（IT）设备的接地和等电位联结

1—接地母排（MEB 端子板）；2—配电箱；3—PE 线，与电源线共管敷设；4—信息电缆；5—信息设备（ITE）；6—等电位金属网格；7—LEB 线

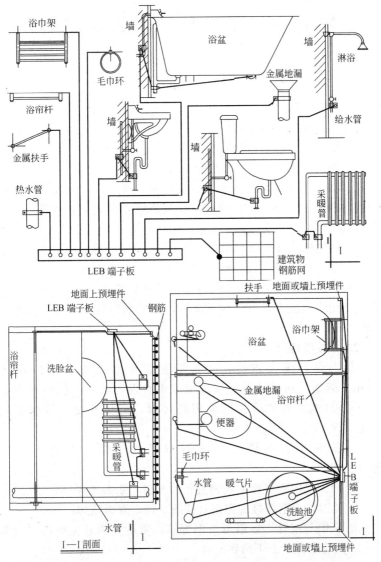

浴巾架

毛巾环

浴帘杆

金属扶手

热水管

墙

浴盆

金属地漏

墙

淋浴

给水管

墙

墙

采暖管

I

LEB 端子板

建筑物钢筋网

地面上预埋件

LEB 端子板

钢筋

扶手

地面或墙上预埋件

浴帘杆

洗脸盆

采暖管

水管

I

I—I 剖面

浴盆

浴巾架

金属地漏

浴帘杆

便器

毛巾环

水管

暖气片

洗脸池

L E B 端子板

I

地面或墙上预埋件

注：1. 地面内钢筋网宜与等电位联结线连通，当墙为混凝土墙时，墙内钢筋网也宜与等电位联结线联通。
2. 图中 LEB 线均采用 BV-1×4mm² 铜线在地面内或墙内穿塑料管暗敷。

图 9-26　卫生间局部等电位联结示例

第七节 质量标准及质量记录

一、接地装置安装

1. 主控项目

① 人工接地装置或利用建筑物基础钢筋的接地装置必须在地面以上按设计要求位置设测试点。

② 测试接地装置的接地电阻值必须符合设计要求。

③ 防雷接地的人工接地装置的接地干线埋设,经人行通道处埋地深度不应小于1m,且应采取均压措施或在其上方铺设卵石或沥青地面。

④ 接地模块顶面埋深不应小于0.6m,接地模块间距不应小于模块长度的3~5倍。接地模块埋设基坑,一般为模块外形尺寸的1.2~1.4倍,且在开挖深度内详细记录地层情况。

⑤ 接地模块应垂直或水平就位,不应倾斜设置,保持与土层接触良好。

2. 一般项目

① 当设计无要求时,接地装置顶面埋设深度不应小于0.6m。圆钢、角钢及钢管接地极应垂直埋入地下,间距不应小于5m。接地装置的焊接应采用搭接焊,搭接长度应符合下列规定。

a. 扁钢与扁钢搭接为扁钢宽度的2倍,不少于三面施焊。

b. 圆钢与圆钢搭接为圆钢直径的6倍,双面施焊。

c. 圆钢与扁钢搭接为圆钢直径的6倍,双面施焊。

d. 扁钢与钢管,扁钢与角钢焊接,紧贴角钢外侧两面,或紧贴3/4钢管表面,上下两侧施焊。

e. 除埋设在混凝土中的焊接接头外,有防腐措施。

② 当设计无要求时,接地装置的材料采用为钢材,热浸镀锌处理,最小允许规格、尺寸应符合表9-5的规定。

表 9-5　最小允许规格、尺寸

种类、规格及单位		敷设位置及使用类别			
		地　　上		地　　下	
		室内	室外	交流电流回路	直流电流回路
圆钢直径/mm		6	8	10	12
扁钢	截面/mm²	60	100	100	100
	厚度/mm	3	4	4	6
角钢厚度/mm		2	2.5	4	6
钢管管壁厚度/mm		2.5	2.5	3.5	4.5

③ 接地模块应集中引线，用干线把接地模块并联焊接成一个环路，干线的材质与接地模块焊接点的材质应相同，钢质的采用热浸镀锌扁钢，引出线不少于 2 处。

二、避雷引下线和变配电室接地干线敷设

1. 主控项目

① 暗敷在建筑物抹灰层内的引下线应由卡钉分段固定；明敷的引下线应平直、无急弯，与支架焊接处，油漆防腐，且无遗漏。

② 变压器室、高低压开关室内的接地干线应有不少于 2 处与接地装置引出干线连接。

③ 当利用金属构件、金属管道做接地线时，应在构件或管道与接地干线间焊接金属跨接线。

2. 一般项目

① 钢制接地线的焊接连接应符合本规范第一、2.、①条的规定，材料采用及最小允许规格、尺寸应符合本规范第一、2.、②条的规定。

② 明敷接地引下线及室内接地干线的支持件间距应均匀，水平直线部分 0.5～1.5m；垂直直线部分 1.5～3m；弯曲部分 0.3～0.5m。

③ 接地线在穿越墙壁、楼板和地坪处应加套管或其他坚固的保护套管，钢套管应与接地线作电气联通。

④ 变配电室内明敷接地干线安装应符合下列规定。

a. 便于检查，敷设位置不妨碍设备的拆卸与检修。

b. 当沿建筑物墙壁水平敷设时，距地面高度 $250\sim300mm$；与建筑墙壁间的间隙 $10\sim15mm$。

c. 当接地线跨越建筑物变形缝时，设补偿装置。

d. 接地线表面沿长度方向每段为 $15\sim100mm$，分别涂以黄色和绿色相间的条纹。

e. 变压器室、高压配电室的接地干线上应设置不少于 2 个供临时接地用的接线柱或接螺栓。

⑤ 当电缆穿过零序电流互感器时，电缆头的接地线应通过零序电流互感器后接地；由电缆头至穿过零序电流互感器的一段电缆金属护层和接地线应对地绝缘。

⑥ 配电间隔和静止补偿装置的栅栏门及变配电室金属门铰链处的接地连接，应采用编织铜线；变配电室的避雷器应用最短的接地线与接地干线连接。

⑦ 设计要求接地的幕墙金属框架和建筑物的金属门窗，应就近与接地干线连接可靠，连接处不同金属间应有防电化腐蚀措施。

三、接闪器安装

1. 主控项目

建筑物顶部的避雷针、避雷带等必须与顶部外露的其他金属物体连成一个整体的电气通路，且与避雷引下线连接可靠。

2. 一般项目

① 避雷针、避雷带应位置正确；焊接固定的焊缝应饱满无遗漏，螺栓固定的应备帽等防松零件齐全；焊接部分补刷的防腐油漆完整。

② 避雷带应平正顺直，固定点支持件间距均匀、固定可靠，每个支持件应能承受大于 $49N$（$5kg$）的垂直拉力；当设计无要求时，支持件间距符合本规范第二、2.、②条的规定。

四、建筑物等电位联结

1. 主控项目

① 建筑物等电位联结干线应从与接地装置有不少于 2 处直接连接的接地干线或总等电位箱引出，等电位联结干线或局部等电位箱间的连接线形成环形网路，环形网路应就近与等电位联结干线或局部等电位箱连接；支线间不应串联联结。

② 等到电位联结的线路最小允许截面应符合表 9-6 的规定。

表 9-6　线路最小允许截面/mm²

材　料	截　　　　面	
	干　线	支　线
铜	16	6
钢	50	16

2. 一般项目

① 等电位联结的可接近裸露导体或其他金属部件、构件与支线连接应可靠，熔焊、钎焊或机械紧固应导通正常。

② 需等电位联结的高级装修金属部件或零件，应有专用接线螺栓与等电位联结支线连接，且有标识；连接处螺帽紧固、防松零件齐全。

五、质量记录

① 镀锌钢材、铜材、接地模块等材料质量证明及出厂合格证。

② 防雷接地施工自检记录。

③ 工序交接确认记录。

④ 隐蔽验收记录。

⑤ 接地电阻测试记录。

⑥ 检验批质量验收记录。

附：检验批质量验收记录表

接地装置安装检验批质量验收记录表

(引自 GB 50303—2002)

060109□□
060206□□
060608□□
060701□□

单位(子单位)工程名称					
分部(子分部)工程名称				验收部位	
施工单位				项目经理	
分包单位				分包项目经理	
施工执行标准名称及编号					

施工质量验收规范规定				施工单位检查评定记录	监理(建设)单位验收记录
主控项目	1	接地装置测试点的位置	第24.1.1条		
	2	接地电阻值测试	第24.1.2条		
	3	防雷接地的人工接地装置的接地干线埋设	第24.1.3条		
	4	接地模块的埋设深度、间距和搭接长度	第24.1.4条		
	5	接地模块设置应垂直或水平就位	第24.1.5条		
一般项目	1	接地装置埋设深度、间距和搭接长度	第24.2.1条		
	2	接地装置的材质和最小允许规格	第24.2.2条		
	3	接地模块与干线的连接和干线材质选用	第24.2.3条		

施工单位检查评定结果	专业工长(施工员)		施工班组长	
	项目专业质量检查员:		年 月 日	

监理(建设)单位验收结论	
	监理工程师: (建设单位项目专业技术负责人)　　　　　年 月 日

说　　明

060109
060206
060608
060701

主控项目

1. 人工接地装置或利用建筑物基础钢筋的接地装置必须在地面以上按设计要求位置设测试点。

2. 测试接地装置的接地电阻值必须符合设计要求。

3. 防雷接地的人工接地装置的接地干线埋设，经人行通道处埋地深度不应小于 1m，且应采取均压措施或在其上方铺设卵石或沥青地面。

4. 接地模块顶面埋深不应小于 0.6m，接地模块间距不应小于模块长度的3～5倍。接地模块埋设基坑，一般为模块外形尺寸的 1.2～1.4 倍，且在开挖深度内详细记录地层情况。

5. 接地模块应垂直或水平就位，不应倾斜设置，保持与原土层接触良好。

一般项目

1. 当设计无要求时，接地装置顶面埋设深度不应小于 0.6m。圆钢、角钢及钢管接地极应垂直埋入地下，间距不应小于5m。接地装置的焊接应采用搭接焊，搭接长度应符合下列规定。

① 扁钢与扁钢搭接为扁钢宽度的 2 倍，不少于三面施焊。

② 圆钢与圆钢搭接为圆钢直径的 6 倍，双面施焊。

③ 圆钢与扁钢搭接为圆钢直径的 6 倍，双面施焊。

④ 扁钢与钢管，扁钢与角钢焊接，紧贴角钢外侧两

第九章　防雷接地安装 ▶▶ *377*

面，或紧贴 3/4 钢管表面，上下两侧施焊。

⑤ 除埋设在混凝土中的焊接接头外，有防腐措施。

2. 当设计无要求时，接地装置的材料采用为钢材，热镀锌处理，最小允许规格、尺寸应符合 GB 50303—2002 中表 24.2.2 的规定。

3. 接地模块应集中引线，用干线把接地模块并联焊接成一个环路，干线的材质与接地模块焊接点的材质应同，钢制的采用热浸镀锌扁钢，引出不少于 2 处。

检查数量

主控项目全数检查。

一般项目 1、2 抽查 10 处，少于 10 处，全数检查；3 全数检查。

检验方法

见 GB 50303—2002 中第 28.0.7 条。

判定

应检数量全部符合规范规定判为合格。

接地装置安装检验批质量验收记录表

（引自 GB 50303—2002）

（Ⅰ）防雷引下线

060702□□

单位(子单位)工程名称					
分部(子分部)工程名称				验收部位	
施工单位				项目经理	
分包单位				分包项目经理	
施工执行标准名称及编号					
施工质量验收规范规定				施工单位检查评定记录	监理（建设）单位验收记录
主控项目	1	引下线敷设、明敷引下线焊接处的防腐	第 25.1.1 条		
	2	利用金属构件、金属管道作接地线时与接地干线的连接	第 25.1.3 条		

施工质量验收规范规定			施工单位检查评定记录	监理（建设）单位验收记录
一般项目	1	钢制接地线的连接和材料规格、尺寸	第25.2.1条	
	2	明敷接地引下线及室内地平线的支持件的设置	第25.2.2条	
	3	接地线穿越墙壁、楼板和地坪处的保护	第25.2.3条	
	4	幕墙金属框架和建筑物金属门窗与接地干线的连接	第25.2.7条	

施工单位检查评定结果	专业工长（施工员）		施工班组长	
	项目专业质量检查员：		年 月 日	

监理（建设）单位验收结论	监理工程师： （建设单位项目专业技术负责人）	年 月 日

说　明

（Ⅰ）

060702

主控项目

1. 暗敷在建筑物抹灰层内的引下线应由卡钉分段固定；明敷的引下线应平直、无急弯，与支架焊接处，油漆防腐，且无遗漏。

2. 当利用金属构件、金属管道做接地线时，应在构件或管道与接地干线间焊接金属跨接线。

一般项目

1. 钢制接地线的焊接连接应符合 GB 50303—2002 中第24.2.1条的规定，材料采用及最小允许规格、尺寸应符合 GB 50303—2002 中第24.2.2条的规定。

2. 明敷接地引下线及室内接地干线的支持件间距应均匀，水平直线部分 0.5～1.5m；垂直直线部分 1.5～3m；弯曲部分 0.3～0.5m。

3. 接地线在穿越墙壁、楼板和地坪处应加套管或其他坚固的保护套管时，钢套管应与接地线作电气联通。

4. 设计要求接地的幕墙金属框架和建筑物的金属门窗，应就近与接地干线连接可靠，连接处不同金属间应有防电化腐蚀措施。

检查数量

主控项目 1　抽查 10%，少于 5 处，全数检查；2 全数检查。

一般项目 1、3、4　抽查 10%，少于 5 处，全数检查；2　抽查 10m，少于 10m，全数检查。

检验方法

见 GB 50303—2002 中第 28.0.7 条。

判定

应检数量全部符合规范规定判为合格。

接地装置安装检验批质量验收记录表

（引自 GB 50303—2002）

（Ⅱ）变配电室接地干线

060207□□

单位(子单位)工程名称				
分部(子分部)工程名称			验收部位	
施工单位			项目经理	
分包单位			分包项目经理	
施工执行标准名称及编号				
施工质量验收规范规定			施工单位检查评定记录	监理(建设)单位验收记录
主控项目	1	变配电室内接地干线与接地装置引出线的连接	第25.1.2条		

施工质量验收规范规定			施工单位检查评定记录	监理(建设)单位验收记录
一般项目	1	钢制接地线的连接和材料规格、尺寸	第25.2.1条	
	2	室内明敷接地干线支持件的设置	第25.2.2条	
	3	接地线穿越墙壁、楼板和地坪处的保护	第25.2.3条	
	4	变配电室内明敷接地干线敷设	第25.2.4条	
	5	电缆穿过零序电流互感器时,电缆头的接地线检查	第25.2.5条	
	6	配电间的栅栏门、金属门铰链的接地连接及避雷器接地	第25.2.6条	

施工单位检查评定结果	专业工长(施工员)		施工班组长	
	项目专业质量检查员:			年 月 日

监理(建设)单位验收结论	监理工程师:(建设单位项目专业技术负责人)	年 月 日

说　　明

(Ⅱ)

060702

主控项目

变压器室、高低压开关室内的接地干线应不少于2处与接地装置引出干线连接。

一般项目

1. 钢传接地线的焊接连接应符合 GB 50303—2002 中第24.2.1条的规定,材料采用及最小允许规格、尺寸应符合 GB 50303—2002 中第24.2.2条的规定。

2. 明敷接地引下线及室内接地干线的支持件间距应均

匀，水平直线部分 0.5～1.5m；垂直直线部分 1.5～3m；弯曲部分 0.3～0.5m。

3. 接地线在穿越墙壁、楼板和地坪处应加套管或其他坚固的保护套管时，钢套管应与接地线作电气联通。

4. 变配电室内明敷接地干线安装应符合下列规定。

① 便于检查，敷设位置不妨碍设备的拆卸与检修。

② 当沿建筑物墙壁水平敷设时，距地面高度 250～300mm；与建筑墙壁间的间隙 10～15mm。

③ 当接地线跨越建筑物变形缝时，设补偿装置。

④ 接地线表面沿长度方向每段为 15～100mm，分别涂以黄色和绿色相间的条纹。

⑤ 变压器室、高压配电室的接地干线上应设置不少于 2 个供临时接地用的接线柱或接螺栓。

5. 当电缆穿过零序电流互感器时，电缆头的接地线应通过零序电流互感器后接地；由电缆头至穿过零序电流互感器的一段电缆金属护层和接地线应对地绝缘。

6. 配电间隔和静止补偿装置的栅栏门及变配电室金属门铰链处的接地连接，应采用编织铜线；变配电室的避雷器应用最短的接地线与接地干线连接。

检查数量

主控项目全数检查。

一般项目 1、4 抽查 10％，少于 10 处，全数检查；2 抽查 10m，少于 10m，全数检查；3、5 抽查 5 处，少于 5 处，全数检查；6 全数检查。

检验方法

见 GB 50303—2002 中第 28.0.7 条。

判定

应检数量全部符合规范规定判为合格。

接闪器安装检验批质量验收记录表

（引自 GB 50303—2002）

060703□□

单位(子单位)工程名称				
分部(子分部)工程名称			验收部位	
施工单位			项目经理	
分包单位			分包项目经理	
施工执行标准名称及编号				

施工质量验收规范规定				施工单位检查评定记录	监理(建设)单位验收记录
主控项目	1	避雷针、带与顶部外露的其他金属物体的连接	第26.1.1条		
一般项目	1	避雷针、带的位置及固定	第26.1.1条		
	2	避雷带的支持件间距、固定及承力检查	第26.1.1条		

施工单位检查评定结果	专业工长(施工员)		施工班组长	
	项目专业质量检查员：		年 月 日	

监理(建设)单位验收结论	监理工程师： (建设单位项目专业技术负责人)	年 月 日

说　　明

060704

主控项目

建筑物顶部的避雷针、避雷带等必须与顶部外露的其他金属物体连成一个整体的电气通路，且与避雷引下线连接可靠。

一般项目

1. 避雷针、避雷带应位置正确；焊接固定的焊缝应饱满无遗漏，螺栓固定的应备帽等防松零件齐全；焊接部分补刷的防腐油漆完整。

2. 避雷带应平正顺直，固定点支持件间距均匀、固定可靠，每个支持件应能承受大于49N（5kg）的垂直拉力；当设计无要求时，支持件间距符合GB 50303—2002中第25.2.2条的规定。

检查数量

主控项目全数检查。

一般项目1全数检查；2抽查10％，少于10m或10个支持件，全数检查。

检验方法

见GB 50303—2002中第28.0.7条。

判定

应检数量全部符合规范规定判为合格。

建筑物等电位联结检验批质量验收记录表

（引自 GB 50303—2002）

060704□□

单位(子单位)工程名称				
分部(子分部)工程名称			验收部位	
施工单位			项目经理	
分包单位			分包项目经理	
施工执行标准名称及编号				
施工质量验收规范规定			施工单位检查评定记录	监理(建设)单位验收记录
主控项目	1	建筑物等电位联结干线的连接及局部等电位箱的连接	第27.1.1条		
	2	等电位联结的线路最小允许截面积	第27.1.2条		

施工质量验收规范规定			施工单位检查评定记录	监理(建设)单位验收记录
一般项目	1	等电位联结的可接近裸露导体或其他金属部件、构件与支线的连接可靠,导通正常	第27.2.1条	
	2	需等电位联结的高级装修金属部件或零件等电位联结的连接	第27.2.2条	

施工单位检查评定结果	专业工长(施工员)		施工班组长	
	项目专业质量检查员:		年 月 日	

监理(建设)单位验收结论	
	监理工程师: (建设单位项目专业技术负责人)　　　　　　　年　月　日

说　　明

060704

主控项目

1. 建筑物等电位联结干线应从与接地装置有不少于2处直接连接的接地干线或总等电位箱引出,等电位联结干线或局部等电位箱间的连接线形成环形网路,环形网路应就近与等电位联结干线或局部等电位箱连接;支线间不应串联连接。

2. 等到电位联结的线路最小允许截面应符合 GB 50303—2002 中表 27.1.2 的规定。

一般项目

1. 等电位联结的可接近裸露导体或其他金属部件、构件与支线连接应可靠，熔焊、钎焊或机械紧固应导通正常。

2. 需等电位联结的高级装修金属部件或零件，应由专用接线螺栓与等电位联结支线连接，且有标识；连接处螺帽紧固、防松零件齐全。

检查数量

主控项目抽查 10%，少于 10 处，全数检查；等电位箱处全数检查。

一般项目抽查 10%，少于 10 处，全数检查。

检验方法

见 GB 50303—2002 中第 28.0.7 条。

判定

应检数量全部符合规范规定判为合格。

第十章

室内弱电工程安装

建筑装饰装修工程中的弱电工程是电气工程的主要组成部分。前几章所讲的动力、照明工程称为强电工程，它是将电能经用电设备转换成机械能、热能和光能等，而弱电工程主要以传播信号进行信息交流为主。由于弱电系统的建立，使建筑物的多样性服务功能大大扩展，从而大力增加了内外传递信息和交换信息的能力。同时随着计算机技术、激光、光纤通信技术等的发展，其建筑装饰装修工程中的弱电技术发展迅速，其范围不断扩展，尤其是智能建筑工程更是对弱电工程的延伸和发展。弱电工程是一个复杂的，多学科的集成系统工程，其涵盖的内容较广，目前常见的建筑弱电系统主要包括火灾自动报警和自动灭火系统，共用天线电视系统，闭路电视系统，电话通讯系统，广播音响系统，安全监控系统，建筑物自动化系统及综合布线系统等。

本章就装饰装修工程中的有线电视，电话通讯及安全防范和综合布线的安装进行初步介绍，实际施工安装，调试应由有专业资质的施工企业进行。

第一节　有线电视系统

有线电视系统（也叫电缆电视系统），其英文缩写名为CATV，属于一种有线分配网络，除收看当地电视台的电视节目外，还可以通过卫星地面站接收卫星传播的电视节目，也可配合摄录像机、调制器等编制节目，向系统内各用户播放，构成完整的闭路电视系统。

一、有线电视设备

1. 有线电视系统的基本组成

如图 10-1 所示为有线电视系统的基本组成，其前端设备一般建在网络所在的中心地区，这样可避免因某些干线传输太远而造成的传输质量下降，而且维护也比较方便。前端设在比较高的地方，并避开地面邮电微波或其他地面微波的干扰。

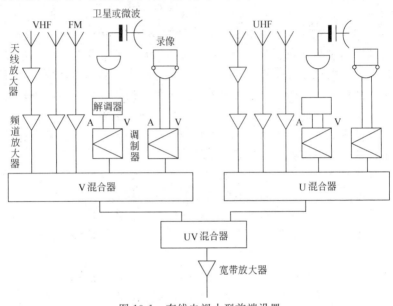

图 10-1　有线电视小型前端设置

前端设备主要包括天线放大器、干线放大器、混合器等。

天线放大器一般安放在天线竖杆上，其作用是提高接收天线的输出电平和改善信噪比，以满足处于弱电场强区和电视信号阴影区共用天线电视传输系统主干放大器输入电平的要求。

干线放大器安装于干线上，用于放大干线信号电平，补偿干线电缆的衰减损耗并增加信号的传输距离。

混合器是将所接收的多路信号混合在一起，合成一路输送出去，而又不相互干扰的一种设备。混合器有频道混合器、频段混合器和宽带混合器。按有无增益分为无源混合器和有源混合器，CATV系统大多采用无源混合器。

2. 有线电视用户分配网络

如图10-2所示为常用的两种网络分配方式，其中分支—分支方式最为常用。

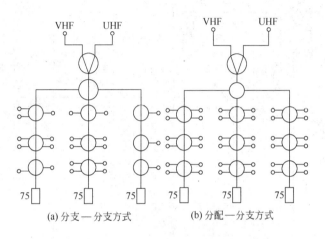

(a) 分支—分支方式　　　(b) 分配—分支方式

图10-2　CATV用户网络分配方式

在分配放大器输出电平设定后，选择不同分支损耗的分支器保证系统输出口电平达标。一般是在靠近延长放大器的地方的分支器选用分支损耗大一些的，远离延长放大器的地方的分支器选用分支损耗小一些的。为了实现系统匹配，最后一个分支器输出口应接上75Ω的假负载。分配—分支方式适用于以延长放大器为中心分布的用户簇，且每簇的用户相差不多，若为二簇，则第一个分配器采用二分配器，依此类推。

二、线路敷设

有线电视线路在用户分配网络部分，均使用特殊阻抗为75Ω的同轴电缆，常用国产同轴电缆主要技术性能指标见表10-1。

表 10-1 常用国产同轴电缆主要技术性能指标

型号	内导体 结构	内导体 外径/mm	绝缘 结构	绝缘 外径/mm	外导体	护套 结构	护套 外径/mm	绝缘电阻 不小于/mΩ·km	试验电压 不低于/kV	阻抗/Ω	电容/pF·m⁻¹	衰减不大于 db/100m 30MHz	200MHz	800MHz	适用性
SYFV -75-5	1/1.14	1.14	发泡聚乙烯	5.05	铜编织双层	聚氯乙烯(白色)	7.2			75±5	>60	4.2	10.6	26	楼内支线或干线
SYFV -75-7	1/1.5	1.5		6.08			9.4			75±3	>60	2.8	7.2	19	支线或干线
SYFV -75-9	1/1.88	1.88		8.6			11.5			25±3	>60	7	7	17	干线
SDV藕状电缆 -75-5	1/1.0	1.0	半空气聚乙烯	4.8±0.2	铝箔纵包外加铜编织	聚氯乙烯	6.8±0.3	1000	4	75±3	60	4.10	11.0	22.5	楼内支线或干线
SDV藕状电缆 -75-7	1/1.5	1.5		7.3±0.3			10±0.3				60	2.60	7.60	16.9	支线或干线
SDV藕状电缆 -75-9	1/1.9	1.9		9.0±0.3			12±0.4				60	2.05	5.90	12.9	干线
SYKV藕状电缆 -75 5-5	1/1.0	1.0	半空气聚乙烯	4.8±0.2	铝箔纵包外加铜编织双层	聚乙烯	7.0±0.3	1000	1	75±3	57	4.10	11.0	22.9	楼内支线或干线
SYKV藕状电缆 9-7	1/2.0	2.0		9.0±0.3			12.4±0.4				53	2.10	5.9	13.0	支线或干线
SYLV -75-1	6/1.0	1.0	藕芯	4.8	聚氯	聚乙烯	6.1	≥2×10⁴	1.2	75±3	55		10.3	21.2	楼内支线或干线
SYLA -75-7	1.6/1.6	1.6	藕芯	7.3	聚氯	聚乙烯	10.2		2	75±2	54		6.7	13.9	楼内支线或干线
SYDY 4.4		1.2	竹管	8.3						75		4.3	8.2	16.0	架空、管道
SYDY -75 9.5		2.6	竹管	14.0								1.4	4.3	8.6	
SIZV -4		1.2	竹管	5.3	铜丝	聚氯乙烯	φ7.3					4.5	11	22	楼内支线
SIZV -75 5-A		1.2		5.3	铝塑		φ7.3					3.5	8.5	17	
SIOV -75 5		1.13	藕芯	5.4	铜丝	聚氯乙烯	φ7.4					4.7	12.5	28	楼内支线
SIOV 5-A		1.13		5.4	铝丝		φ7.4					3.5	9	18.5	

表 10-2 同轴电缆穿管数据表

序号	项目 数据 类别	标称口径 /mm	标称口径 /in	外径 /mm	壁厚 /mm	内径 /mm	穿电缆根数 n 75—5P	75—7P	75—9P	75—9L	75—12L	75—14L
1	电线管 (TM)	15	5/8	15.87	1.6	12.67	1	1	—			
2		20	3/4	19.05		15.85	2	1	—			
3		25	1	25.4		22.2	4	2	1			
4		32	$1\frac{1}{4}$	31.75		28.55	6	2	1			
5		40	$1\frac{1}{2}$	38.1		34.9	10	4	2			
6		50	2	50.8		47.6	18	6	3			
7	焊接钢管 (SC)	15	5/8	21.25	2.75	15.75	2	1	—			
8		20	3/4	26.75		21.25	3	1	1			
9		25	1	33.5		27	6	3	2			
10		32	$1\frac{1}{4}$	42.25	3.25	35.75	10	5	2	1	1	1
11		40	$1\frac{1}{2}$	48		41	13	6	3	2	1	1
12		50	2	60	3.5	53				3	2	2
13		70	$2\frac{1}{2}$	75.5	3.75	68				5	4	3
14		80	3	88.5		80.5				7	6	4
15		100	4	114	4	106				9	7	6

同轴电缆不能与有强电流的线路并行敷设，也不能靠近低频信号线路，如广播线和载波电话，室内装饰装修中多采用暗管敷设，敷设时不得与照明线、电力线同线槽、同管、同出线盒（中间有隔离的除外）、同连接箱安装。其敷设方式可参见电气管线安装有关章节。同轴电缆穿管数据见表10-2。

电视用户终端盒距地高度，宾馆、饭店和客房一般为 0.3m，住宅一般为 1.2～1.5m，或与电源插座等高，但彼此应相距 50～100mm。接收机和用户盒的连接应采用阻抗为 75Ω，屏蔽系数高的同轴电缆，长度不宜超过 3m。

第二节　电话通信系统

普通电话机采用模拟语言信息，这种传输方式所输送的信息范围较窄，而且易受干扰，保密性差，但因其设备简单仍经常使用。目前使用较普遍的是程控交换机，它是把电子计算机的存储程序控制技术引入到电话交换设备中来，将所需传输的信息按一定编码方式转换为数字信号进行传输。

根据信息传输媒介的不同可分为有线及无线电话通信。建筑物内电话系统主要是有线传输方式，其传输线路所用线缆有，电话电缆、双绞线和光缆。

一、电话通信设备

电话通信设备由三个部分组成，即电话交换设备、传输系统和用户终端设备。

程控电话交换机由话路系统、中央处理系统和输入输出系统三部分组成，它预先将电话交换的功能编成程序集中存放在存储器中，然后由程序的自动执行来控制交换机的交换接续动作，以完成用户之间的通话。此外，还可以与传真机、个人用电脑、文字处理机、计算机中心等办公自动化设备连接起来，形成综合业务网。因而可以有效地利用声音、图像进行信息交换，同时可以实现外围设备和数据的共享，构成企业内部的综合数字通信网——办公室自动化系统。

传输系统主要为有线传输，就是利用电话电缆、双绞线缆及光纤实现语音或数据输送。按传输信息工作方式又可分为模拟传输和数字传输两种，程控电话交换就是采用数字传输。

用户终端设备除一般电话机外，还有传真机，数字终端设备，个人计算机，数据库设备，主计算机等。有了这些设备，就可进行文件的传送，数据的传输，收集和处理、信息的储存和检索等工作，大大提高了工作效率。交换机和主计算机连接，可以更有效地共享计算机的资源，充分发挥计算机的功能，并为使用计算机的人提供极大的方便。

表 10-3　室内电话线配线型号规格

型号	名　　　称	芯线直径/mm	芯线截面/根数×mm	导线外径/mm
HPV	铜芯聚氯乙烯绝缘电话配线(用于跳线)	0.5 0.6 0.7 0.8 0.9		1.3 1.5 1.7 1.9 2.1
HVR	铜芯聚氯乙烯绝缘及护套电话软线(用于电话机与接线盒之间连接)	6×2/1.0		二芯圆形 4.3 二芯扁形 3×4.3 三芯 4.5 四芯 5.1
RVB	铜线聚氯乙烯绝缘平型软线(用于明敷或穿管)			2×0.2 2×0.28 2×0.35
RVS	铜芯聚氯乙烯绝缘绞型软线(用于穿管)			2×0.4 2×0.5 2×0.6 2×0.7 2×0.75 2×1 2×1.5 2×2 2×0.25

二、线路敷设

高层建筑内一般设有弱电专用竖井及专用接地 PE 排，从交换箱出来的分支电话电缆一般可采用穿管暗敷或沿桥架敷设引至弱电竖井内，在竖井内再穿钢管，电线管或桥架布线沿墙明敷设。每层设有电话分线盒，其分线盒一般为弱电井内明装，底边距地 2.0m 左右。

从楼层电话分线盒引至用户电话终端出线座的线路，可采用穿管沿墙，地面暗敷或吊顶内敷设，其敷设方法与其他室内线路类似，可参见本书有关章节，其施工应符合国家有关技术规程和规范要求。

室内电话线配线型号规格见表 10-3。

第三节　安全防范系统

随着现代建筑的高层化、功能多样化和大型化，为加强安全防范措施，需设置防盗报警系统、电视监控系统、出入口控制系统、巡更系统和访客对讲系统。

一、防盗报警系统

目前国内生产的防盗报警系统中的报警传感器较多，其中以微波型使用较广。微波型报警传感器受外界温度，气候影响较小，防范区域广，其辐射角可达到 $60°\sim70°$ 的范围。同时，由于微波有着穿透非金属物质的特性，所以微波传感器能安装在隐蔽之处，不容易被人觉察，能起到良好的防范作用。

微波防盗报警传感器的工作原理是利用目标的多普勒效应。所谓多普勒效应是指当辐射源（微波探头）和接收者之间相对径向运动时，接收到的信号频率将发生变化。因此，只要检出这个变化频率（多普勒频率），就能获得人体运动的信息，达到监测运动目标的目的，完成报警传感功能。其系统如图 10-3 所示。

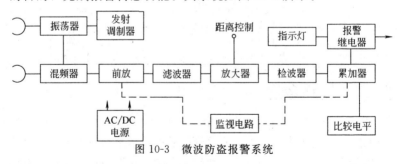

图 10-3　微波防盗报警系统

二、电视监控系统

电视监视系统一般由摄像、控制、传输和显示四个部分组成，当有监听或音响功能要求时，则应增加伴音设备。

保安部门通过设置在保安中心的电视监视器，在闭路电视（CATV）的工作中，可以随时观察到各出入口、主要通道、客梯厢和主要保安部位的动态。闭路电视监控系统组成如图 10-4 所示。

根据监视对象性质不同，电视监控系统可以分为以下几种。

① 单头单尾型，主要用于连续监视一个固定目标。

② 多头单尾型，主要用于一处监视多个固定目标。

③ 单头多尾型，主要用于多处监视一个固定目标。

④ 多头多尾型，主要用于多处监视多个目标。

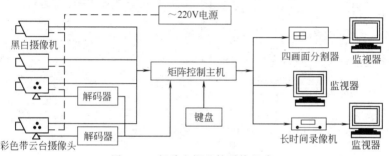

图 10-4　闭路电视监控系统组成

三、楼宇对讲系统

楼宇对讲系统亦称为访客对讲系统，是指对来访客人与住户之间提供双向通话或可视对话，并由住户遥控防盗门的开关及向保安管理中心进行紧急报警的一种安全防范系统。一般按其功能可分为对讲机—电锁门保安系统和可视对讲—电锁门保安系统。

对讲机—电锁门保安系统的结构形式多种多样，但工作原理基本相似。通常在大楼入口安装电锁门，上面设有电磁门锁，平时门总是关闭的。在入口的门外侧装有对讲按钮键盘。来访客人依照探访对象的楼层和单元号输入号码，此时，被访户主家中的对讲话机铃响，主人通过对讲话机与门外来客对话。在电锁门上的按钮盘内也装一部对讲机。同意探访即可按动话筒上的接钮，则入口电锁门的电磁铁即通电动作将门打开，客人即可推门进入。反之，可以不按电锁钮，拒绝来访，达到保安作用。

如果住户要求除了能与来访者直接对话之外，还希望能够看清来访者的面貌及门外的情况，可安装可视对讲—电锁门保安系统。

目前大多数民用住宅最常使用的是对讲机—电锁门保安系统，该系统价格较低，功能已能达到保安作用要求。如图 10-5 所示为对讲机—电锁门保安系统示意。

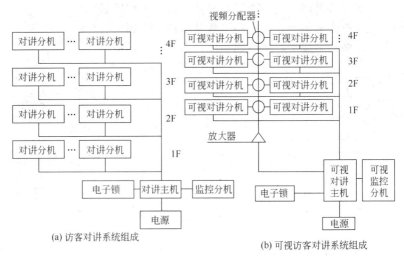

(a) 访客对讲系统组成　　　　　　　(b) 可视访客对讲系统组成

图 10-5　对讲机—电锁门系统示意

四、安全防范系统的线路敷设

安全防范系统的报警线路应穿金属管保护，可沿墙地面暗敷设或在吊顶内安装，其信号传输线，图像，声音复核传输线应单独穿管或同线槽配线，严禁与动力，照明线路同管、同线槽、同出线盒、同连接箱安装。

视频信号传输距离较短时，可用同轴电缆传输视频基带信号的视频传输方法；系统的功能遥控信号采用多芯直接传输的方法；微机控制的大系统，可将遥控信号线进行数据编码，以一线多传的总线方式传输。

其管线安装应符合国家有关技术规程和规范的要求。

第四节 综合布线

一、智能建筑与综合布线

智能建筑的重点是用先进的技术对楼宇进行控制、通信和管理，强调实现楼宇三个方面自动化的功能，即建筑自动化 BA（building automation）、通信与网络系统的自动化 CAN（communication and network automation）、办公业务的自动化 OA（office automation）。

楼宇的自动化功能是指建筑物本身应具备的自动化控制功能，包括感知、判断、决策、反应、执行的自动化过程，能够对保证大楼运行办公必备的配电、照明、空调、供热、制冷、通风、电梯、给排水以及消防系统、保安监控系统提供有效安全的物业管理，达到最大限度的节能和对各类报警信号的快速响应。

通信系统的自动化指建筑物本身应具备的通信能力。为在该大楼内工作的用户提供易于连接，方便快速的各类通信服务，畅通的音频电话、数字信号、视频图像、卫星通信等各类传输渠道。它包括建筑物内的局域网和对外联络的广域网及远程网。通信网络正在向着数字化、综合化、宽带化、智能化和个人化方向发展。

办公业务的自动化是为最终使用者所具体应用的自动化功能。它提供包括各类网络应用在内的饱含创意的工作场所和富于思维性的创造空间，创造出高效有序及安逸舒适的工作条件为大楼内用户的信息检索分析、智能化决策、电子商务等业务工作提供方便。

实现建筑物自动化和智能化的龙骨是大楼的综合布线系统，它破除了以往存在于语音传输和数据传输间的界限，使这两类不同的信号能通过技术上的进步与飞跃，而在同一条线路中传输，这既为智慧型大楼提供了物理基础，也与代表未来发展方向的综合业务数据网络 ISDN 的传输需求相结合。如图 10-6 所示为智能化大楼综合布线的组成结构。

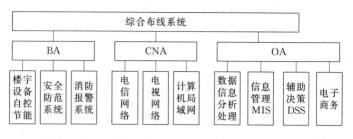

图 10-6   智能化大楼综合布线的组成结构

　　智能大楼的中心是以计算机为主的控制管理中心，它通过结构化综合布线系统与各种终端，如通信终端（电话、电脑、传真和数据采集等）和传感终端（如烟雾、压力、温度、湿度传感等）相连接，"感知"建筑物内各个空间的"信息"，并通过计算机处理给出相应的对策，再通过通信终端或控制终端（如步进电机、阀门、电子锁或开关等）给出相应的反应，使得该建筑好像具有"智能"，这样建筑物内的所有设施都实行按需控制，既提高了建筑物的管理和使用效率，又降低了能耗。智能大楼的组成结构如图 10-7 所示。

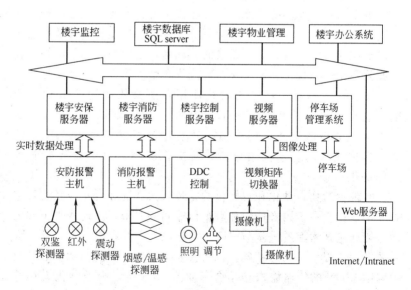

图 10-7   智能大楼的组成结构

二、综合布线

综合布线 PDS（premises distribution systems）是一个全新的概念，它与传统布线系统相比较，具有经济、可靠、开放、灵活、先进、及综合性强等优点。

综合布线系统的组成部件主要有传输介质、连接器、信息插座、插头、适配器、线路管理硬件、传输电子设备、电气保护设备和各种支持硬件。这些部件被用来构建综合布线系统的各个子系统，不仅易于实施，而且能随着需求的变化在配线上扩充和重新组合。

综合布线系统中常用的传输介质有非屏蔽双绞线（UTP）、屏蔽双绞线（FTP 或 STP，SCP 等）、同轴电缆和光缆四种。线缆敷设一般应按下列要求敷设。

① 线缆的形式、规格应与设计规定相符。

② 线缆的布放应自然平直，不得产生扭绞、打圈接头等现象，不应受到外力的挤压和损伤。

③ 线缆两端应贴有标签，应标明编号，标签书写应清晰，端正和正确；标签应选用不易损坏的材料。

④ 线缆终接后，应有余量。交接间、设备间对绞电缆预留长度宜为 0.5～1.0m，工作区为 10～30mm；光缆布放宜盘留，预留长度宜为 3～5m，有特殊要求的应按设计要求预留长度。

⑤ 线缆的弯曲半径应符合下列规定。

a. 非屏蔽 4 对绞电缆的弯曲半径应至少为电缆外径的 4 倍。

b. 屏蔽 4 对绞电缆的弯曲半径应至少为电缆外径的6～10 倍。

c. 主干对绞电缆的弯曲半径应至少为电缆外径的 10 倍。

d. 光缆的弯曲半径应至少为光缆外径的 15 倍。

⑥ 电源线，综合布线系统缆线应分隔布放。缆线间的最小净距应符合设计要求，并应符合表 10-4 的规定。

表 10-4　对绞电缆与电力线最小净距

范围　单位 条件	最小净距/mm		
	380V <2kV·A	380V 2.5～5kV	380V >5kV
对绞电缆与电力电缆平敷设	130	300	600
有一方在接地的金属槽道或钢管中	70	150	300
双方均在接地的金属槽道或钢管中	①	80	150

① 双方都在接地的金属槽道或钢管中，且平行长度小于 10m 时，最小间距可为 10mm。表中对绞电缆如采用屏蔽电缆时，最小净距可适当减小，并符合设计要求。

⑦ 建筑物内电、光缆暗管敷设与其他管线最小净距见表 10-5 的规定。

表 10-5　电、光缆暗管敷设与其他管线最小净距

管线种类	平行净距 /mm	垂直交 叉净距/mm	管线种类	平行净距 /mm	垂直交 叉净距/mm
避雷引下线	1000	300	给水管	150	20
保护地线	50	20	煤气管	300	20
热力管 （不包封）	500	500	压缩空气管	150	20
热力管 （包封）	300	300			

⑧ 在暗管或线槽中缆线敷设完毕后，宜在通道两端出口处用填充材料进行封堵。

⑨ 预埋线槽和暗管敷设线缆应符合下列规定。

a. 敷设线槽的两端宜用标志表示出编号和长度内容。

b. 敷设暗管宜采用钢管或阻燃硬质 PVC 管。布放多层屏蔽电缆，扁平缆线和大对数主干电缆或主干光缆时，直线管道的管径利用率应为 50%～60%，弯管道应为 40%～50%，暗管布放 4 对对绞电缆或 4 芯以下光缆时，管道的截面利用率应为 25%～30%。

预埋线槽宜采用金属线槽，线槽的截面利用率不应超过 50%。

⑩ 设置电缆桥架和线槽敷设缆线应符合下列规定。

a. 电缆线槽，桥架宜高出地面 2.2m 以上。线槽和桥架顶

部距楼板不宜小 300mm；在过梁或其他障碍物处，不宜小于 50mm。

b. 槽内缆线布放应顺直，尽量不交叉，在缆线进出线槽部位，转弯处应绑扎固定，其水平部分缆线可以不绑扎；垂直线槽布放缆线应每间隔 1.5m 固定在缆线支架上。

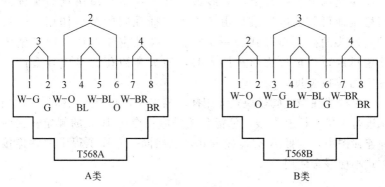

图 10-8　8 脚模块式通用插座连接

G（Green）—绿；BL（Blue）—蓝；BR（Brown）—棕；W（White）—白；O（Orange）—橙

c. 电缆桥架内缆线垂直敷设时，在缆线的上端和每间隔 1.5m 处应固定在桥架的支架上，水平敷设时，在缆线的首、尾、转弯及每间隔 5～10m 处进行固定。

d. 在水平，垂直桥架和垂直线槽中敷设缆线时，应对缆线进行绑扎。对绞电缆，光缆及其他信号电缆应根据缆线的类别、数量、缆径、缆线芯数分束绑扎。绑扎间距不宜大于 1.5m，间距应均匀，松紧适度。

e. 楼内光缆宜在金属线槽中敷设，在桥架敷设时应在绑扎固定段加装垫套。

⑪ 采用吊顶支撑柱作为线槽在顶棚内敷设线缆时，每根支撑柱所辖范围内的线缆可以不设置线槽进行布放，但应分束绑扎，缆线护套应阻燃，缆线选用应符合设计要求。

⑫ 建筑群子系统采用架空、管道、直埋、墙壁及暗管敷设电、光缆的施工技术要求应照本地网通信线路工程验收的相关规定

执行。

综合布线系统中的标准信息插座是 8 脚模块化 I/O，这种 8 脚结构为单一 I/O 配置提供了支持数据、语音或两者的组合所需的灵活性。除了能支持直接的或现有服务方案外，标准 I/O 还符合综合业务数字网（ISDN）的接口标准。信息插座的核心是模块化的插孔、镀金的导线或插孔可维持与模块化插头弹片间稳定而可靠的电连接。由于弹片与插孔间的摩擦作用，电接触随插头的插入而得到进一步加强。插孔主体设计采用了整体锁定机制，当模块化插头插入时，插头和插孔的界面处会产生一定的拉拔强度。

对绞线在与 8 脚模块式通用插座相连时，必须按色标和线对顺序进行卡接，插座类型，色标和编号应符合图 10-8 的规定。在两种连接图中，首推 A 类连接方式，但在同一布线工程中两种连接方式不应混合使用。

第五节　火灾自动报警与灭火系统

火灾自动报警与灭火系统的功能，是自动捕捉火灾检测区域内火灾发生时的烟雾或温度，从而能够发出声光报警，并有联动其他设备的输出接点，能够自动启动消防广播、事故照明、消火栓及喷淋水系统、排烟风机和正压送风机，切断非消防电源和使电梯迫降到首层等多项功能，并接收其反馈信号。

装修施工队伍应对其原理有所了解，避免在施工中产生误报或误动作，同时在施工中如需要对原有消防报警系统等进行改动的地方，应请专业消防施工队伍进行施工，严禁私自改动甚至擅自拆除。

一、火灾自动报警的基本原理

火灾报警系统由火灾探测系统、火灾自动报警系统及消防联动和自动灭火系统等部分组织。

报警控制器是火灾报警系统的心脏,是分析、判断、记录和显示火灾的设备。报警控制器通过探测器(如烟感、温感探头)不断向监视现场发出巡测信号,监视现场的烟雾浓度、温度等,并时时将信号反馈给控制器,再由控制器进行电信号计算比较,判断火灾是否发生。当确认发生火灾则在报警控制器上首先发出声光报警,并显示烟雾浓度,显示火灾发生区域或楼层、房间的地址编码,打印报警时间、地址、烟雾浓度等。同时向火灾现场发出声或光报警。与此同时,在火灾发生楼层的上下相邻楼层或火灾区域的相邻区域也发出报警信号,显示火灾区域。现场人员发现火灾时也可以通过安装在现场的手动报警按钮和火灾报警电话直接向控制中心传呼报警信号。

消防联动控制设备在接到火灾报警信号后,应在 3s 内发出以下联动信号:

① 切断着火层及相邻楼层的非消防电源,接通应急照明;

② 控制电梯全部停于首层,接收其反馈信号,并显示其状态;

③ 疏散通道上的防火卷帘在感烟探测器动作后,卷帘下降至 1.8m,待感温探测器动作后,卷帘下降到底;防火分隔用的防火卷帘在火灾探测器动作后卷帘下降到底,接收其反馈信号,并显示其状态;

④ 控制常开防火门的关闭,接收其反馈信号,并显示其状态;

⑤ 控制停止有关部位的空调机,关闭电动防火阀,接收其反馈信号,并显示其状态;

⑥ 启动有关部位防烟、排烟风机及排烟阀,接收其反馈信号,并显示其状态;

⑦ 开启着火层及相邻层的正压送风口,启动正压送风机,接收其反馈信号,并显示其状态;

⑧ 控制着火层及相邻层的消防应急广播投入工作。

二、自动灭火的基本原理

自动灭火系统是在火灾报警控制器的联动设备控制下,执行灭火的自动系统，如自动喷淋水、自动喷射高效灭火剂等功能的成套装置。灭火系统通常有两种方式：一种是湿式消防系统（水灭火系统）；另一种是干式消防系统。高层建筑常用的为湿式消防系统，主要包括消火栓给水系统和自动喷淋水系统。

消火栓灭火动作原理见图 10-9，自动喷水湿式灭火系统动作原理见图 10-10。

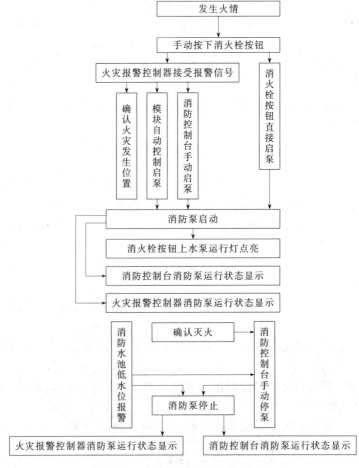

图 10-9　消火栓灭火动作原理示意

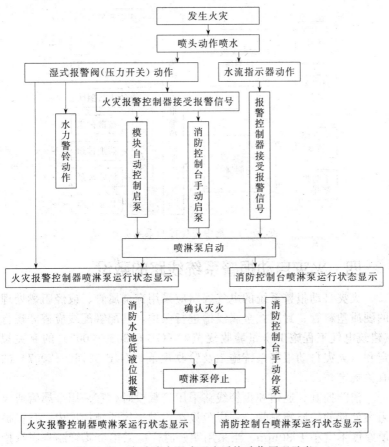

图 10-10 自动喷水湿式灭火系统动作原理示意

三、火灾自动报警系统的组成

火灾自动报警系统在智能建筑中通常被作为智能建筑三大体系中的 BAS（建筑设备管理系统）一个非常重要的独立的子系统。整个系统的动作，既能通过建筑物中智能系统的综合网络结构来实现，又可以在完全摆脱其他系统或网络的情况下独立工作。

火灾自动报系统由火灾探测器、区域报警器、集中报警器、电源、联动装置、报警装置等组成，如图 10-11 所示。

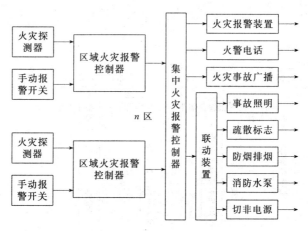

图 10-11　集中报警控制系统示意

四、火灾自动报警系统线路的敷设

　　火灾自动报警系统的电气线路应采用穿金属管、或经阻燃处理的硬质塑料管、封闭式金属线槽进行保护，其配管配线应遵守现行《建筑电气工程施工质量验收规范》（GB 50303—2002）的有关规定和《火灾自动报警系统施工及验收规范》（GB 50166—2007）的有关规定。

　　消防控制、通信和报警线路采用暗敷设时，宜采用金属管或经阻燃处理的硬质塑料管，并应敷设在不燃烧体的结构层内，且保护层厚度不宜小于 30mm。当采用明敷时，应采用金属管或金属线槽保护，并应在金属管或金属线槽上采取防火保护措施。采用经阻燃处理的电缆时，可不穿金属管保护，但应敷设在电缆井或吊顶内有防火保护措施的封闭线槽内。不同系统、不同电压等级、不同电流类别的线路，不应穿在同一根管内或线槽的同一槽孔内。导线在管内或线槽内不应有接头或扭结。导线的接头应在接线盒内焊接或用端子连接。

　　二次装修时，从吊顶上方接线盒、吊顶内金属线槽处引到探测器底座、控制设备盒、消防广播扬声器等的线路均应加金属软管保护。

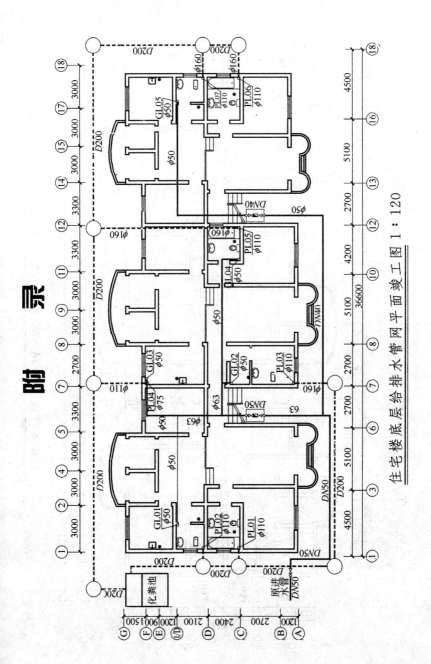

住宅楼底层给排水管网平面竣工图 1:120

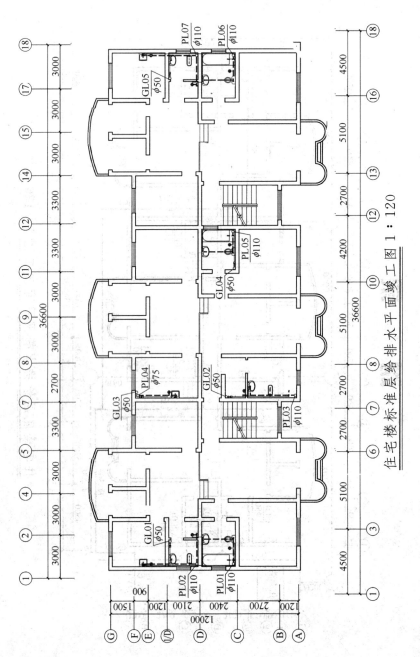

住宅楼标准层给排水平面竣工图 1:120

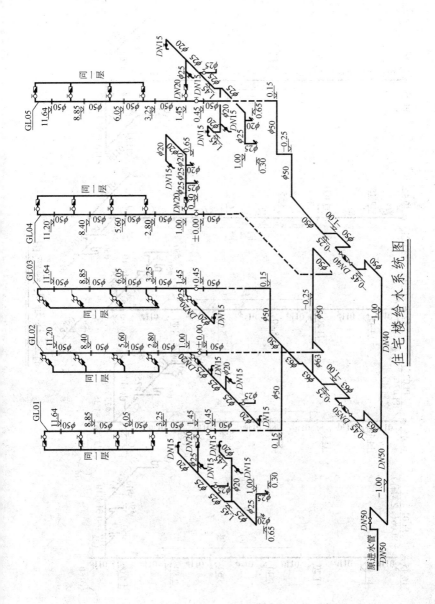

住宅楼给水系统图

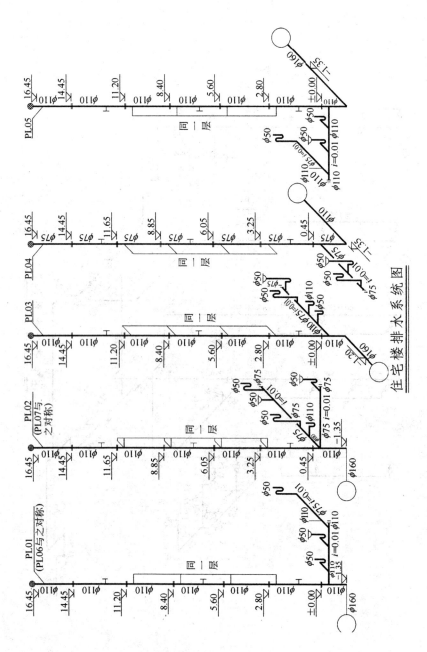

住宅楼排水系统图

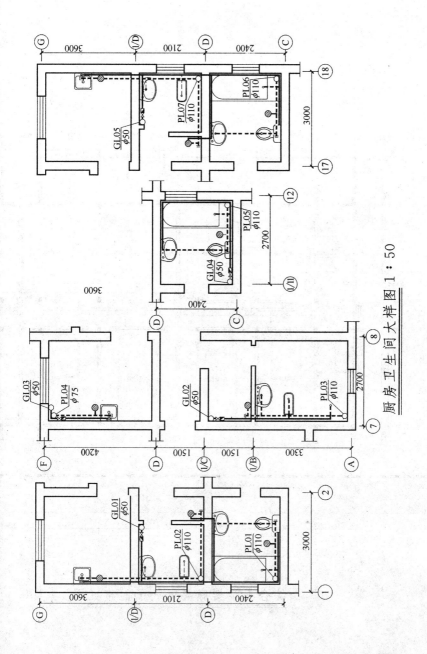

厨房卫生间大样图 1:50

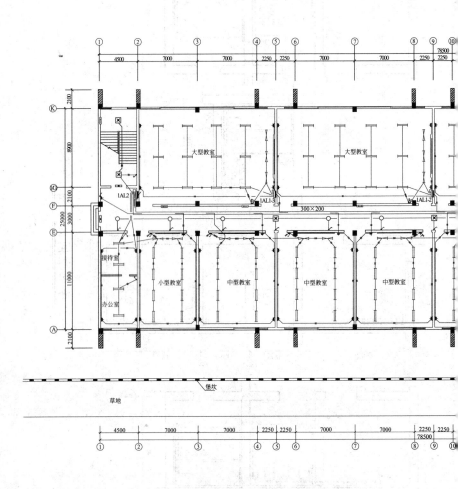

综合教学楼底层电气平面布置图 1∶100

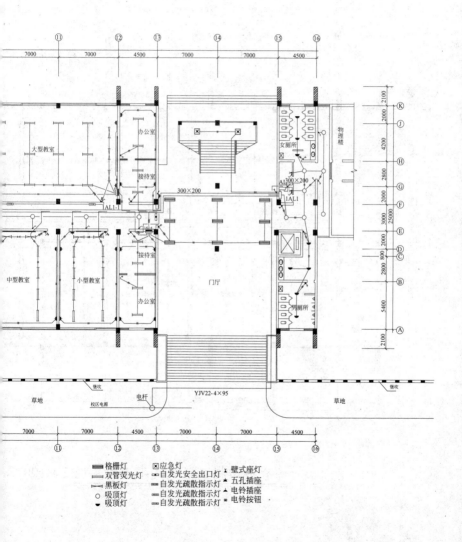

大型教室

办公室

接待室

1AL1-1

300×200

女厕所

物理楼

A1300×200

1AL1

中型教室

小型教室

接待室

办公室

门厅

男厕所

草地

堡坎

校区电源

电杆

YJV22-4×95

堡坎

草地

格栅灯	应急灯
双管荧光灯	自发光安全出口灯
黑板灯	自发光疏散指示灯
吸顶灯	自发光疏散指示灯
吸顶灯	自发光疏散指示灯

	壁式座灯
	五孔插座
	电铃插座
	电铃按钮

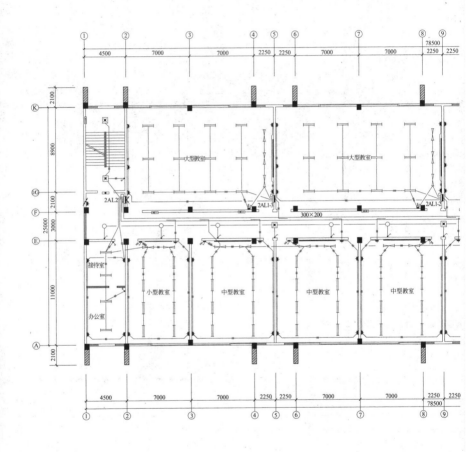

综合教学楼二层电气平面布置图 1：100

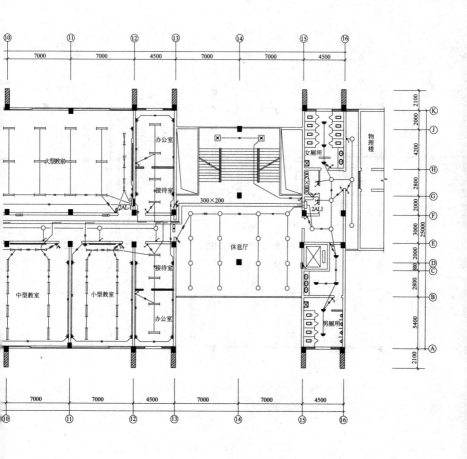

双管荧光灯　　　　应急灯　　　　　　　　五孔插座
黑板灯　　　　　　自发光安全出口灯　　　电铃插座
吸顶灯　　　　　　自发光疏散指示灯
吸顶灯　　　　　　自发光疏散指示灯
壁式座灯　　　　　自发光疏散指示灯

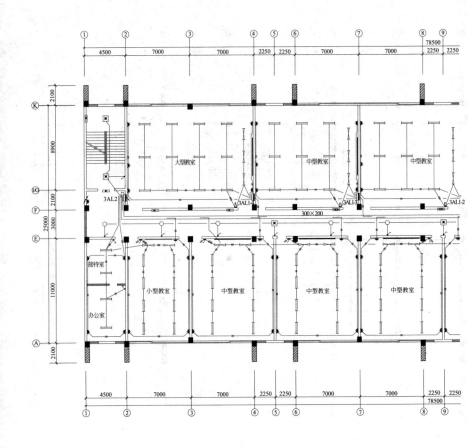

综合教学楼三层电气平面布置图 1：100

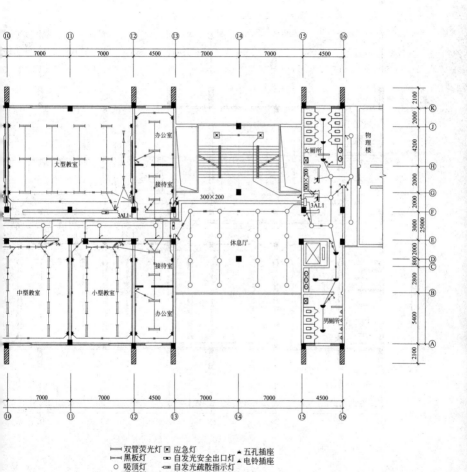

⊢⊣ 双管荧光灯	⊠ 应急灯
⊢⊣ 黑板灯	▭▫ 自发光安全出口灯
○ 吸顶灯	◁▭ 自发光疏散指示灯
▽ 吸顶灯	◁▭ 自发光疏散指示灯
◣ 壁式座灯	▭ 自发光疏散指示灯
	▲ 五孔插座
	▲ 电铃插座

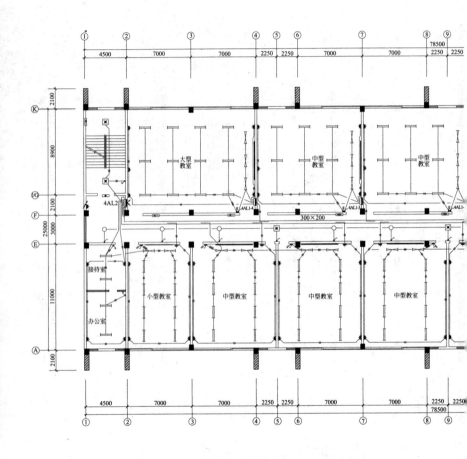

综合教学楼四层电气平面布置图 1：100

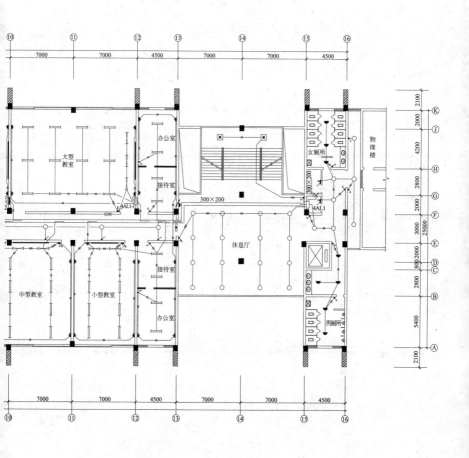

符号	名称	符号	名称	符号	名称
⟷	双管荧光灯	⊠	应急灯	◤	五孔插座
⟝	黑板灯	▭◻	自发光安全出口灯	◣	电铃插座
○	吸顶灯	▭▭	自发光疏散指示灯		
◗	吸顶灯	▭▭	自发光疏散指示灯		
✕	壁式座灯	▭▭	自发光疏散指示灯		

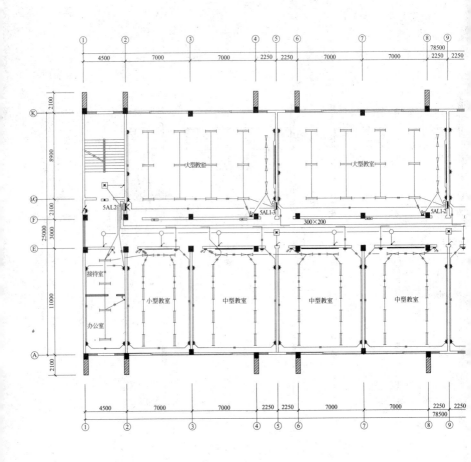

综合教学楼五层电气平面布置图 1：100

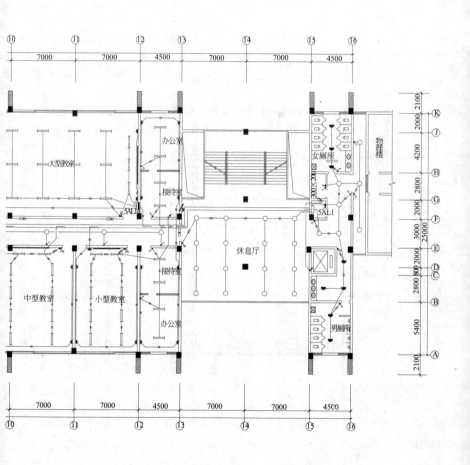

⊏⊐ 双管荧光灯	⊠ 应急灯
⊢⊣ 黑板灯	⊏■⊐ 自发光安全出口灯
○ 吸顶灯	⊏▦⊐ 自发光疏散指示灯
⊽ 吸顶灯	⊏▦⊐ 自发光疏散指示灯
⊥ 壁式座灯	⊏▦⊐ 自发光疏散指示灯
⊼ 五孔插座
⊼ 电铃插座

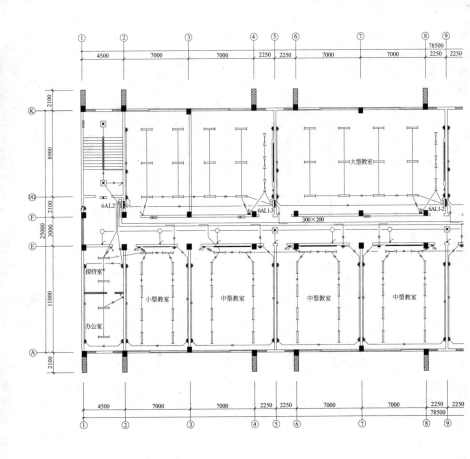

综合教学楼六层电气平面布置图 1∶100

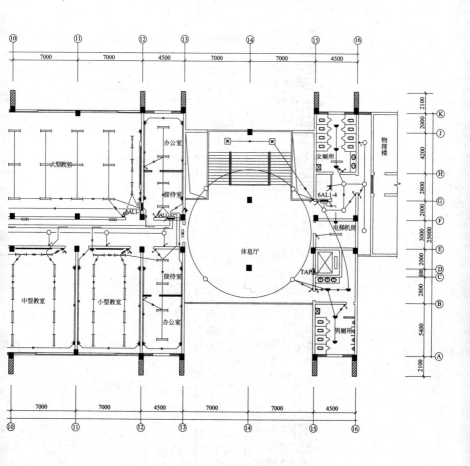

▭▭ 双管荧光灯	☒ 应急灯	▲ 五孔插座
⋈ 黑板灯	⊡ 自发光安全出口灯	▲ 电铃插座
○ 吸顶灯	⊡ 自发光疏散指示灯	
◡ 吸顶灯	⊡ 自发光疏散指示灯	
✗ 壁式座灯	⊡ 自发光疏散指示灯	

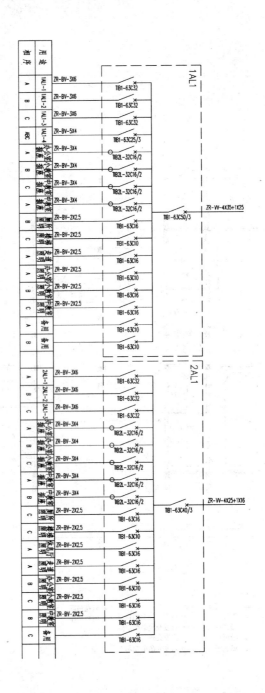

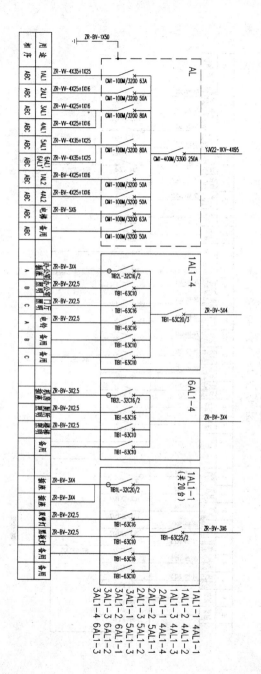

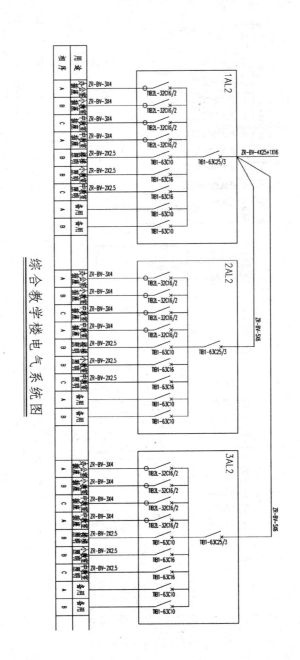

综合教学楼电气系统图

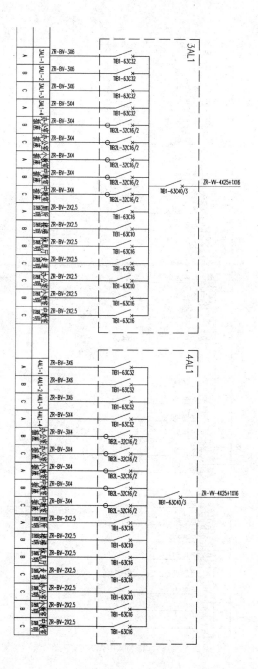

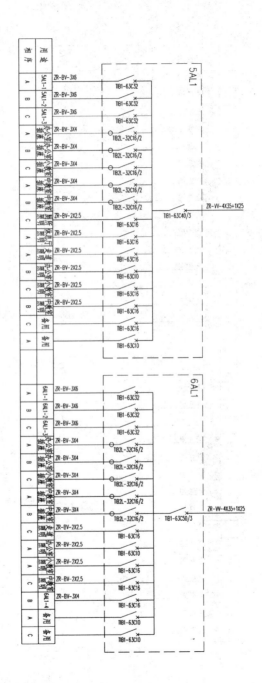

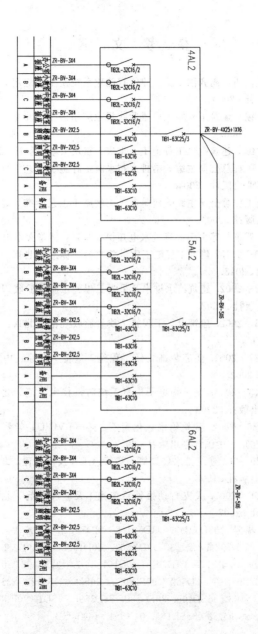

参 考 文 献

[1] 杨志，邓仁明，周齐国主编．建筑智能化系统及工程应用．北京：化学工业出版社．2003.

[2] 吴松勤主编．建筑工程施工质量验收规范应用讲座．北京：中国建筑工业出版社．2003.

[3] 杨光臣主编．建筑电气工程施工．重庆：重庆大学出版社．2001.

[4] 中国建筑工程总公司主编．给排水与采暖工程施工工艺标准．北京：中国建筑工业出版社．2004.

[5] 中国建筑工程总公司主编．建筑电气工程施工工艺标准．北京：中国建筑工业出版社．2004.

[6] 田会杰，傅正信等主编．建筑水电知识．北京：清华大学出版社．2005.

[7] GB 50300—2013．建筑工程施工质量验收统一标准．北京：中国建筑工业出版社．2013.

[8] GB 50242—2002．建筑给水排水及采暖工程施工质量验收规范．中国建筑工业出版社．2002.

[9] GB 50303—2002．建筑电气工程施工质量验收规范．北京：中国计划出版社．2002.

[10] GB 50327—2001．住宅装饰装修工程施工规范．北京：中国建筑工业出版社．2002.

[11] GB 50343—2004．建筑物电子信息系统防雷技术规范．北京：中国建筑工业出版社．2004.

[12] CECS 136：2002．建筑给水氯化聚氯乙烯（PVC-U）管管道工程技术规程．北京：中国计划出版社．2002.

[13] CJJ/T 29—98．建筑排水硬聚氯乙烯管道工程技术规程．北京：中国建筑工业出版社．1998.

[14] GB 50166—2007．火灾自动报警系统施工及验收规范．北京：中国计划出版社．2007.

[15] 标准图集号：03D501-3．03D501-4．02D501-2．99D501-1．03X201-2．03X401-2．D702-1，2，3．09DX001．00D162．D301-1，2．04D701-1．96SD181．01SJ914．04D701-4．D101-1—7．03SS408．02SS405-1-4．01SS126．99S304．D562．97SD567．96S346．S312．S311．87S159．S161．87S163．96SD469．90SD180．88D369．90SD1．90D367．86D468．98D467．93SD168．88SD169．04X501．14X505-1.